배리어프리 디자인

BARRIER FREE DESIGN
FOR THE DISABLED

책을 펴내면서

지난 1981년 국제연합의 제창으로 선포된 "국제장애인의 해"는 우리나라는 물론 전 세계적으로 장애인에 관한 관심을 고조시키고, 그에 대한 문제를 크게 발전시키는 계기가 되었다. 당시 국내의 우리 사회는 장애, 장애인에 대한 차별과 편견은 물론 명확한 개념조차 뚜렷하게 정립되어 있지 않았던 시기였다. 그러한 상황에서 실질적으로 우리나라에서 장애인의 문제가 사회적으로 재조명되고 그 해결책이 시급한 사회적 과제로 등장한 것은 1988년 서울 파라림픽의 개최가 그 동기가 되었을 것으로 생각된다. 세계 장애인의 체육 올림픽인 이 대회의 개최로 인하여 사회전반에 걸쳐 장애인의 문제와 중요성이 대중매체를 통해 전 국민에게 알려지는 직접적인 계기가 되었기 때문이다.

주요한 법과 제도의 발전과정을 보면, 사회복지 서비스법의 강화(1991년), 모자 복지법, 영유아 보육법(1991년), 사회보장기본법(1995년), 장애인 복지법(1999년 전면개정), 장애인 고용촉진 및 직업 재활법(2002년), 최근의 장애인 특수교육법(2007년) 등 관련법과 제도 정책이 본격적으로 서울 파라림픽을 기점으로 개정 또는 제정되었기 때문이다. 그리고 현재까지 대략 30년간의 기간 동안 장애인 관련법 및 제도는 입법 초기와는 비교가 되지 않을 정도로 발전하여 왔다.

그러나 현재의 장애인 문제는 인간의 기본적인 인권과 권리 차원에서 검토되어야 하며, 장애 및 장애인의 개념 또한 종래와는 다른 시각에서 재검토되어야 하는 전환기를 맞고 있는 실정이다.

지금, 파라림픽의 개최를 앞두고 동분서주하던 그 때를 기억하면, 현재 우리들이 일상적으로 접하고 있는 건축 도시공간의 장애인을 위한 각종 배려나 설비는 그 때와 비교 되지 않을 정도로 달라져 있는 모습을 본다. 지하철에서, 교차로에서, 그리고 학교를 위시한 공공건물에서도 장애인을 위해 설치된 각종 시설물들을 보게 된다. 그러나 자세히 들여다보면, 실제로 설계 시공된 건축물 또는 설비 등에서 기본적인 결함이 발견되는 경우가 있다.

그리고 장애인을 배려하여 설치된 것들이 오히려 장애물이 되고 있는 경우를 본다. 이와 같은 경우, 배리어 프리한 공간을 계획 시공하려는 의욕에도 불구하고 사전에 장애와 장애인에 대한 이해와 지식이 충분하지 못하였기 때문에 일어나는 일이며, 때로는 설치 자체가 목적이 된 소위 맹목적인 자세 때문으로 생각된다. 이 같은 문제는 정확한 자료와 정보를 제공하지 못한 연구자의 책임도 간과될 수 없는 것이라고 생각한다. 정확하지 않거나 맹목적인 배려와 대처는 그것으로 인한 또 다른 위험을 초래할 수 있을 뿐만 아니라, 재원과 시간을 낭비하게 된다는 사실을 간과해서는 안된다.

현재, 장애인 관련 자료나 해설과 같은 참고문헌은 가까운 주변에서 쉽게 구할 수가 있다. 또, 필요하다면 언제든지 적절히 활용할 수가 있고, 도시 건축의 공간적 요구에 적절히 대응할 수 있다. 그러나 현실적으로는, 어떤 새로운 배리어에 대처해야 할 필요가 있을 때, 그것을 해결할 수 있는 적합한 대처방안을 제시하지 못하게 되는 경우가 적지 않아 매우 안타깝게 생각된다.

이 책은 그러한 점에 주목하여 장애인을 위한 건축의 설계, 계획, 행정지도, 시공 등의 실무에 관련하는 사람들이 현장에서 활용할 것을 목적으로 구성하였다. 장애인에 관련된 법과 제도의 기본적인 개념, 선진 각국의 건축기준, 체크 포인트 등의 내용을 중심으로 되도록 많은 사례를 소개함으로써 쉽게 이해할 수 있도록 하였다. 책의 내용은 모두 네 개의 장으로 구성하였다. 각장을 간단히 요약하면 다음과 같다.

첫 장에서는 장애, 장애인에 대한 개념과 건축디자인의 방향, 장애의 종류와 장애인 현황, 국내외 장애인 관련법 등에 대하여 요약하였으며, 주된 관점으로 배리어 프리 디자인, 유니버설 디자인 등이 지향하는 이념과 배경 그리고 당위성에 대하여 설명하였다.

2장에서는 장애인의 동작치수, 행동특성에 관해서 기술하였다. 주된 내용으로는 장애별 기본동작치수, 보조구의 종류, 행동특성 및 건축계획상 유의해야 할 사항에 대하여 설명하였는데 이러한 동작치수나 행동의 특성에 대한 이해는 배리어 프리 디자인, 유니버설 디자인의 기초가 될 것으로 생각된다.

책의 내용과 관련하여 해당 장애인은 클러치 사용자, 휠체어 사용자, 시각장애인으로 한정하였다.

열거한 세 가지 종류의 장애로 한정하는 것은 구체적인 핸디캡의 대처방안을 결정하기 위해서는 그 대상이 되는 장애의 종류를 제한할 필요가 있기 때문이며, 중점을 둔 것은 그와 같은 종류의 장애를 지닌 장애인들에 의하여 건축 또는 도시공간에서 일어나는 핸디캡이 모든 장애인의 핸디캡을 내포하는 것은 아니지만, 일반적으로 공간적 대처방안의 범위를 한정할 수 있기 때문이다.

3장에서는 장애인 및 일반인들이 이용하는 건물이나 시설물을 계획하는 데 필요한 디자인 가이드라인의 제시를 위하여 소요 동작 및 동작 공간의 유형과 치수, 편의시설 및 설비의 기본치수, 설비의 종류, 마감재료, 설치방법 등에 대하여 각 세부 기준을 제시하였다. 또한 건축물의 기획 · 설계 및 관리 · 감독자, 사업자 등이 쉽게 활용할 수 있도록 설치방법 및 세부 기준에 대하여 기초적인 것에서부터 단계별로 구분하여 기술하였으며, 국내 관련 법규와 국외 기준을 제시함으로써 실제로 응용하기 쉽게 하였다.

4장에서는 미국, 영국, 독일, 스웨덴, 일본의 장애인을 위한 건축기준을 각 항목별로 국내 기준과 비교하여 주요 항목별로 정리하였다. 대상으로 한 나라의 건축기준은 미국의ADA-ABA Accessibility Guideline(ADA-ABA 지침서), 영국의 Approved Document M(인증된 문서 M), 독일의 DIN 18024(공공부문의 장애인 및 노인을 위한 건축적인 조치)와 DIN 18025(장애인을 위한 주거/중증장애인을 위한 주거 등), 스웨덴의 Bygg Ikapp Handikapp(장애인을 위한 건축), 일본의 하트빌딩법 (건설성 고시 제1987호)이며, 국내기준은 장애인 편의시설 상세표준도와 비교하였다. 건축기준의 내용은 크게 건물로의 접근, 출입구 및 순환, 급배수시설, 건물 내 시설, 도시 외부공간 등으로 구분하였다.

표제의 '배리어 프리 디자인'이란 일시적 또는 영구적으로 장애를 가진 사람들과 장애를 갖지 않은 사람들이 함께 어울려 안전하게 자신이 원하는 생활을 향유할 수 있는 환경을 구축할 수 있는 것이라고 생각하였다. 구미 선진국에서 처음으로 발단이 된 이 개념이나 대책은 일반적으로 구미인들의 도시 생활은 개인의 자립을 전재로 영위될 수가 있기 때문에 주택은 물론 건축 도시 환경이 본인 스스로의 힘으로 행동이 가능하여야 하는 것을 감안하면 그것은 지극히 당연한 것일지도 모른다.

지금까지 배리어 프리 디자인이라고 하면 장애인을 특별한 대상으로 보는 관점이 적지 않았다. 그러나 초고령 사회를 앞두고 있는 우리 사회에서는 주택과 공공시설, 교통시설 등 생활환경의 배리어 프리 또한 시급한 사회적 과제가 될 것으로 생각된다. 그 결과, 특정 장애를 갖고 있지 않은 이용자에게는 오히려 과중한 디자인이 되거나 건축 환경의 완성도를 저하시키는 요인이 되기도 하였다. 최근에는 강력한 건축 규제 조항들이 건축가의 디자인 의도마저 혼란시키게고, 때로는 건축물의 완성도를 저해하는 역할을 톡톡히 하는 경우도 있다.

그 결과 장애인을 위한 건축 법규 준수 조항은 그저 불편하고 까다로운 법규조항으로 단정 지워지고, 추가 비용을 지불해야 하는 불편사항으로 한정 지워지는 경우도 있었다. 그러나 모두가 이용할 수 있는 안전하고 쾌적한 건축 환경의 구축은 우리 모두의 이상이며 과제이다. 이러한 점에 주목하여, 장애 없는 공간을 구축하면서 배리어 프리 디자인의 요구에 개별적으로 대응하기보다 총체적으로 대응하고, 효율적으로 이용 가능한 공간을 창출하려는 목적을 강조하면서 유니버설 디자인의 개념이 적용되기도 하였다.

배리어 프리 디자인의 개념에 유니버설 디자인의 개념이 포함되어 있지 않은 것은 아니지만, 유니버설 디자인은 모든 이용자를 대상으로 하는 포괄적인 디자인을 지향하지만 배리어 프리 디자인은 무장애 공간을 지향하는 점에서 다소의 차이가 있다.

지금까지 장애인을 위한 건축 분야는 특정 연구실 또는 특정인을 중심으로 진행되어 왔다. 또한 '편의시설 증진법' 시행후, 장애인을 위한 건축 환경이 많은 변화를 갖게 된 것도 매우 고무적인 일이다. 이제야말로 양적 변화 이후의 질적 충족이 필요한 시기일 것으로 생각된다. 앞에서도 언급한 것처럼 불과 몇 년 전까지만 하더라도 불모지와 다름없었던 상황을 생각하면 몇몇 고무적인 건축가와 연구자들의 지속적인 역할과 노력에 힘입어 장애인을 위한 건축적 환경들은 그 동안 정말 많이 발전하였다.

그들의 노력이 우리나라의 장애인 건축의 발전에 밑거름이 되었을 것으로 믿는다. 선진국에서는 이미 핸디캡이 없는 배리어 프리를 위한 환경정비 차원을 넘어서 장애인의 사회참여를 촉진시키려는 보다 적극적인 지원 시스템의 정비를 구상하고 있는 실태이며, 우리사회도 이제는 가까운 장래에서 먼 미래에 이르기까지 비전을 가지고 관련성 있는 각 분야가 서로 모여 종합적 배리어 프리에 관한 대책을 신중하게 검토해야 할 때라고 생각된다. 그야말로 모든 사람들을 위한 유니버설 환경디자인을 위한 방안을 모색해야 할 때라고 생각된다.

결국 장애인 문제란 우리들에게 있어서 가장 인간적인 문제이며, 그것은 동시에 사회의 문제라고 말한 어느 학자의 말이 생각난다.

마지막으로 이 책의 공동저자로서 계명대학의 김종영 교수, 공주대학의 최병관 교수, 경원대학의 이현희 교수 등의 교수님들에게 그 동안 책의 출판을 위하여 애써주신 열정과 마음에 대하여 진심으로 감사드린다. 그리고 표지 디자인을 비롯하여 내용의 편집까지 책의 모양을 만들어 주신 서원대학 이융상 교수님께 공동저자를 대표하여 감사드리며, 연구실의 차지언, 김민경 연구원에게도 이 책의 출판을 위하여 많은 도움을 받았다. 이상의 분들에게 다시 한 번 깊이 감사드린다.

2008년 3월

공동저자 대표 박 용 환

contents

3 장애인 편의시설의 설치방법 및 세부기준

장애 · 장애인 · 장애관련법 개요

1. 장애 · 장애인 · 장애관련법 개요

장애인 복지의 기본이념은 '완전한 사회참여와 평등을 통한 사회통합'의 실현이라 할 수 있다. 즉 장애인들이 완전하게 사회참여를 할 수 있고 평등한 인간으로 사회에 통합될 수 있도록 하는 것이다.

이를 위해서는 먼저 장애 · 장애인에 대한 바른 인식과 구체적인 핸디캡(handicap : 이하 '불리'라 병행사용한다.)의 실태 파악, 이를 해결하기 위한 체계적인 접근이 필요할 것이다. 실제로 장애인에 대한 제반 정책이나 법, 제도 등은 그 당시의 장애 · 장애인에 대한 인식을 바탕으로 사회적, 물리적 '불리'를 파악하고 그 해결책을 모색한 것이라는 할 수 있을 것이다.

예를 들면, 과거 장애인을 '신체적, 정신적 능력의 부족으로 인해 일상의 개인적 또는 사회적 생활에서 필요한 것을 자신의 힘으로서는 확보할 수 없는 사람'으로 인식하여, 이들을 보호한다는 차원에서 각종 정책, 법, 제도 등을 마련했다. 그러나 최근의 추세는 '장애로 인해 완전하고 효과적인 사회참여가 제한된 사람'으로 인식하여 한 사회인으로서 당연히 누려야 할 기본권을 제공한다는 차원에서 접근하기에 이른 것이다.

이러한 변화를 보다 구체적으로 요약하면, 장애를 개인적 문제(손상)에서 사회적 문제(차별)로, 장애인을 분리 · 보호의 대상에서 통합 · 자립생활의 주체자로, 장애인 복지의 패러다임을 '복지 모델'에서 '시민권 모델' 로 전환되기에 이르렀다는 것이다.

이러한 변화는 인권, 정상화, 사회통합, 자립생활과 같은 이념들이 토대가 되고 있으며, 최근 건축 · 도시와 같은 물리적 환경에 대한 접근권, 이동권 보장 요구, 무장애 디자인, 유니버설 디자인의 추구 등도 이러한 인식의 변화에 따른 것으로 볼 수 있을 것이다.

이에 이 장에서는 장애 · 장애인에 대한 개념과 건축디자인의 관점, 장애의 종류와 장애인 현황, 국내외 장애인 관련법 등에 대해 간략하게 기술하고자 한다.

1-1 장애 및 디자인개념의 변화

장애 · 장애인에 대한 가장 기본적인 개념은 UN의 장애인 권리선언(1975년)에서 찾을 수 있다.

그 선언의 제1조에서 '장애인이라 함은 선천적이든 후천적이든 신체적, 정신적 능력의 부족으로 인해 일상의 개인적 또는 사회적 생활에서 필요한 것을 자신의 힘으로는 완전하게 또는 부분적으로 확보할 수 없는 사람을 의미한다'라고 정의하고 있다. 그 이후 1980년 WHO에서 장애분류 모델(ICIDH)을 발표하였고, 1997년 ICIDH-2, 2001년의 ICF, 2006년 12월 UN총회에서 장애인권리협약(Convention on the Rights of Persons with Disabilities)을 발표하였다.

이 과정에서 장애 · 장애인에 대한 개념은 지속적으로 변화되어 왔는데 그 변화의 요지는 '완전한 사회참여와 평등'의 실현을 위한 프로세스의 개선이라고 할 수 있을 것이다.

그 개요를 살펴보면 다음과 같다.

1-1-1 장애 · 장애인의 개념변화

ICIDH

ICIDH(International Classification of Impairments, Disabilities, and Handicaps)는 1980년에 발표되었는데 이는 국제질병 분류(ICD : International classification of diseases)를 토대로 작성되었다. 핵심적인 내용은 장애를 손상(impairment), 기능제약(disability) 및 사회적 불리(handicap)의 세 가지 단계로 분류한 것이라 하겠다.

이를 통하여 장애의 문제를 개인적인 신체적 장애(손상, 기능제약)와 아울러 사회적 불이익 상황으로 보아야 한다는 인식을 갖게 하였다.

이에 따르면, 개인적인 차원에서 활동상의 능력제한이 발생했고, 사회적 불리로 인해 사회적 참여가 제한되고 결과적으로 사회적 차원의 문제가 발생한 것이라 하겠다.

이로부터 장애에 대한 사회적 책임이 부각되기 시작한 것이라 볼 수 있다.

- *손상 ······ 신체적 차원의 비정상*
- *기능제약 ······ 개인적 차원의 활동능력 감소*
- *사회적 불리 ······ 사회적 차원의 불리한 상황*

ICIDH-2

1997년 WHO는 앞서 발표한 ICIDH를 개정하여 ICIDH-2를 발표하였다. 이 개념에서는 개인이 접하게 되는 장애를 손상(impairments), 활동(activity), 참여(participation)라는 세 가지 축을 제시하였다.

이 분류의 주된 특징은 구 분류(ICIDH)와 같이 질병이나 손상이 전제가 되어 기능장애나 사회적 불리가 야기되는 것이 아니라 환경과의 상호관계성에 의해 일어난다고 규정하고 있다.

이는 개인뿐만 아니라 사회환경 맥락이 더욱 강조되고 있음을 나타낸다. 이 중 손상과 활동은 개별적 모델개념, 참여는 사회적 모델개념이 그 중심이다. 이것은 그 이전의 의료, 신체, 기능적인 분류에서 한 걸음 더 전진하여 장애를 인간개인의 문제와 아울러 사회의 문제로 본 것이다.

- *손상* ········· *신체기능이나 신체구조상의 비정상*
- *활동* ········· *개인의 일상 활동상의 제한*
- *참여* ········· *사회적, 물리적 상황에서의 참여제한*

ICF

2001년에 발표한 ICF(International Classification of Functioning, Disability and Health)는 ICIDH-2를 대부분 그대로 수용하면서 분류체계와 용어 사용을 더욱 긍정적으로 기술하고, 환경과의 연계성을 강조한 것이라 할 수 있다.

ICF의 기본 틀은 장애를 가진 사람뿐만 아니라 모든 사람들의 건강에 관련된 보편적인 사항을 규정한 것이다. 그 시스템을 국제질병 분류체계(ICD-10)와 상호 보완하여 전체를 하나의 맥락으로 구성한 것도 그러한 맥락으로 볼 수 있을 것이다.

중요한 내용으로는 건강 및 건강관련 상태에 관한 과학적 기초를 제공하고 관련된 서로 다른 집단들의 의사소통을 원활히 하며, 분야간, 국가간 자료 비교가 가능하도록 하였으며, 건강정보에 대한 체계적인 기록이 가능하도록 하였다는 점이다.

ICF의 개념을 정리하면 다음 표 1-1과 같다.

이 표에서와 같이 ICF는 장애문제를 기능과 장애, 배경인자 라는 두 영역으로 분류하고 있다.

아울러 각 영역은 긍정적인 측면, 부정적인 측면에서 접근하고 있는데 이를 종합하면, 한 개인의 장애문제는 영역간의 복합적인 해결방안이 모색되어야 하며, 긍정적 측면과 부정적 측면을 고려하여 총체적으로 접근해야 함을 나타낸 것으로 볼 수 있을 것이다.

또한 (그림 1-1)은 ICF의 구성체계를 나타낸 것이다.

이 그림에서 개인의 기능은 신체의 기능과 구조, 활동, 참여 등으로 표현된다. 또한 이러한 세 가지 차원의 기능들은 건강조건과 환경인자, 개인인자와 관련이 된다.

장애인 권리협약

2006년 12월에 발표된 유엔총회의 '장애인 권리협약'에서는 '장애인은 장기적인 손상(신체적, 정신적, 지적 또는 감각적)과 여러 장벽과의 상호작용으로 인해 다른 사람들과 동등한 수준에서 완전하고 효과적인 사회참여가 제한된 사람을 포함한다'고 정의하였다.

물론 이것은 포괄적인 표현이기는 하지만 손상과 환경간의 상호작용을 강조한 점, 사회적 참여를 장애인 문제의 지표로 보고 있는 점 등이 매우 중요하다고 본다.

이상을 통해 장애 · 장애인의 문제가 개인적, 의료적 차원에서 점차 사회통합적 관점으로 전환되고 있음을 볼 수 있을 것이다.

표 1-1. ICF의 개요

	영역 1. 기능과 장애		영역 2. 배경 인자	
구성요소	신체 기능과 구조	활동과 참여	환경 인자	개인 인자
영 역	신체 기능, 신체 구조	일상생활 영역(작업, 활동)	기능과 장애의 외부적 영향	기능과 장애의 외부적 영향
복합적 개념	신체 기능의 변화(생리학적) 신체 구조의 변화(해부학적)	표준 환경에서 작업 실행 능력 최근 환경 내 작업을 실행하는 행위	신체적, 사회적, 개인 사회의 충돌 특성을 촉진 또는 방해하는 힘	개인의 특성에 의한 충돌
긍정적 측면	기능적 및 구조적 통합성(보전, 고결)	활동과 참여	촉진 요소	해당없음
	기 능			
부정적 측면	손 상	활동 제한 및 참여 제한	장애물 / 장애	해당없음
	장 애			

1-1-2 접근권의 개념

접근이란 사회 모든 분야에 접근 · 이용할 수 있는 권리라고 할 수 있는데, 이는 포괄적으로 물리적, 사회적, 경제적 등의 제반 측면의 접근권리를 의미한다고 볼 수 있을 것이다.

'장애인 · 노인 · 임산부 등의 편의증진 보장에 관한 법령'에서는 '장애인 등은 인간으로서의 존엄과 가치 및 행복을 추구할 권리를 보장받기 위하여 장애인 등이 아닌 사람이 접근할 수 있는 정보에 다른 사람의 도움 없이 자유롭게 접근할 수 있는 권리를 가진다'고 규정하고 있다.

이러한 접근권이 표면화된 것은 1993년 세계인권대회의 비엔나 선언 및 행동계획에서 접근성(accessability) 문제가 구체화 된 이후부터라 할 수 있을 것이다.

그 요점은 모든 사람은 평등하고 사회의 모든 분야에 참여할 권리를 가지며, 그 방안으로서 접근권을 보장해 주어야 한다는 것이다. 이어 접근성의 문제는 2002년 일본에서 열린 아시아 · 태평양지역대회의 '아 · 태 장애인 10년 행동계획안의 이행에 대한 주요성과'에서도 강조되었다. 접근권을 보다 구체적으로 살펴보면 다음과 같다.

■ 물리적 접근

장애인들이 건축, 도시, 기타 각종 기구, 설비 등 물리적 환경에 자유롭게 접근하고 이용할 수 있는 권리를 보장하는 것으로서 '장애인 · 노인 · 임산부 등의 편의증진 보장에 관한 법령'도 그 한 예가 될 것이다.

■ 사회적 접근

사회적 제도, 정책 등을 개선하여 장애인들에 대한 사회의 편견을 제거하고 장애인들이 자유롭게 사회활동을 할 수 있도록 균등한 기회를 제공하는 것 등이 그 예가 될 것이다.

■ 경제적 접근

생활보호, 시설이용 요금 할인, 교통비 할인, 각종 세제상의 우대조치 등이 이에 해당된다.

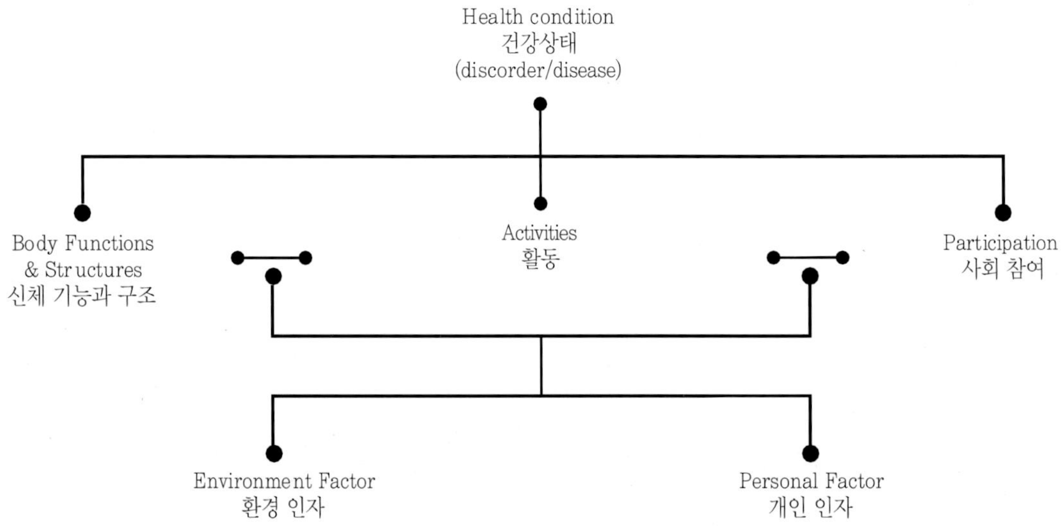

✏ 그림 1-1 ICF 구성체계

✏ 자료 : WHO. 2001 ICF (Intternational classification of functioning, disability and health). Geneva; Author.

1-1-3 장애인 관련 건축디자인의 개념

과거에는 '장애인 편의시설'이라고 하면 장애인을 위한 시설, 장애인을 위해 설치해야 하는 특별한 시설로 인식하는 경우가 많았으나, 최근에 와서는 불편을 겪는 모든 사람들을 배려한 디자인이라는 개념으로 인식이 바뀌어 가고 있다.
그 한 예로 '노인 · 장애인 · 임산부를 위한 편의시설 증진법'에서 볼 수 있듯이, 이제는 그 대상이 장애인에 국한되지 않을 뿐더러 궁극적으로는 모든 사람을 위한 것이어야 한다는 개념에 이르고 있다.
무장애 디자인, 유니버설 디자인은 이를 실현하기 위한 기본적인 디자인 개념이라 할 수 있을 것이다.

무장애 디자인(Barrier-free Design)

무장애 디자인이란 장애인 복지의 기본이념인 '완전한 사회참여와 평등'을 실현하기 위해 건물이나 도시, 시설물을 장애인의 일상생활과 사회활동에 아무런 불편이 없도록 만들기 위한 것이다. 여기서 이 용어의 사전적 의미는 장애(barrier)를 없앤다(free)라고 해석된다. 다시 말하면, 장애인이 장벽으로 느끼는 물리적인 장애를 제거한다는 의미이다.
이러한 디자인 개념의 발단은 1974년 국제연합 장애인 생활환경 전문가 회의에서 '무장애 디자인(Barrier-free)'에 관한 보고서에 의한 것이었다. 그 내용을 살펴보면, 첫째, 장애를 가진 사람들에게 비장애인과 동등한 기회를 제공의 목적으로 하며, 둘째, 노인이나 장애인의 일상생활에서 이들의 사회참여를 막는 것을 장애라고 하며, 이 장애를 없앰으로써 사회참여가 쉬운 환경을 만들자는 것이다.

유니버설 디자인(Universal Design)

유니버설 디자인은 무장애 디자인과 같이 신체적 기능제약을 가진 장애인만을 대상으로 하는 것이 아니라, 모든 사람을 대상으로 하여 이들 모두에게 유익하도록 디자인 하자는 의미가 내포되어 있다.
이 개념은 1970년 로널드 메이스(Ronald Mace)에 의해 주창된 것으로서, '연령이나 능력에 관계없이 모든 사람들이 최대한 사용하기 쉽게 만들어진 제품이나 환경에 대한 디자인'이다.
이는 모든 사람을 위한 디자인(design for all)이라고 부르기도 한다. 이것은 무장애 디자인보다 좀더 포괄적인 개념으로서 장애 · 비장애 구분 없이 모든 사람에게 편리한 디자인을 하자는 것이다. 즉 장애인을 위한 편의시설을 비장애인도 편리하게 이용할 수 있도록 하는 것이라 하겠다.
예를 들면, 장애인 및 노인을 위한 완만한 경사로는 비단 장애인뿐만 아니라 어린이나 노인, 유모차를 끄는 사람들, 일시적인 장애를 가진 사람 및 모든 사람들이 이를 이용할 수 있도록 계획하는 것이 바람직하다는 것이다.
미국 및 일본의 경우, 무장애 디자인과 유니버설 디자인의 개념이 보편화되어 있는 반면에 유럽에서는 독일을 제외하고는 모두를 위한 디자인 또는 모두를 위한 접근성(accessibility for all)이라는 용어가 정착되어 있다. 그러나 실제 의미는 유니버설 디자인과 거의 동일한 의미를 가진다.

표 1-2. 유니버설 디자인 7가지 원칙

원 칙	디자인 특징
동등한 사용(Equitable Use)	모든 사람이 동등하게 이용 및 접근할 수 있도록 한다.
손쉬운 이용(Flexibility in Use)	개인의 다양한 기호와 능력을 광범위하게 수용할 수 있도록 한다.
간단하고 직관적인 사용(Simples and Intutive Use)	사용자의 경험, 언어의 능력, 지식 등에 관계없이 모든 사람이 이해하기 쉬어야 한다.
쉽게 인지할 수 있는 정보(Perceptible information)	사용자의 지각능력이나 주변 상황에 상관없이 사용자에게 효과적으로 전달될 수 있어야 한다.
오류에 대한 포용력(Tolerance for Error)	디자인 결과물이 우연적이거나 의도되지 않았던 행동으로 인해 생기는 위험이나 불리한 결과를 최소화하여야 한다.
적은 노력(Low Physical Effort)	사용자가 편안하고 효율적으로 사용할 수 있음으로서 피로감을 가장 적게 느껴야 한다.
접근 및 이용을 위한 크기와 공간 (Size & Space for Approach and Use)	사용자의 신체 사이즈, 자세, 이동성에 관계없이 접근할 수 있으며, 손이 닿을 수 있고, 조작하기 용이하도록 적정크기와 공간이 제공되어야 한다.

1-2 장애의 종류 및 장애인 현황

국내에서도 장애 · 장애인의 인식변화와 아울러 장애의 범주가 점차 증대되어 왔다.

1996년까지는 장애의 분류가 지체, 시각, 청각, 언어, 정신지체의 5개의 영역뿐이었으나 1997년부터는 뇌병변, 발달(자폐), 정신장애, 신장장애, 심장장애가 추가되어 10개로 늘었고, 2003년 이후에는 다시 호흡기장애, 간장애, 안면장애, 장루/요루장애, 간질장애가 추가되어 총15개가 되었다. 여기서는 장애의 종류와 해당 장애인의 현황을 살펴보기로 한다.

1-2-1 장애의 종류

장애인복지법에 규정된 장애의 종류는 표 1-3 같다. 장애는 크게 신체적 장애와 정신적 장애로 분류하고 있으며, 신체적 장애는 다시 외부 신체기능장애와 내부기관장애로 분류된다.

과거에는 주로 외부 신체기능장애 위주였으나 2003년 시행령 개정 이후 내부기관장애가 추가되었다.

1-2-2 장애인 현황

2005년 현재, 우리나라 장애인 수는 총 2,148,700여 명이며, 출현율은 4.59%인 것으로 추정하고 있다.

이것은 1990년 937,200명(출현율 2.23%), 1995년 1,028,800명(출현율 2.37%), 2000년의 1,4449,500명(출현율 3.09%)에 비해 크게 증가한 수치이다. 이러한 변화의 요인을 등록장애인 수의 증가현황을 통해 살펴보면 다음과 같다.

표 1-4는 1997년부터 2005년까지의 등록장애인의 변화를 나타낸 것이다. 여기서 등록장애인 수가 증가하고 있는 것은 크게 두 가지 요인으로 볼 수 있을 것 같다.

첫째는 장애인 복지법에 관한 시행령의 개정으로 장애인의 범위가 확대되었기 때문이고, 둘째는 장애에 대한 인식의 향상, 장애인 복지시책의 다양화 등으로 인하여 장애인 등록이 증가하였기 때문으로 생각된다. 그리고 인구 고령화 및 각종 사고의 증가, 만성질환 증가 등으로 장애발생률 자체도 높아지는 것으로 추정된다.

(1) 1999년 이전

장애인복지법 개정 이전의 장애범주는 지체장애, 시각장애, 청각장애, 언어장애, 정신지체장애였다. 등록장애인 수는 1999년 현재 지체 502,647명, 시각 46,957명, 청각 · 언어장애 67,890명, 정신지체 80,019명으로 총 697,513명이었다.

표 1-3. 장애인 복지법에 따른 장애유형의 분류

대분류	중분류	소분류	세 분 류	확대예정 장애범주
신체적 장애	외부 신체기능 장애	지체 장애	절단장애, 관절장애, 지체기능장애, 변형 등의 장애	
		뇌병변 장애	중추신경의 손상으로 인한 복합적인 장애	
		시각 장애	시력 장애, 시야결손 장애	
		청각 장애	청력 장애, 평형기능 장애	
		언어 장애	언어 장애, 음성 장애, 구어 장애	
		안면 장애	안면부의 추상, 함몰, 비후 등 변형으로 인한 장애	
	내부기관 장애	신장 장애	투석치료중이거나 신장을 이식받는 경우	소화기 장애, 비뇨기 장애, 만성통증, 기타 암
		심장 장애	일상생활이 현저히 제한되는 심장기능 이상	
		간 장애	일상생활이 제한되는 만성/중증의 간기능 이상	
		호흡기 장애	일상생활이 현저히 제한되는 만성/중증의 호흡기 기능 이상	
		장루/요루 장애	일상생활이 현저히 제한되는 장루/요루	
		간질 장애	일상생활이 현저히 제한되는 만성/중증의 간질	
정신적 장애	정신 지체		지능지수가 70이하인 경우	
	정신 장애		정신불열병, 분열형 정동 장애, 양극성 정동 장애, 반복성 우울 장애	만성알코올/약물중독, 기질성 뇌증후군, 치매
	발달 장애(자폐증)		소아자폐 등 자폐성 장애	기타 정신발달 장애

(2) 2000~2002년

1999년 장애인 복지법의 개정으로 장애범주가 5개에서 10개로 확대되었다. 그 내용을 살펴보면, 뇌병변장애, 발달장애, 정신장애, 신장장애, 심장장애가 추가되었다.

2002년 현재 등록 장애인수는 총 1,294,254명이었다.

(3) 2003년 이후

2003년 장애인복지법이 또다시 개정되면서 장애범주는 기존의 10개에서 내부기관장애 즉, 호흡기, 간, 안면장애, 장루, 간질이 추가되었으며 2005년 현재 등록장애인 총수는 1,741,024명이다. 장애의 종류별로는 지체장애인이 943,395명으로 가장 많고 그 다음이 시각장애, 청각장애, 뇌병변, 정신지체 순이다.

장애의 원인을 크게 선천적 원인, 출생시 원인, 질병 및 사고 등의 후천적 원인으로 구분할 수 있는데, 전체적으로 질환 및 사고 등 후천적 원인이 가장 많은 89.0%였고, 원인불명이 6.3%, 선천적 원인이 4.0%이며 출산시의 원인이 0.7%로 나타났다.

1-3 국내외 장애인 관련법

WHO를 중심으로 한 국제적인 장애인 선언이 기초가 되어 세계 각 국에서는 장애인을 위한 정책, 제도 및 관련법을 제정하고 이를 시행해 왔다.

여기서는 관련법 중 주로 편의시설과 관련된 법을 중심으로 국내와 국외의 경우를 살펴보기로 한다.

1-3-1 국내의 경우

국내의 경우, 1981년 '심신장애자복지법' 제정 이후 건축 · 도시시설과 관련된 몇 개의 중요한 법이 제정되었는데 그 예를 들면 다음과 같다.

1981년 ········· 심신장애자복지법
1984년 ········· 장애인 편의시설 의무화(건축법시행령)
1989년 ········· 장애인복지법
1994년 ········· 장애인 편의시설 및 설비의 설치기준에 관한 규칙
1997년 ········· 장애인 · 노인 · 임산부 등의 편의증진 보장에 관한 법률

여기서 1981년의 '심신장애자복지법'과 1989년의 '장애인복지법'은 장애인에 대한 전반적인 내용을 규정한 것이다. 그리고 나머지는 주로 편의시설과 관련된 것들인데 그 내용을 요약하면 다음과 같다.

건축법에 의한 규정

1995년 12월 30일 개정된 건축법 시행령 중 제87조 제3항에 "건축물에 설치하여야 하는 장애인 관련시설 및 설비는 장애인복지법령이 정하는 바에 의한다."는 내용을 신설, 규정하였다. 이것은 장애인 편의시설이 설치되지 않은 시설은 건축허가를 받을 수 없도록 하여 편의시설 설치를 의무화 하였다.

그러나 이 규칙은 보건복지부령 형식으로 되어 있어 편의시설 설치를 지원할 수 있는 근거가 미흡했고, 이를 어길 경우의 제재수단 역시 미약하여 편의시설을 확충하는 데 어려움이 많았다. 참고로 이 시기까지 건축법 시행령에 규정된 내용들을 살펴보면 표 1-5와 같다.

표 1-4. 연도별 등록 장애인 추이 자료: 보건복지부, 2005 (단위 : 명)

연도	총계	장애의 종류													
		지체	뇌병변	시각	청각언어	정신	발달	정신	신장	심장	호흡기	간	안면	장루요루	간질
1999	697,513	502,647	-	46,957	67,890	80,019	-	-	-	-	-	-	-	-	-
2001	1,134,177	682,325	64,950	115,911	105,711	94,951	2,516	32,581	28,118	7,114	-	-	-	-	-
2003	1,454,215	813,916	117,514	152,857	139,325	112,043	5,717	46,883	34,884	10,409	7,039	3,108	673	6,585	3,262
2005	1,741,024	943,395	160,806	184,965	170,124	125,292	9,100	61,088	40,921	12,461	11,186	4,817	1,419	9,091	6,359

표 1-5. 편의증진법 시행 이전의 국내 법규에 지정된 장애인 편의시설 항목

시설항목	관 련 법 규	세 부 지 침		
횡단보도	도시계획시설에 관한 규칙 제6조의 2	신 호 기		
		보도와 차도의 단차		20mm이하
경사로	주택건설 기준 등에 관한 규정 제23조	경 사	보 통	1/12
			H.1m이하	1/8
		휴식참		10m마다
	건축법 시행령 제49조	유효폭		1200mm이상
접 근	주택건설기준 등에 관한 규정 제23조	경사로 유효폭		1350mm이상
출입구 및 문	주택건설기준 등에 관한 규정 제23조	유효폭		900mm
		단차, 문턱 제거		
계 단	건축법 시행규칙 제29조	난간		
		손잡이		
엘리베이터	건축물 설비기준 등에 관한 규칙 제8조	조작기		800~1200mm
		문의 폭		900mm이상
		틈		30mm이하
		크기		
		전면에 거울 설치		
전용화장실	건축물 설비기준 등에 관한 규칙 제15조	대변기의 출입문 폭		900mm이상
		수평/수직 손잡이		
욕 실	주택건설기준 등에 관한 규정 제23조	수평/수직 손잡이		
장애인 관람석	건축법 시행령 제104조	개수 및 표식		
전용주차장	주차장법 시행령 제6조	주차대수		
	주차장법 시행규칙 제3조	크 기		3300~5000m이상
교통시설	도시계획시설기준에 관한 규칙 제6조의 2	자동차정류장	경사로	
			유도시설	
			변 소	
			개찰구	
	장애인복지법 시행령 제30조	신호기		
		승차대		
		저장매표소		
		유도로		
		안내표시		
통신시설	주택건설기준 등에 관한 규정 제32조	공중전화		대수

장애인 · 노인 · 임산부 등의 편의증진 보장에 관한 법률

1995년부터 「장애인편의시설 및 설비의 설치기준에 관한규칙」을 적용하여 오다가 1998년 편의증진법이 제정되어 현재까지 시행되고 있다.

이 법은 장애인 · 노인 · 임산부 등이 생활을 영위함에 있어 안전하고 편리하게 시설 및 설비를 이용하고 각종 정보에 접근할 수가 있도록 보장함으로써 이들의 사회활동 참여와 복지증진에 이바지함을 목적으로 제정되었다.

그 주요내용을 보면, 첫째, 장애인 등의 시설, 설비 및 정보에 대한 접근권을 인정하고, 둘째, 편의시설을 설치하여야 하는 대상시설의 범위를 설정하고, 셋째, 시설 주관기관의 편의시설 실태조사 및 편의시설 설치계획 수립 · 시행, 넷째, 민간의 편의시설 설치지원을 위한 금융 · 기술 지원 및 조세 감면, 다섯째, 동 법 위반에 대한 벌금 또는 과태료 부과 등을 들 수가 있다.

그리고 동 법 시행령에는 구체적으로 편의시설을 설치하는 대상시설 및 편의시설의 종류가 규정되어 있고, 시행규칙에는 편의시설의 구조 · 재질 등에 관한 세부기준이 마련되어 있다.

2005년에는 교통약자 이동편의증진법의 제정에 따라 도로 등 교통관련 항목은 교통약자 이동편의 증진법에서 별도로 규정하도록 변경되었다.

교통약자의 이동편의증진법

교통이동에 관한 편의증진법은 기존의 편의증진법을 보완하여 도로, 교통수단, 여객시설 등에 대한 접근성을 보장하기 위해 제정되었다.

이 법은 교통약자가 안전하고 편리하게 이동할 수 있도록 교통수단 · 여객시설 및 도로에 이동편의시설을 확충하고 보행환경을 개선하여 인간중심의 교통체계를 구축함으로써 이들의 사회참여와 복지증진에 이바지함을 목적으로 하고 있다.

특히, 유니버설 디자인(universal design) 개념을 반영하여 국민 모두에게 안전하고 편리한 교통환경을 조성하는 동시에, 보행→교통시설→교통수단까지의 연속적 동선을 확보하는 데 초점을 두고 있다. 교통약자의 이동편의증진법에서 추가 또는 강화된 내용을 구체적으로 정리하면 다음과 같다.

1) 보도 관련 사항

- *보도의 유효폭을 1,200mm에서 2,000mm로 상향조정.*
- *보도의 기울기(최대 1/30 이하)에 관한 규정 추가.*
- *덮개의 틈새 간격을 20mm에서 10mm로 강화.*
- *높이 2,100mm 이내에는 장애물 설치를 금지하여 통행 유효폭 확보. 또한 차량 진출입부에서는 보도의 높이를 그대로 유지해야하며, 횡단보도 등 경계석의 턱 낮추기가 필요한 곳에서는 규정된 30mm보다 낮은 20mm로 할 것 등을 제시하였다.*

2) 여객시설 관련 사항

- *통과 유효폭을 800mm에서 900mm로 상향조정.*
- *출입문 옆 활동공간을 권장사항에서 의무사항으로 강화.*
- *통로 유효 폭을 보도에서와 같이 1,200mm에서 2,000mm로 상향조정하여 휠체어의 교행을 보장.*
- *경사로 기울기 규정에서 1/8로 완화시킬 수 있는 높이 규정을 1,000mm에서 1600mm로 강화.*
- *휠체어의 최소 활동면적을 1,400mm × 1,400mm에서 1,500mm × 1,500mm로 상향조정.*
- *승강기의 최소 유효바닥면적을 1,100mm×1,350mm에서 1,100mm×1,400mm로 상향조정하여 휠체어의 통행이 보다 원활하도록 고려.*
  또한 화장실은 장애인이 장애인용 대변기를 사용할 수 있도록 함을 원칙으로 하고, 별도의 장애인용 화장실을 설치할 경우에는 다기능 화장실로서 기능을 다양화하고 변기의 위치를 좌우 양쪽에서 접근 가능하도록 할 것을 규정하고 있다.

1-3-2 국외의 경우

국외의 장애인 편의시설 관련법 및 제도는 다음과 같다.

1. 미국

미국은 1950년대 후반에 이미 무장애대책을 전개하기 시작하였다. 기본 개념은 '정상화'로서 장애인 스스로 생활을 영위해 나갈 수 있는 자립생활에 기초한 것이었다. 이에 따라 정부는 교육과 직업의 기회 제공과 아울러 시설에의 접근성을 보장하기 위한 여러 정책들을 수립하였다.

- *1961년, 미국국가 표준협회(American National Standard Institute ; ANSI)의 '신체 장애인들이 접근 가능하고 사용할 수 있는 건축물 및 시설의 건설을 위한 표준 상세도(ANSI117.1)' 공표.*
- *1984년, '연방정부의 접근가능성 기준(Uniform Federal Accessibility Stand-ard ; UFAS) 제정. 이 기준은 5년마다 재검토하여 개선해 가고 있다.*

이어 보다 전문적이고 구체적인 것으로서는 1996년, 통신법(Telecommunications Act)에 장애인 관련 사항을 규정하였으며, 1998년에는 재활법(Rehabilitation Act Amendmints) 등을 통해 시설, 교통, 정보통신 등 사회 전 분야에서 장애요소를 제거해 나가고 있다.

주택관련법으로서는 1988년 공정주택수정법(Fair Housing Am-endment Act)을 들 수 있겠는데 주된 내용은 주택의 임대나 매매에서 장애인에 대한 차별을 금지하고, 신축되는 4호 이상의 공동주택은 공적 공간과 시설설비를 장애인이 접근할 수 있도록 계획되어야 함을 규정하고 있다.

이상에서 열거한 여러 관련 법과 제도의 기본방향은 장애인의 시민권을 바탕으로 유니버설 디자인을 실시하는 것이라 할 수 있다. 즉 장애인 · 비장애인 구분 없이 시설 사용, 정보통신 제품의 이용이 가능하도록 유도하고 있다.

2. 일본

일본의 장애인을 위한 복지제도는 1949년에 신체장애자 복지법이 제정되면서 시작되었으며, 신체장애자복지법 및 정신박약자복지법(1960년 제정)을 기초로 하여 직업훈련법, 신체장애자 고용촉진법, 직업안정법 등을 제정하였다.

편의시설과 관련이 깊은 것으로는 다음과 같은 것들이 있다.

- *심신장애인 대책 기본법(1970): 공공시설물 설계에서 장애인에 대한 고려.*
- *동경도 복지도시 만들기 정비지침(1987): 적용대상을 공공건축물, 공공 교통기관, 도로, 공원으로 분류하여 각각의 세부지침 규정.*
- *심신장애인 대책 기본법 개정(1993): 편의 시설 정비를 '법적으로 시행해야 할 것', '지침으로 권장해야 할 것'을 구분하고 아울러 전국적으로 통일해야 할 것과 지역에 따라 정해야 할 것 등으로 세분.*
- *고령자 · 신체장애인 등이 원활하게 이용할 수 있는 특정 건축물 건축의 촉진에 관한 법률(일명 하트빌딩법, 1994, 2002): 장애인 편의시설관련 특별법으로서 대상시설설정이나 법의 집행 등은 지방자치단체 조례로 정함.*
- *고령자의 주거안정 확보에 관한 법률(2001) : '장수 사회대응 주택설계지침'(1995)을 개정한 것으로, 초고령화 사회에 적합한 주거와 생활환경의 일체 정비를 위한 법이다.*

3. 영국

영국은 크게 잉글랜드, 웨일즈, 스코틀랜드 그리고 북아일랜드의 4개 지역체계로 구성되어 있다. 이들 각 지역들은 국가 차원의 상위법을 토대로 자체적으로 정책을 수립하고 운영하고 있다. 영국의 장애인 편의시설 관련법은 장애인차별금지법에서 기본방향을 제시하고, 건축법규에서 세부기준을 규정하고 있다. 건축법규는 전체 A-P파트로 구성되어 있으며, 장애인 편의시설은 M부분, '건물로의 접근과 건물의 이용'에 규정되어 있다. 현재 시행되고 있는 건축법규 파트M은 'BS8300 : 2001'의 영국 국가규격을 기초로 개정된 것이다.

기타 주거관련 기준으로서 생애주택 기준(Lifetime Standards)과 주택공사계획개발 기준(Housing Corporation's Scheme Dev-elopment Standards)이 있다. 이 중 후자는 건축기준에 관한 사항은 아니고 주택이 사회주택보조금을 받아 계획되고 시공되는 경우, 적용해야 하는 주택공사의 의무사항과 권고사항을 제시하고 있다.

4. 독일

독일은 총 13권의 연방사회법전(Sozialgesetzbuch)내에 장애인관련법을 포함하고 있다. 독일의 장애인 편의시설에 관련된 세부기준은 DIN이라는 독일 국가규격으로서 제시되고 있으며, 각 주는 이 규정에 따라 관리 감독하고 있다.

- *DIN 18024-2(1996년 개정): 건물 출입구, 문, 화장실, 엘리베이터, 계단, 경사로, 탈의실, 공중전화박스, 표지판 등의 규격.*
- *DIN 18024 -1(1998년 개정): 도로, 광장 그리고 길, 공공교통시설과 주거지역의 놀이터와 같은 녹지시설에 관한 규격.*
- *DIN 18025(1993년 개정) : 파트1, 무장애 주거로서 휠체어 장애인을 위한 주*

거와 파트 2, 다양한 계층이 쉽게 사용할 수 있는 "장애가 없는 주거" 가 있다. 이러한 기준은 2006년 DIN 1830 '무장애 건물'의 규격으로 통합하여 시행하기에 이르렀다.

- *2006년 DIN 77800 '노인을 위한 생활보조' 규격을 제시.*
- *DIN 18025 : 장치, 보조 서비스, 비용 및 제정 등을 규정하고 있다.*

5. 스웨덴

스웨덴은 전국이 24개 주로 구분되어 있으며, 지방정부법(Local Government Act, 1862, 1977)이 규정되어 있다. 장애인 정책은 중앙정부차원의 중앙 장애인위원회(statens Han-dikapprad, SHR)가 주도하고 있으며 각 지방자치단체에서는 위원회를 두고 장애인 복지정책을 감독, 평가하며, 구체적인 정책결정을 하고 있다. 스웨덴의 경우, 장애인 편의시설 관련법과 같은 특별법은 없고, 건축법(Byggnadslagen och Bybbnads stagan; BBR)에 통합되어 있으므로 특별한 사람을 위한 기준이 아니라 건물을 계획할 때 당연하게 적용되어야 하는 법규이다. 현행되는 건축법규는 2000년에 개정된 것으로서 '주거, 공공건물, 사무소 및 작업장 건물을 신축 및 증축할 때, 장애인 및 연령, 불리(Handicap), 의학적인 질병 등의 이유로 환경에 적응하는 것이 어려운 사람이 접근하기 쉽고 이용하기 편리하게 설계되지 않으면 안 된다.'라고 규정하고 있다.

그리고 모든 시설에서는 휠체어 사용을 전제로 계획되거나 또는 필요시 가변이 가능하도록 설계해야 하며, 노인이나 장애인 등이 생활 보조자의 도움이 필요한 경우, 각 실에 보조자가 활동하는 공간을 확보하도록 하고 있다.

이상에서 국내 · 외 장애인 관련법의 개요를 살펴보았는데 법의 종류, 개정시기를 종합한 것이 그림 1-2이다.

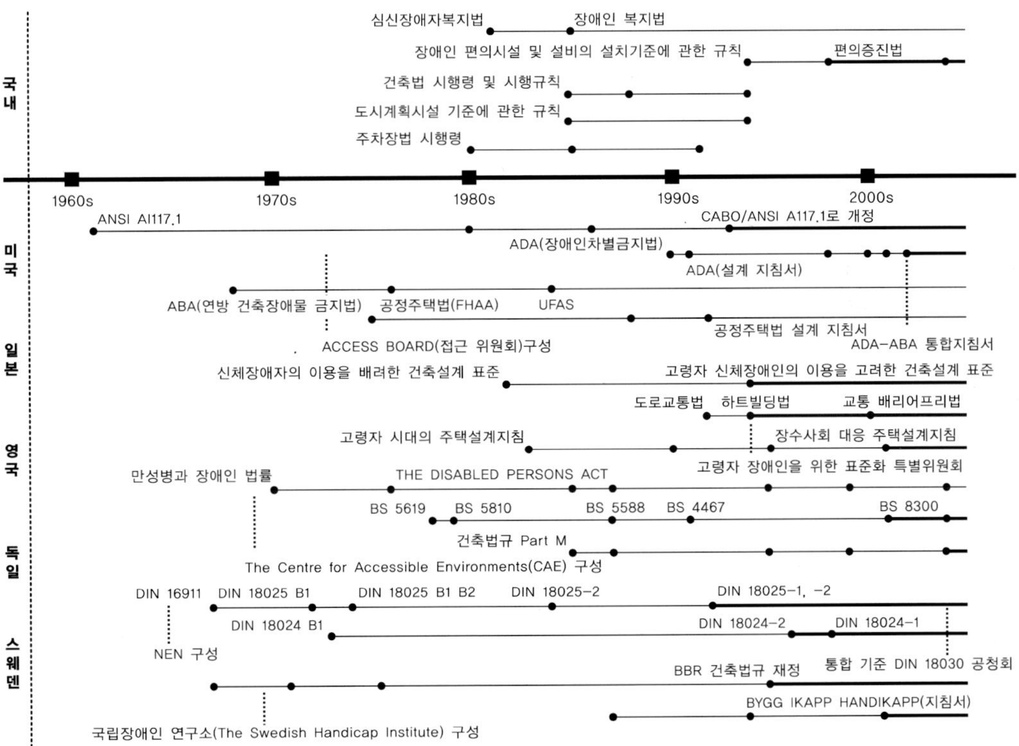

✏ 그림 1-2 각국의 장애인 및 노인을 위한 기준의 변천과정

장애인의 동작치수 및 행동특성

2. 장애인의 동작치수 및 행동특성

일반적으로 시설을 계획함에 있어서 기본동작 치수 및 행동특성은 공간의 크기, 형태 및 종류를 결정하는 중요한 기준이 된다. 특히 장애인은 동작 및 행동이 부자유하기 때문에 작은 치수의 오차에도 큰 불편을 겪게 된다.

따라서 기본적인 유효간격 치수를 반드시 준수해야 할 뿐 아니라 이들의 행동특성도 충분히 이해해야 한다.

본 장에서는 지체장애인, 시각장애인, 청각장애인, 노인의 기본동작 치수, 보조기구의 종류, 행동특성 및 건축계획상 유의해야 할 사항들을 다루고 있다. 한 가지 유의할 점은 여기서 다루는 치수는 법적 치수와는 다소 상이한 것도 있다는 점이다.

이것은 법적 기준은 최소한의 치수를 규정한 것인데 반해 여기서는 건축계획적인 측면에서 원활하게 사용하는데 필요한 치수를 고려하였기 때문이다. 보다 폭넓은 이해를 위해 필요한 부분에서는 외국의 기준도 언급하였다.

2-1 장애인의 동작치수

장애인의 동작치수는 장애 정도, 종류에 따라 각각 다르기 때문에 그 기준을 정하기가 쉽지 않다.

여기서는 장애인 중 특히 클러치 사용자, 휠체어 사용자, 시각장애인을 중심으로 소요치수를 제시하였다. 이것은 이들 장애인이 이용할 수 있는 시설이면 다른 장애인들의 이용에 별 어려움이 없기 때문이다.

2-1-1 클러치 사용자

클러치는 보행장애를 돕는 보조구로서 그 종류가 다양하다. 클러치 사용에 필요한 유효폭은 클러치의 종류와 사용방법에 따라 달라지는데 통로의 경우, 클러치 사용 시의 행동반경을 감안해야 한다. 클러치 사용자가 통행하는데 필요한 최소 유효폭은 표 2-1과 같다. 그림 2-1은 보행 유효폭을 나타낸다.

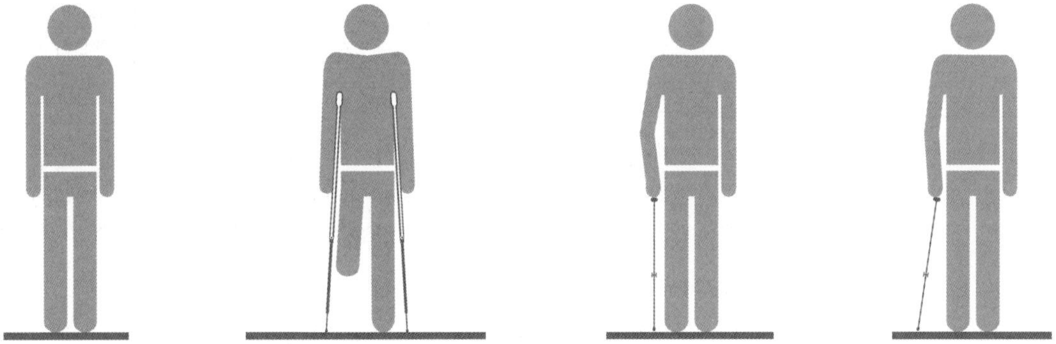

비장애인 양손이용 보행 장애인 한손 이용 보행 장애인

✏ 그림 2-1 클러치 사용자의 보행

표 2-1. 클러치 사용자의 통로 유효폭 및 활동공간 (mm)

클러치 종류		통로 유효폭 및 활동공간	
한쪽 클러치 사용		700~800	
목발 등 클러치 사용		700~1200	
전박 및 겨드랑이 클러치 사용		900	
2각 및 4각 클러치 사용		1000~1200	
보행 스탠드 및 왜건	4개 바퀴	1200~1200	
	2개는 고정다리, 2개는 바퀴	90도 회전	1200X1200
		180도 회전	1200X1650

2-1-2 휠체어 사용자

일반적으로 휠체어 사용이 가능한 공간이면 다른 보행장애인의 사용도 가능하다고 본다. 따라서 이동, 회전, 접근 등 각종 행위의 공간을 계획할 때 휠체어 사용자를 기준으로 하는 것이 바람직하다.

통로 유효폭

휠체어 사용자의 통로폭은 휠체어의 전체폭과 동작공간, 즉 핸드림(handrim) 유효공간을 고려하여 유효폭을 산정한다. ISO 규격[1]에 의하면 휠체어에 대한 핸드림 유효공간은 휠체어 좌·우측에 각각 50~100mm를 더하도록 권장하고 있다.

국내에서는 수동휠체어 한 대가 통행하기 위한 통로 유효폭을 800mm로 제시하고 있다. 각 국별 휠체어 1대의 통로 유효폭의 기준은 표 2-2와 같다.

주거시설의 경우는 800mm보다 조금 좁더라도(750mm 정도) 통행에 지장을 받지 않는다.

한편, 휠체어 사용자의 좌우 팔 조작능력이 다를 경우에는 직선주행이 어려우므로 유효폭을 좀더 넓게 할 필요가 있다. 그림 2-2은 휠체어 사용자의 통행에 필요한 통로폭을 나타낸 것이다. 휠체어 사용자가 자주 이용하는 의료시설 및 복지시설 등은 이 치수 이상으로 하는 것이 바람직하다.

휠체어와 보행자가 교행할 경우,
보행자가 옆으로 비켜서 있을 때 ········· 1,200mm 이상
보행자가 2인 통과시 ········· 2,000mm 이상
휠체어와 클러치 장애인이 교행할 경우 ········· 1,800mm 이상

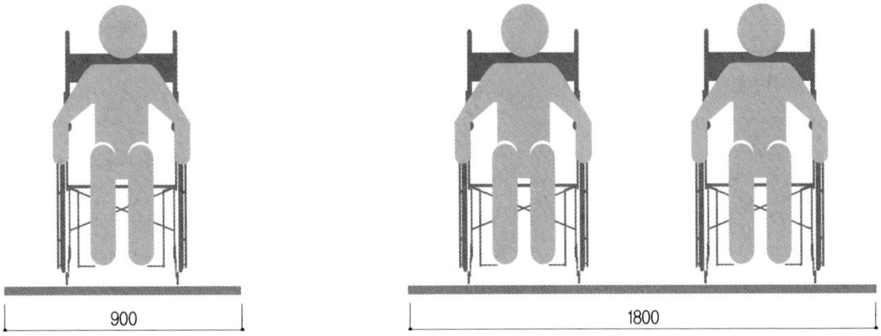

✏ 그림 2-2

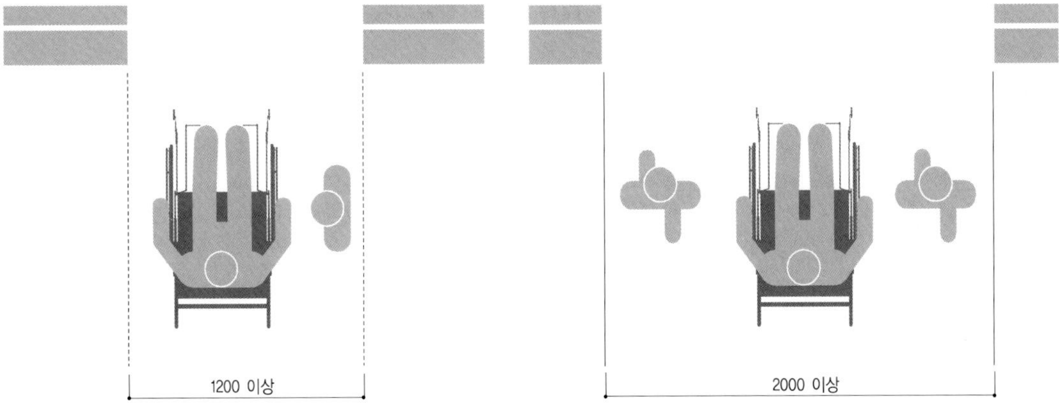

✏ 그림 2-3

그림 2-2 휠체어 사용자의 통로 유효폭(mm)
그림 2-3 휠체어 사용자와 보행자의 교차보행시 유효폭(mm)

1) ISO 7193 규격의 해설

바닥 유효공간

휠체어를 정지한 상태에서 그 치수를 나타낸 것이 그림 2-4이다. 그림에서와 같이 바닥 유효공간은 접근하는 위치에 따라 폭과 길이가 달라지므로 접근하는 방식을 고려하여 활동공간을 확보해야 한다.

휠체어의 바닥 유효공간은 휠체어 크기와 관계가 있기 때문에 치수에 차이가 있을 수 있다. 각 국의 치수를 비교하면 표 2-3과 같다. 한국은 700mm × 1,200mm를 기준으로 한다. 수동 휠체어에 비해서 전동휠체어는 그 자체의 크기가 큰 점도 고려하는 것이 좋다.

회전 및 활동공간

휠체어를 방향 전환할 때 필요한 활동공간은 회전축을 어디에 두고 회전하는가에 따라 차이가 있다.

회전축을 휠체어 좌석의 중심에 두는 경우에는 가장 좁은 회전반경으로 회전이 가능하며, 회전축을 어느 한 바퀴의 중심에 두는 경우, 가장 넓은 회전반경을 필요로 하게 된다. 일반적으로 휠체어의 회전공간을 말할 때에는 360도 회전을 의미하는 경우가 많다. 국내에서는 그림 2-5와 같이 1,500mm × 1,500mm를 기준으로 하고 있다.

한편, 직각으로 된 복도를 이동할 때에는 휠체어의 전체 폭뿐만 아니라 길이에 따라 필요한 활동공간의 크기가 다르게 된다. 그 각각을 예시한 것이 그림 2-6이다. 휠체어 회전 및 이동에 필요한 활동공간의 최소 유효폭은 다음과 같다.

90도 회전 ······ 1,350mm×1,350mm 이상
180도 회전 ······ 1,400mm×1,700mm 이상
360도 회전 ······ 1,500mm×1,500mm 또는 1,350mm×1,600mm 이상
직각복도 통과 ······ 1,400mm×1,700mm 이상(통로폭 900mm)

각 국별로 휠체어의 회전 및 방향 전환시 소요되는 활동공간은 표 2-4와 같다.

발 및 무릎의 유효공간

휠체어 사용자가 전면에서 세면대나 작업대 또는 싱크대 등에 접근할 때에는 가장 먼저 발끝이 닿게 된다.

따라서 발끝을 깊이 넣을 수 있어야 하며, 동시에 무릎이 들어갈 수 있는 유효공간이 확보되어야 한다.

휠체어 사용자의 발 및 무릎 유효공간의 크기는 다음과 같다.

발 유효공간 ······ 높이 220~230mm 정도, 깊이 100~150mm 정도
무릎 유효공간 ······ 높이 670~680mm 정도, 깊이 280mm 정도

그림 2-7은 발 및 무릎의 유효공간 치수를 나타낸 것이다.

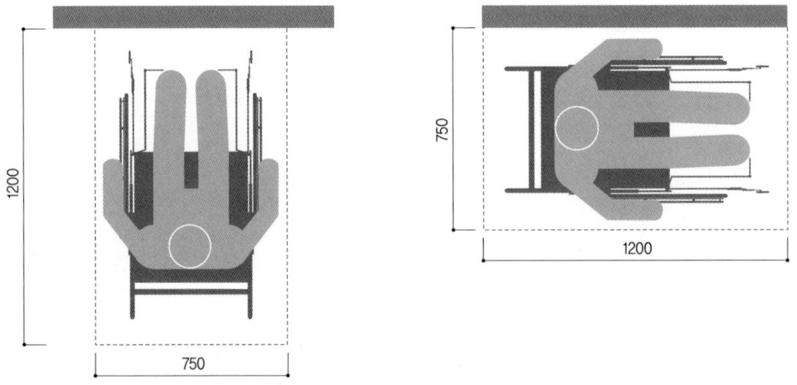

a. 전면 접근　　b. 측면 접근

✏ 그림 2-4 휠체어 바닥 유효공간(mm)

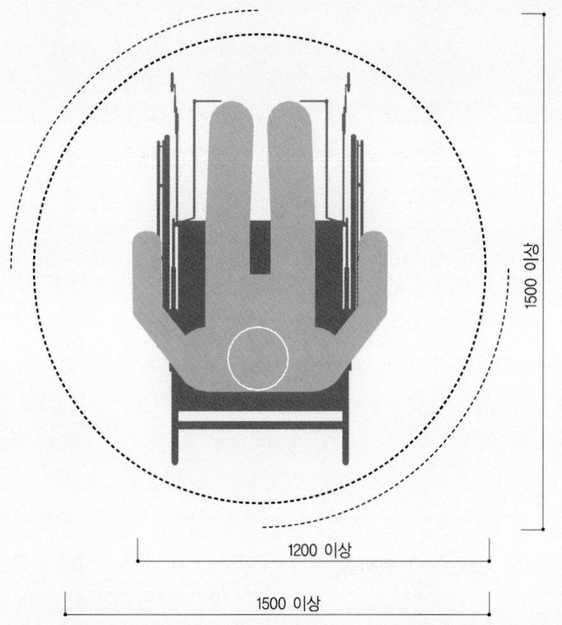

그림 2-5(상) 휠체어 360도 회전반경(mm)
그림 2-6(하) 휠체어 방향전환 시 필요한 활동 유효공간(mm)

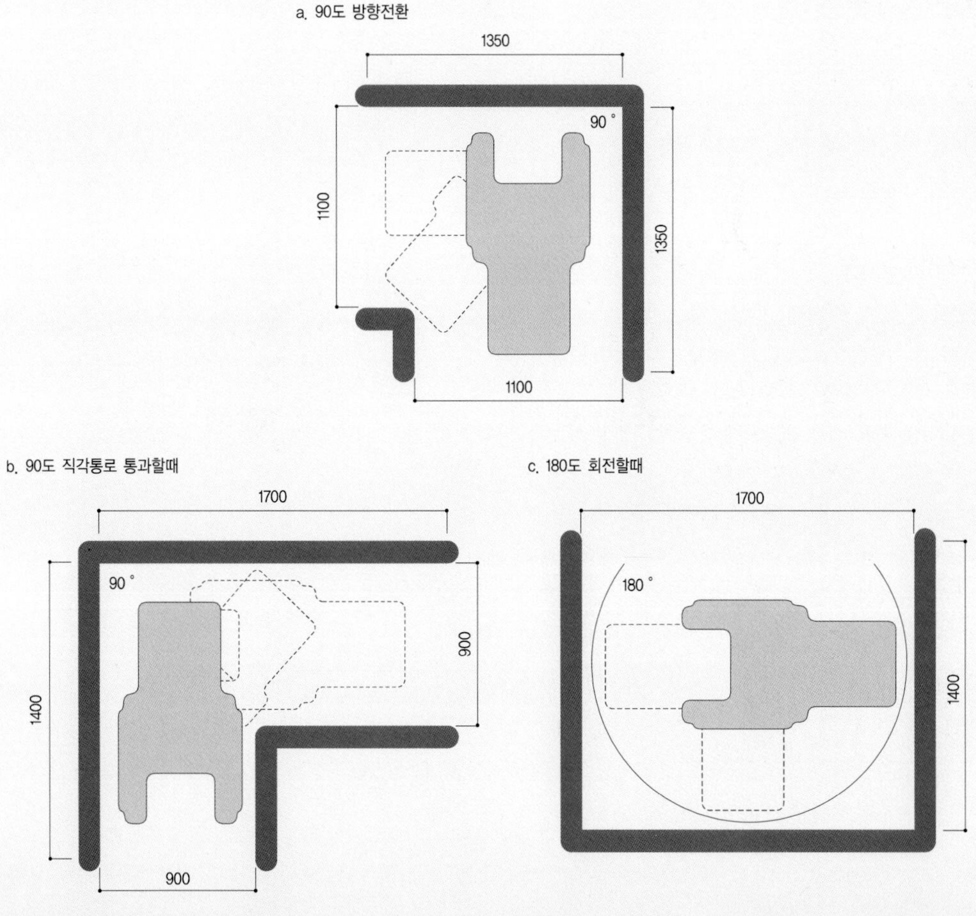

옮겨 앉기를 위한 높이

휠체어 사용자가 침대, 의자와 같은 가구나 욕조, 대변기와 같은 위생기기로 쉽게 옮겨 앉기 위해서는 가구나 기구의 높이가 휠체어 좌면높이와 동일한 것이 바람직하다. 권장높이는 바닥에서 휠체어 좌면까지 높이인 400~450mm 정도이다.

팔의 도달범위

휠체어 사용자는 앉은 높이 때문에 팔 도달범위 및 시선의 도달범위가 낮다. 그리고 작업을 위하여 접근하는 방법에 따라 차이가 있다. 예를 들면, 전면으로 접근할 때는 측면으로 접근할 때보다 도달범위가 줄어든다.
그림 2-8은 팔의 도달범위를 나타낸 것이다.

앞(전면)으로 접근 시 바닥에서 높이 .... 380~1,200mm 정도
옆(측면)으로 접근 시 바닥에서 높이 .... 230~1,350mm 정도

표 2-5는 각국의 휠체어 사용자 팔 도달범위를 나타낸 것이다.

[경사]

일반적으로 수동 휠체어 사용 시 경사도는 1/12 이하이어야 한다. 보도의 경사는 1/20 이하가 이상적이다. 휠체어 사용자가 가파른 경사를 오르는 데는 신체적인 노력이 필요할 뿐만 아니라 낙상할 위험이 있다는 것을 감안해야 한다.
그러나 1m 이하의 짧은 거리일 경우는 1/10 이하의 경사면도 이동 가능하다. 그림 2-9는 가파른 경사로와 트렌치 덮개 격자의 이동 경우이다.

각 국의 법규 비교

기본적인 기준을 살펴보면 미국과 일본, 스웨덴의 경우 휠체어의 규격과 기본적인 행동 범위, 폭, 면적 등이 제시되어 있으나, 한국과 독일은 통일된 규격이 없다. 기본적인 기준은 각 공간별 기준을 제시하기 위한 표준으로서 그 필요성과 기준이 제시되지 않은 공간의 대체기준으로서의 필요성이 높다.
먼저 휠체어의 기준을 살펴보면 일본과 스웨덴이 그 기준을 제시하고 있다. 이 중 일본의 기준이 휠체어 좌면의 높이와 전체 높이까지 자세하게 규정하고 있다. 휠체어의 폭과 길이는 최소 통과 폭, 회전 최소 바닥면적 등 자유로운 동선의 확보를 위한 기준을 정하는 표준이 된다. 일본의 휠체어 폭 기준이 630mm로서 스웨덴의 700mm보다 좁으나 이는 서양인의 체격보다 작은 동양인의 체격이 반영된 것으로 보인다. 휠체어의 좌면 높이는 의자, 침대, 변기 등의 높이와 수납 가구 등의 유효 높이와 깊이 등의 기준이 된다.
통과 최소 유효 폭은 미국(915mm)과 스웨덴(900~1,000mm)이 일본(1,200mm)보다 좁다. 이는 미국과 스웨덴의 경우 주거시설을 포함한 최소 통과 폭이 기준이 되었고, 일본의 경우 공공건물을 기준으로 하였기 때문으로 보인다. 최소 통과 유효폭은 원활한 동선 확보를 위한 기준이 된다.
회전 최소 바닥 면적은 각 개실에서의 방향 전환을 위해서 확보해야하는 면적이다. 미국(1,525mm)과 일본(1,500mm)이 스웨덴 (1,300mm)보다 더 넓게 제시하고 있으나 미국과 일본은 한 바퀴 고정시 회전반경을, 스웨덴은 양 바퀴 자유시 회전반경을 제시하고 있기 때문이다.
넓은 공간이 확보된 경우 360° 회전 가능한 공간이 바람직하나, 주거공간의 경우 우리나라의 실정상 확보가 어려우므로 두 바퀴 자유시 원활한 180° 회전이 가능한 기준이 마련되어야 할 것이다. 최소 유효 바닥 면적은 미국(760mm X 1,220mm)에서만 기준을 제시하고 있다.
이 기준은 휠체어 정지 시 요구되는 최소 바닥 면적으로 가구의 사용이나 단위 주거 공간의 계획의 기준이 된다. 정면 및 측면 접근 유효 높이는 휠체어 사용자의 유효 도달 높이를 의미하며 미국과 독일에서 그 기준을 제시하고 있다. 미국(정면 380~1,220mm, 측면 230~1,370mm)의 경우는 스웨덴(정면 700~1,200mm, 측면 700~1,200mm)보다 넓은 범위를 유효 높이로 보고 있다.
이는 기준이 되는 장애의 정도가 다르기 때문에 발생하는 차이로 여겨진다. 이 기준은 장애의 정도와 재활 정도, 신체 치수에 따라 차이가 발생할 수 있기 때문이다.
이를 표로 정리하면 다음 표 2-4-1과 같다.

시각장애인

[바닥 유효공간]

대부분의 전맹인(全盲人)은 이동 보조기구로서 흰 지팡이를 사용하며, 지팡이의 감지방법에 따라 통과 유효폭이 달라진다.
그림 2-10은 바닥을 접촉하여 인지하는 방법으로 보행 시 소요되는 통로 유효공간이다. 또한, 안내견의 도움을 받는 전맹인은 안내견의 크기에 따라 통로 유효폭이 다르다.
그림 2-11은 안내견과 동반한 유효폭을 나타낸다. 현재 국내에서는 전맹인에 대한 유효폭에 대한 기준이 없으나, 이를 규정하고 있는 각국의 치수는 표 2-7과 같다.

[돌출물]

시각장애인은 바닥 면으로부터 흰 지팡이의 손잡이까지, 또는 바닥으로 팔을 내린 상태의 손끝에서 발까지의 범위에서 물체를 가장 잘 인식하는 반면에 어깨 윗부분에 돌출된 물체는 감지하기 어렵다. 따라서 머리부분에 매달린 돌출물이 가장 위험하다. 또한, 그림 2-12와 같이 보도 측벽의 중간 높이 정도로 돌출된 물체도 부딪힐 위험이 있다.
그림 2-13은 돌출물과의 이격거리를 나타낸 것이고 표 2-8은 각국의 예를 나타낸 것이다.

표 2-2. 각국별 휠체어 1대의 통로 최소 유효폭 (mm)

	미 국	일 본	영 국	독 일	스웨덴	한 국
통과 최소 유효폭	815	800	750~850	700~850	750~800	800

표 2-3. 각국별 휠체어 최소 바닥 유효공간 (mm)

	미 국	독 일	스웨덴	한 국
수동휠체어	760X1220	700X1250	표준 700X1200	700X1200
전동휠체어		–	실외용 700X1300 800X1400	–

표 2-4. 각국별 휠체어 회전 및 방향전환 시 활동공간 (mm)

	미 국	일 본	스웨덴	한 국
90도 회전	–		1300 x 1300	1400 x 1400
180도 회전	–	1400 x 1400	–	1400 x 1400
360도 회전반경	1525 x 1525	1500 x 1500	1200 x 1200[1]	1500 x 1500

표 2-4-1.

	미 국	일 본	독 일	스웨덴	한 국
휠체어 폭	–	630mm이하	–	700mm이하	–
휠체어 길이	–	1200mm이하	–	1200mm이하	–
좌면 높이	–	380~450mm이하	–	–	–
휠체어 높이	–	1090mm이하	–	–	–
통과 최소 유효폭	915mm	1200mm	–	900~1000mm	–
회전최소 바닥면적	1525mm	1500mm	–	1300mm	–
최소 유효바닥면적	760X1220mm	–	–	–	–
정면접근	880~1220mm	–	–	700~1200mm	–
유효높이	–	–	–	–	–
측면접근 유효높이	230~1370mm	–	–	700~1200mm	–

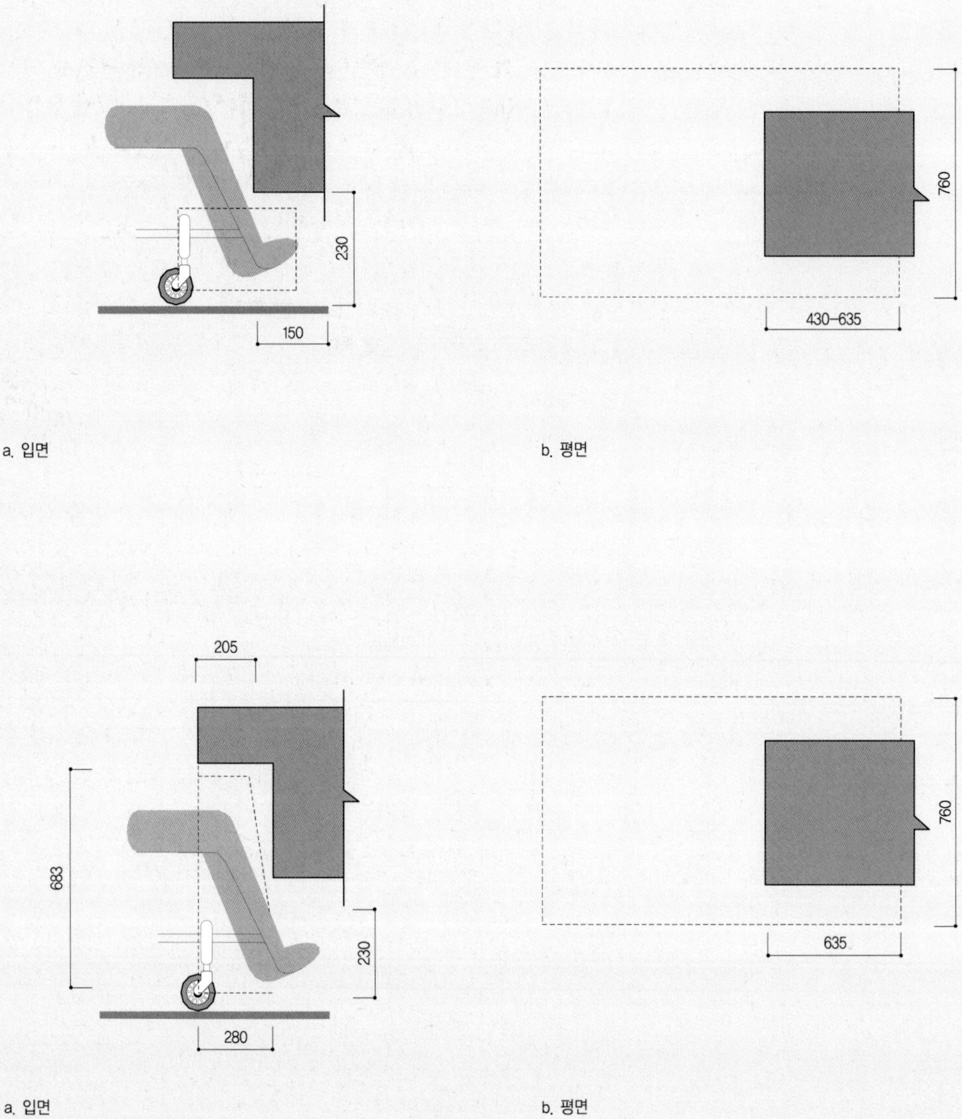

▌그림 2-7 휠체어 사용자의 발 및 무릎 유효공간

그림 2-9 가파른 기울기와 트렌치 격자덮개에서 휠체어 사용자의 이동행위

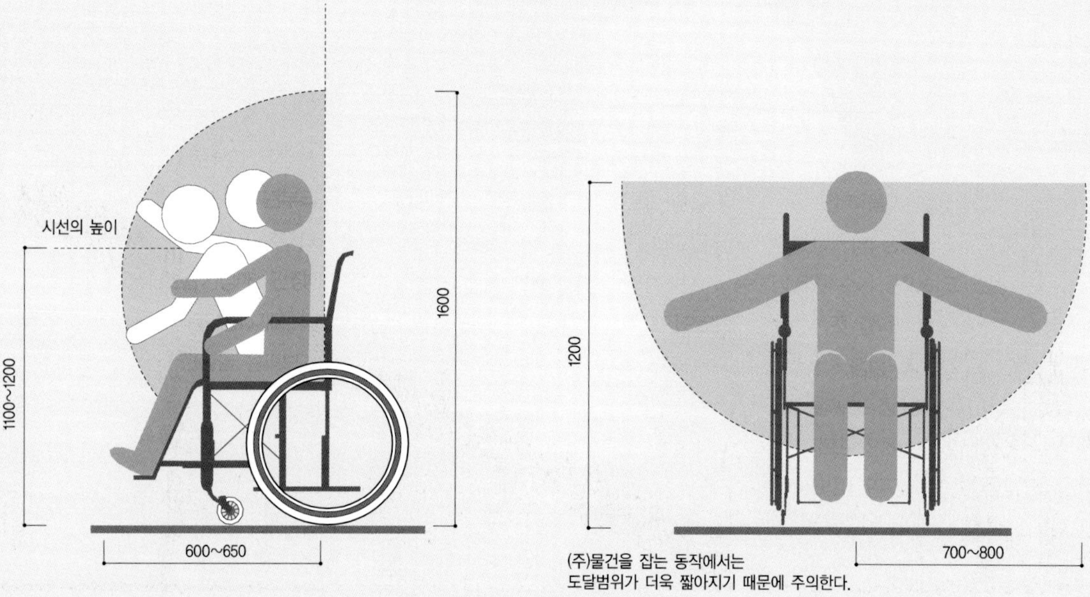

그림 2-8(상) 휠체어 사용자의 도달범위

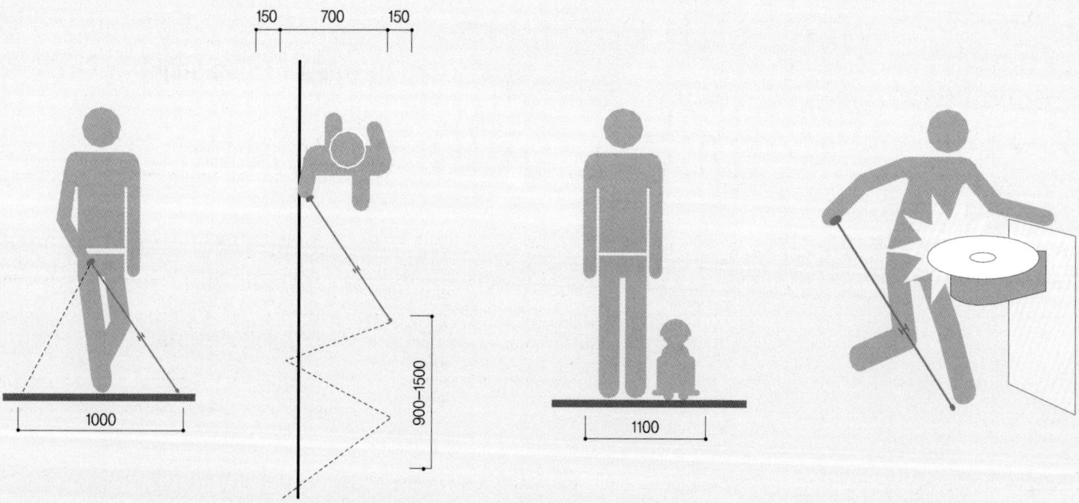

그림 2-10(하 – 좌) 시각장애인의 보행 유효폭
그림 2-11(하 – 중) 안내견과 동행한 시각장애인의 통로 유효폭
그림 2-12(하 – 우) 돌출물의 위험

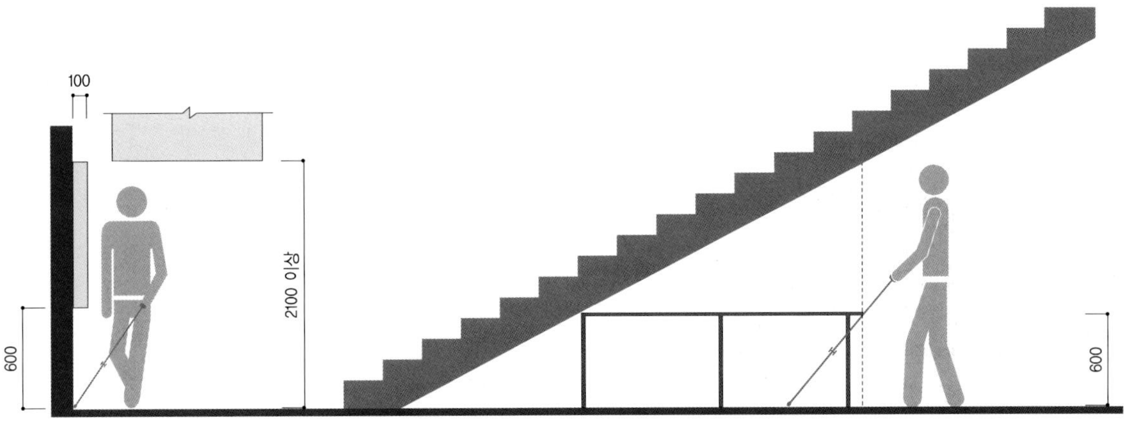

✏ 그림 2-13 돌출물의 계획 예

표 2-5. 각국별 휠체어 사용자의 팔 도달범위 (mm) (설명이 없는 경우 모두 정자세로 앉은 상태의 치수)

		미 국	스웨덴	한 국	일 본
정면접근	장애물 없음	380~1200	700~1200	1400이하 1000~1300 (앞으로 몸을 기울였을 때)	1400 이하
	장애물 있음	1120~1220 이하			
측면접근	장애물 없음	380~1370	700~1200	500~1400	–
	장애물 있음	1170~1220 이하			

표 2-6. 각국별 시각장애인의 보행 유효폭 (mm)

		미 국	일 본	독 일	스웨덴
흰 지팡이 사용자		1000	1200	1000	–
안내견 동행자	폭	–	900	–	1100
	길 이	–	1200	–	–

표 2-7. 각국별 통로의 돌출물 유효공간 (mm)

		미 국	영 국	독 일	스웨덴	한 국
머리 위 유효공간		2030	1980	2300	2010	2010
측면 돌출물	높 이	685	650	–	–	–
	벽면에서 출부까지	100	–	–	–	–

2-2 보조기구의 종류 및 치수

보조기구는 장애인이 장애의 예방과 보조 및 기능 향상을 위하여 사용하는 지팡이, 클러치, 휠체어 등 보행 보장구에서부터 시력 보조기, 보청기 등 재활보조기구까지 다양한 종류를 포함한다.

(1) 보행 클러치(crutch)

보행 클러치(목발)는 보행 장애인이 자력으로 이동할 수 있도록 보조하는 기구이다. 클러치는 가벼운 것이 좋으며 사용자를 완전하게 지탱할 수 있을 만큼 튼튼해야 한다.
그림 2-14는 고무캡의 종류를 나타낸 것이다.
그림 2-14와 같이 75° 까지 경사가 있더라도 압력이 확실하게 바닥에 전달되도록 미끄러지지 않는 커다란 고무캡을 붙일 필요가 있다. 보행 클러치는 조절 여부에 따라 두 가지로 구분할 수 있다.
첫째, 손잡이 형의 보행 클러치로서 해부학적으로 설계되어 있고 손잡이에 가해진 체중이 직접 수직파이프(또는 스틱)에 전달되는 것이다.
둘째, 스틸파이프 또는 경금속제로서 신축자재(伸縮自在) 샤프트로 길이를 조절할 수 있는 타입인데, 길이는 손잡이를 잡고 밑으로 곧바로 뻗친 손에서 바닥 면까지의 거리보다 약 50mm 정도 긴 것이 좋다.
클러치의 고무캡은 끝이 바닥 면에 미끄러지지 않도록 하는 역할을 한다.

[클러치의 종류]

클러치는 사용용도에 따라 표 2-8과 같이 여러 종류가 있는데 클러치 지지위치와 형태에 따라 크게 다음과 같이 구분할 수 있다.

● 전박클러치

전박클러치는 주로 한쪽 다리밖에 사용할 수 없을 때 이용된다. 관절염 클러치는 전박클러치의 일종이지만 수평으로 구부린 전박을 부드러운 팔꿈치걸이 위에 얹고, 이것을 밴드로 고정한다. 전박클러치에는 고정을 위해 전박을 싸는 슬립이 붙어 있다. 이것으로서 사용자는 체중을 확실히 받칠 수 있다. 그 종류도 슬립이나 손잡이의 형태와 붙은 위치에 따라 다양하다.

◓ 겨드랑이 클러치

겨드랑이 클러치는 체중이 2곳에서 클러치에 전달된다. 하나는 겨드랑 높이에 있는 쿠션(겨드랑걸이)을 통해서, 다른 하나는 손잡이를 통해서 전달된다. 따라서 클러치는 장애인의 겨드랑이와 손을 받쳐주는 역할을 한다.
이 클러치는 취급이 까다롭고 움직임이 한정되어 있으므로 팔 힘만으로 체중을 받칠 수 없을 때만 사용된다. 겨드랑이 클러치는 클러치 전체높이와 손잡이 높이를 조절할 수 있다.

◐ 2각 및 4각 클러치

2각 및 4각 클러치는 지지면적이 넓기 때문에 뒤집혀질 위험이 훨씬 줄어든다. 이 클러치는 근육이 약해서 아직 보행클러치를 사용하기 어려울 때 사용된다. 또한 평형장애가 있을 때나 보행 클러치 사용을 위한 보행훈련 시 사용된다.

○ 보행스탠드, 보행프레임, 보행 왜건

보행스탠드, 보행프레임, 보행 왜건에는 여러 가지 타입이 있다. 이 기구는 사용자에게 매우 안정성이 높아 주로 보행훈련을 시작할 때 사용된다. 보행스탠드에는 기구 자체가 고정되어 있어서 형태가 바뀌지 않는 고정형과 기구 자체를 조절할 수 있는 가동형이 있다.
전자의 경우에는 장애인이 스탠드 전체를 밀고 나가는 반면에 후자의 경우는 그림 2-15와 같이 스탠드 한쪽을 약간 들어 올려서 앞서 한 동작을 번갈아 가면서 되풀이한다.
따라서 다른 한쪽의 다리는 바닥에 붙여서 이동할 수 있다. 가동형 스탠드는 접을 수 있으므로 자동차에 싣고 이동할 수 있다. 바퀴가 있는 보행스탠드는 훨씬 쉽게 움직일 수 있으며, 세웠을 때는 바닥에 밀착되어 움직이지 않는다. 사용자는 보행 왜건에 체중을 싣고 걸어갈 수 있으므로 다리의 부담이나 움직임을 정확하게 조절할 수 있다.

◒ 스텝 헬퍼(Step helper)

스텝 헬퍼는 양 무릎이 굽혀지지 않을 때 사용되는 것으로서, 고관절이나 무릎을 거의 움직이지 못하고, 보통높이(160~170mm)의 계단을 올라가지 못하는 환자에게 필요하다.
스텝 헬퍼는 계단의 1/2 높이 정도로서 장애인은 이 계단을 이용하여 계단을 한 층씩 올라갈 수 있다.

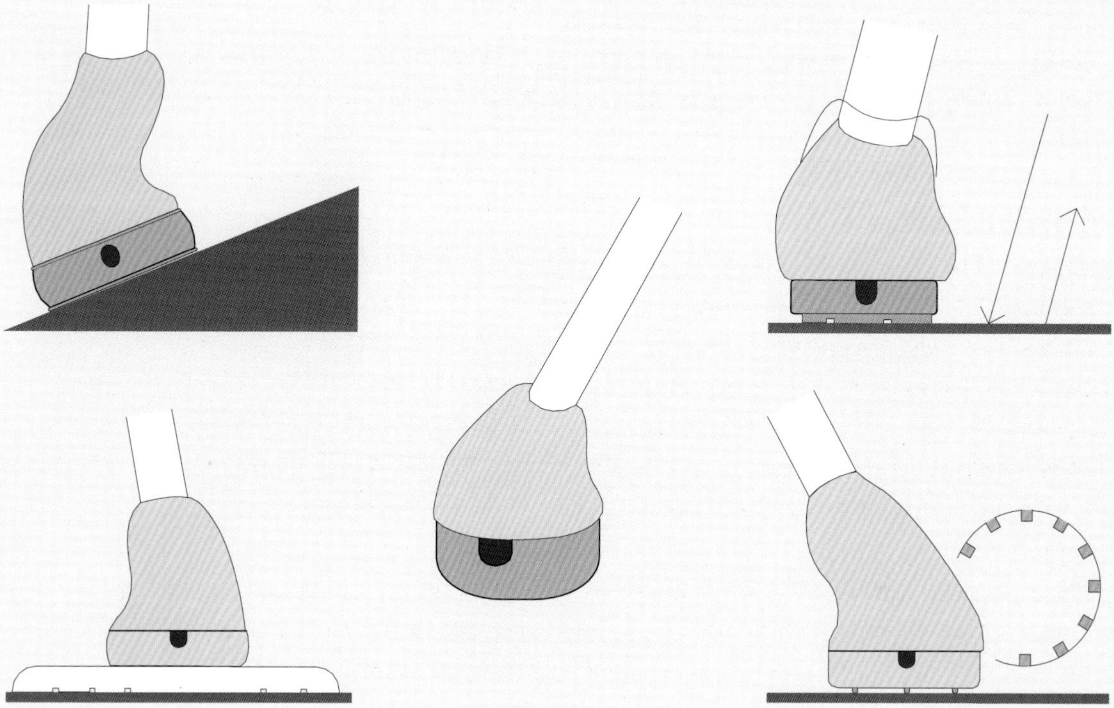

그림 2-14(상) 클러치의 고무캡
그림 2-15(하) 보행 스탠드 이동도

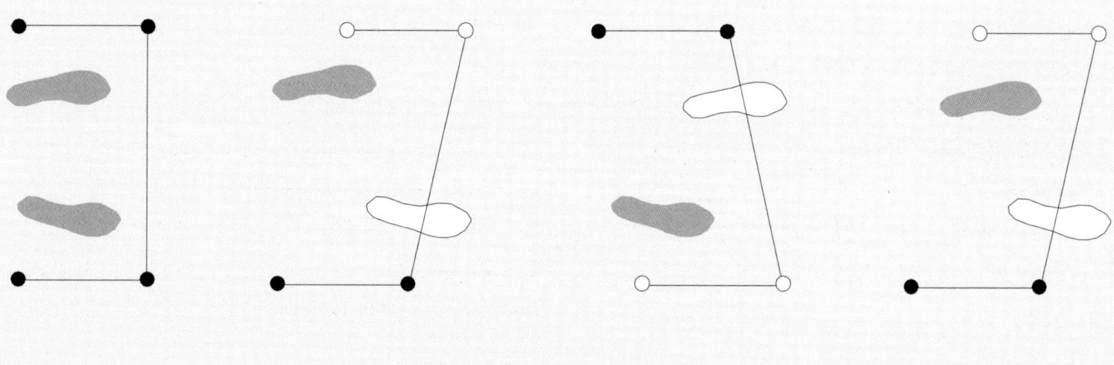

표 2-8. 클러치(목발)의 종류 및 특성

명 칭	그 림	특 징	소요치수
보 행 클러치		가장 간단한 보장구 비교적 보행장애가 가벼운 장애인이 사용한다.	통행에 필요한 유효폭 700mm 필요
전 박 클러치		주로 한쪽 발 밖에 사용할 수 없을 때 사용한다.	통행에 필요한 유효폭900mm 필요
겨드랑이 클러치	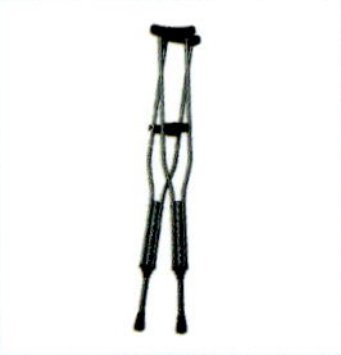	2곳에서 체중이 클러치에 전달된다. 클러치는 장애인의 겨드랑이와 손을 받쳐 준다.	
2각 및 4각 클러치		바닥지지대가 많아 넘어질 위험이 줄어든다. 보행 클러치를 사용할수 없을 때 사용한다.	통행에 필요한 유효폭 1000~1200mm 필요
보행 스탠드 보행 프레임		안정성이 높아 주로 보행훈련시 사용한다.	4개의 자재바퀴가 있는 경우, 최소 활동공간 1200 x 1200mm 필요 2개의 고정바퀴/ 2개의 자재 바퀴를 갖는 경우, - 90 회전시 활동공간 1200 x 1200mm 필요 - 180 회전시 활동공간 1200 x 1650mm 필요
보행왜건	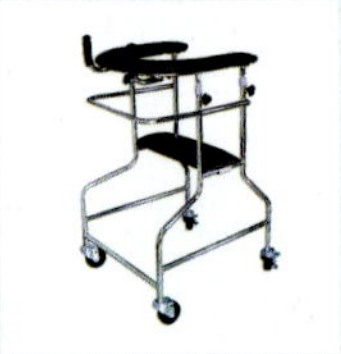	다리의 부담이나 움직임을 정확하게 조절할 수 있다.	
스텝 헬퍼		무릎을 굽히지 못하는 경우, 계단을 오르기 위하여 사용한다.	

(2) 휠체어

휠체어는 크게 수동휠체어와 전동휠체어로 구분할 수 있다. 수동휠체어의 경우는 대부분 접을 수 있어서 장소를 적게 차지하고 이동시 자동차의 트렁크 등에 넣을 수 있게 제작되어 있다. 수동휠체어는 국내 KS(한국공업규격)에 따라 제작되도록 권장되고 있는데 그 기준은 그림 2-16, 표 2-9와 같다.

전동휠체어는 자력으로는 운전할 수 없는 장애인을 위해 개발되어 실내나 도로에서 사용하기에 적합하다. 실외에서 사용할 경우에는 큰 바퀴가 앞에 있는 것이 좋고 실내에서 사용할 경우에는 큰 바퀴가 뒤에 붙어 있는 것이 좋다.

[휠체어의 종류]

휠체어를 형식상으로 구분하면 큰 바퀴가 앞에 있는 것과 큰 바퀴가 뒤에 있는 것, 타이어가 전부 고무로 된 것과 공기타이어로 된 것이 있다. 이용자의 체중이 90kg을 넘는 경우나 작업, 스포츠 등으로 특히 하중이 크게 가해질 경우에는 보강형이 사용된다. 또 한쪽 팔 밖에 사용할 수 없는 사람을 위해 외팔작동의 휠체어도 있다. 표 2-10은 휠체어의 종류와 특징, 치수를 나타낸 것이다.

(3) 이동용 호이스트(hoist)

이동 호이스트는 보조자들이 주로 중증장애인을 상하 또는 수평으로 이동하는데 사용되는 일종의 승강기로서 침대, 욕조 또는 변기 등과 휠체어 간에 옮겨 앉는 것을 돕는데 사용된다. 대부분의 호이스트는 리모컨으로 조작하므로, 리모컨의 오(誤)조작이 없는 것을 선택하여야 하며, 매달려 있는 시트(sling sheet)는 착탈(着脫)하기 쉬운 기종을 선택하는 것이 중요하다. 호이스트를 사용하면 보조자의 부담을 줄이는 이점이 있지만 소요시간이 늘어난다는 점은 감안해야 한다. 호이스트는 그 용도에 따라 실내용, 바닥고정식, 의자식, 천정주행식이 있다. 각각의 특징, 치수는 표 2-11과 같다.

표 2-9. 휠체어의 각부 명칭 및 치수 (단위 : mm)

기 호	부 위	치수 대형	치수 중형	치수 소형	비 고
A	전체 폭	630이하	600이하		사용시 프런트 파이프 외측치수
B	접은 폭		320 이하		접었을 때 좌우 핸드링 사이의 외측 치수
C	기준점에서 발판	650이하	570 이하		원점에서 발판 샤프트와 플랫 샤프트 교점까지의 수평거리
D	전체 높이		920이하		
E	바닥에서 좌석	450	400	380	바닥에서부터 원점까지의 치수
F	좌석너비	400	380	330	사용시 프런트 파이프의 내측면 치수
G	좌석길이	400	350		원점에서부터 프런트 파이프 내측까지
H	좌석에서 팔꿈치	220	200	190	의자면에서 시트 파이프까지 치수
I	등받이 높이	430	350		원점에서 등받이 끝단까지 치수
J	Arm pipe의 팔걸이		250 이상		
K	구동륜 지름(타이어 바깥지름)	24인치	22인치	20인치	뒷바퀴의 외부직경
L	핸드림 (hand rim)의 손잡이 지름		15 이상		핸드링의 손잡이 부분직경
M	핸드림의 부착 간격		20 이상		바퀴링과 핸드링 사이의 간격
N	자채륜의 지름(바깥지름 치수)		125,150,180 또는 200		
O	발판 조절 범위		90 이상		
P	발판의 최저 지상 높이		50 이상		발판 끝에서 바닥까지의 치수

표 2-10. 휠체어의 종류 (단위: mm)

구분				
종 류	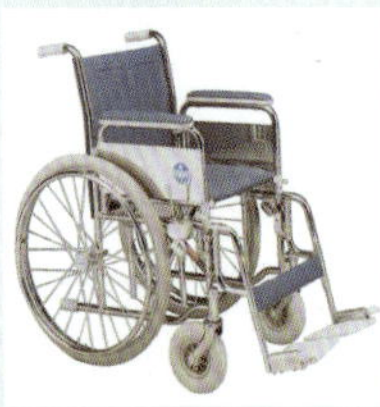	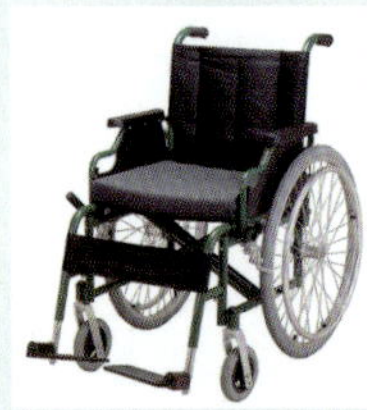	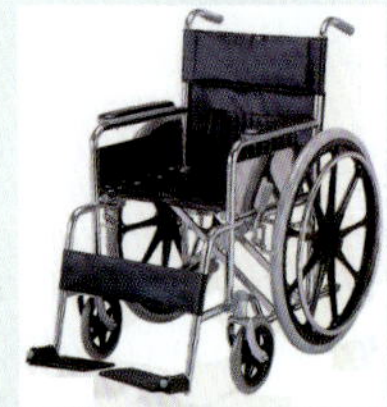	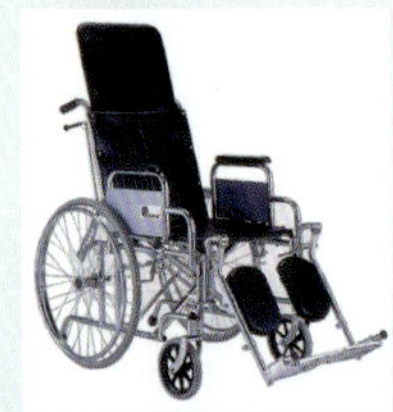
	일반용 솔리드 타이어 수동휠체어	스포츠용 공기주입 타이어 수동휠체어	실내용 공기주입 타이어 수동휠체어	Reclining 수동휠체어
특 징	주로 실내사용을 목적으로 하며 시설, 병원, 가정 등 광범위하고, 소인용도 있다.	기능성과 작업성을 목적으로 한 것이다. 핸들 및 데스크형의 팔걸이를 떼고 쓸 수 있다. 스포츠, 작업용으로 좋다.	실내에서의 이용을 고려한 것이다. 바퀴는 20인치로 작게 하고, 변기등으로 옮겨 타기에 적당하다. 데스크형 팔걸이는 뗄 수 있으므로 책상에서 작업할 때 적당하다.	보조자 없이 자력으로 등받이와 발판을 조절하는 레버를 조작할 수 있다. 머리받침, 팔걸이는 뗄 수 있다.
치수 전체 크기	대인용 : 600(너비) x 1040(길이) x 865(높이) 소인용 : 540 x 440 x 865	610 x 1030 x 875	610 x 980 x 875	615-620 x 1170-1200 x 1150-1310
치수 의자 높이	대인용 약 420 소인용 약 400	약 460	약 450	약 440-470
치수 기타				최대길이는 약 1610 조절 각도는 약 90~110 ~ 165~180도
종 류	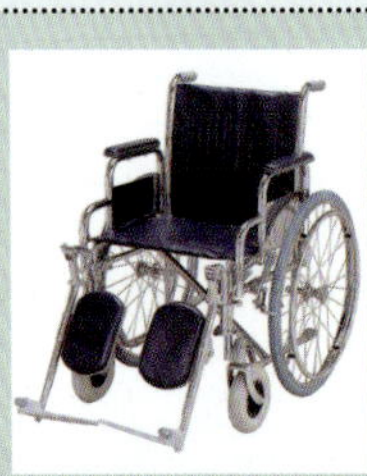	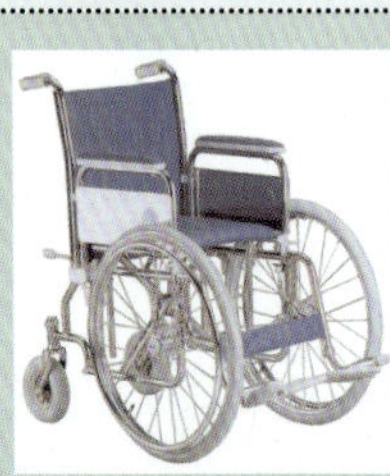	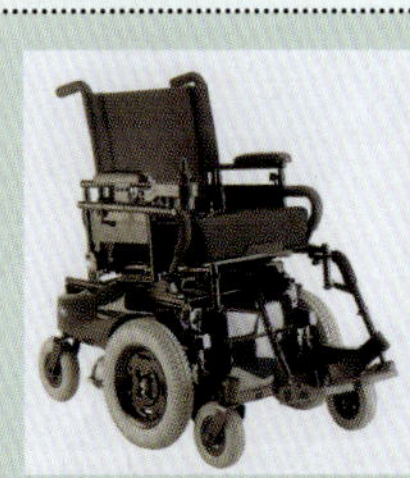	
	편마비용 공기주입 타이어 수동휠체어	앞바퀴가 큰형 수동 휠체어	전동휠체어	전동 스쿠터
특 징	한팔로 작동하는 형의 경우, 마비측의 바퀴를 움직이는 핸드림(handrim)이 정상측에 있고, 건강한쪽의 팔만으로 휠체어를 움직일 수 있다. 정상측의 팔과 다리로 조작할 수 있는 휠체어인 경우는 의자가 낮다.	큰 바퀴가 앞에 있어서 중심이 뒤편에 있는 경우(양측 대퇴주 절단 등)에도 후방 전도 등의 위험이 없다.	전동 휠체어는 보행이 곤란한 동시에 휠체어를 자력으로 사용할 수 없는 중증 상/하지 장애인이 광범위하게 사용한다. 제어 스틱으로 전후 추진과 주행속도를 조정한다.	기종에 따라 크기가 다르며, 주로 노인이 사용하는 경우가 많다.
치수 전체 크기	630-640 x 1050-1060 x 850-930	630 x 930 x 875	700 x 1200	600 x 1200
치수 의자 높이	약 390-430	430		
치수 기타			등판의 각도 8-14도 주행속도 4.5-6km	

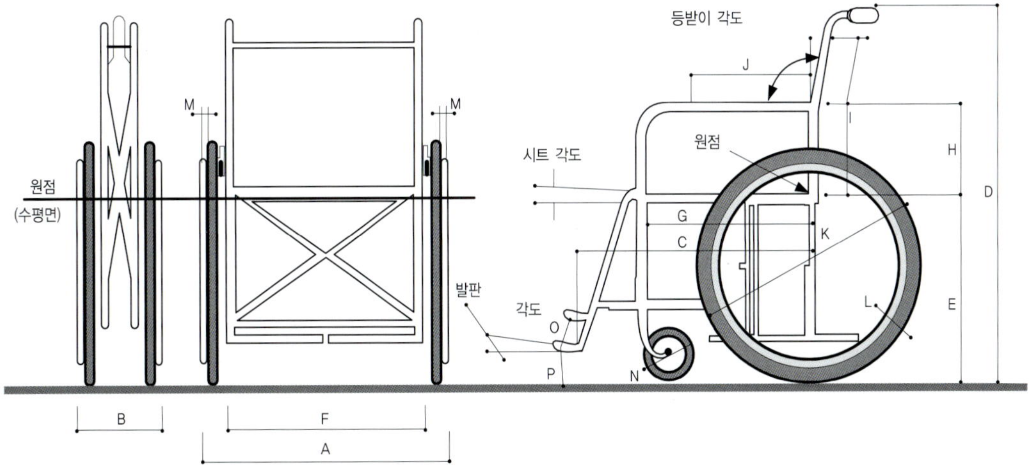

✏ 그림 2-16 휠체어의 각 부 명칭 및 치수

표 2-11. 호이스트(hoist)의 종류 및 특징

	실내용 호이스트	바닥고정식 호이스트	의자식 바닥 호이스트	천장주행식 호이스트
종류	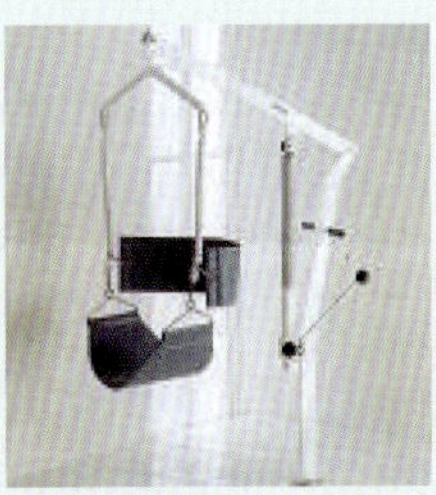		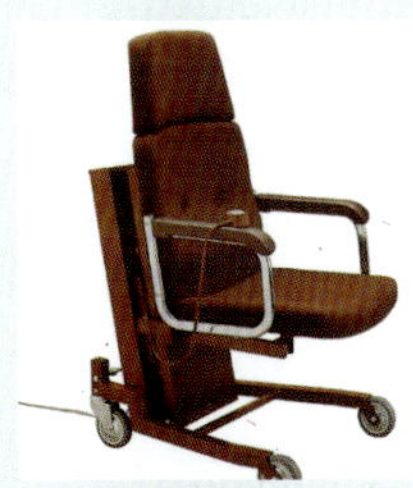	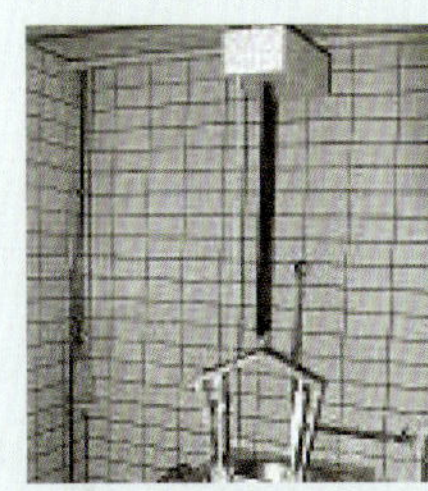
	침대나 욕조에 인접시켜 지주를 바닥에 고정하고 슬링시트에 장애인 등을 태워 옮기는 목적으로 사용	지주 밑에 캐스터(caster)를 설치하여 이동할 수 있게 한 형태 바닥이 평탄하고 통로폭이 확보되어 있으면 장애인을 호이스트로 들어 올린 상태에서 실내이동을 쉽게 이동할 수 있다.	의자 좌면이 승하강하여 장애인 등이 서기 편리한 높이에 일어설 수 있기 때문에 허리에 부담을 주지 않고, 앉고 서기가 가능하다. 조작은 앉은 상태에서 손잡이 리모컨을 사용	천장에 레일을 설치하여 다른 방으로 이동할 수 있도록 한 것으로 천장 레일설치 등 대규모의 공사가 필요
특징	옮겨타기용으로 이동범위가 제한되며, 사용하지 않을 때 지장을 받는다. 설치시 바닥강도 및 승강속도에 주의한다.	옮겨타기 및 이동용으로 이동범위가 크다 바닥을 평평하게 하지 않으면 사용하기 힘들며, 통로폭 확보가 필요하다. 승강 및 주행속도와 가구 배치 등에 주의한다.		옮겨타기 및 이동용으로 타 실로의 이동이 가능하다. 바닥조건에 따른 영향은 없으나 승강 및 주행속도와 가구배치등에 주의한다.
치수		전체 크기 650(폭) x 1150(길이)mm 올려지는 범위 58–175mm 정도 허용하중 150kg	전체크기 680(폭) x 765(길이) x 830(높이)mm 최대로 끌어올리는 높이 (stroke) 400mm 본체중량 38kg	최대로 끌어올리는 높이 2000–2200mm 최대 허용하중 175–200kg

2-3 장애별 행동특성 및 건축적 요구

앞서 2-1에서는 장애별로 기본동작 치수를 살펴보았는데 여기서는 장애별 행동의 특성을 살펴보고 그에 상응하는 건축적인 계획 포인트를 살펴보고자 한다.
장애는 지체장애인(보행 장애인, 휠체어사용자, 상지장애인), 시각장애인, 청각장애인, 노인의 경우를 기술하였다.

(1) 보행 장애인의 행동특성

[보장구 없이 보행 가능한 경우]

보행에 장애가 있기는 하나 특별한 보장구 없이 보행이 가능한 경우, 활동면적을 추가로 확보해야 할 필요는 없다.
그렇지만 이들은 관절이나 고관절 등의 파괴, 변형, 수축이나 경직, 동통 등에 의해 무릎 관절을 굽히기가 어려운 경우가 있으므로 이를 배려해야 한다. 보장구를 사용하지 않는 보행 장애인의 동작 및 행동특성과 건축계획시 유의해야 할 점은 다음과 같다.

- *무릎 관절을 굽히기 어려운 사람들에게는 관절에 부담을 주지 않아야 하므로, 동선을 짧게 하고, 보행을 어렵게 하는 문턱, 계단, 장애물 제거가 요구된다.*
- *장거리를 이동하는데 어려움을 느끼므로 휴식을 위한 공간 확보가 필요하다.*
- *아래로 몸을 굽히기 어렵기 때문에 상지의 도달범위가 줄어들기도 한다.*

[보행 보장구 사용자]

지팡이나 전박클러치, 스탠드 등 보행 보장구를 이용하는 사람은 보장구의 종류에 따라 보행방식이 달라지기 때문에, 각각의 특성에 유의해야 한다. 보행 보장구 사용자의 동작특성은 다음과 같다.

- *수평 이동시 보장구가 옆으로 벌어지기 때문에 비장애인에 비해 유효폭이 넓어야 한다.*
- *보장구 사용으로 보행속도가 느리고 장거리 이동에 어려움이 따른다.*
- *바닥면이 미끄러우면 클러치의 끝이 미끄러질 위험이 있다.*
- *보행시 발끝이 걸리면 넘어질 위험이 있으며, 클러치 사용시 그 끝이 홈이나 도랑 등에 박힐 우려가 있다.*
- *보장구 사용에 의해 손이 자유롭지 못하다.*
- *수직 및 수평이동에 있어서 단차나 경사면의 이동이 어려우며, 경사로보다는 계단을 이용하는 것이 더 편리하다.*
- *수직이동 중 문을 개폐하는 등 멈추어서 동작을 취해야 하는 경우에는 몸의 균형을 잃기 쉽다. 또한 신체 근육을 원하는 방향으로 움직이기 어렵다.*
- *몸을 굽히거나 낮은 부분까지 손이 닿기 어렵다.*
- *콘센트, 손잡이, 서랍, 스위치 등의 높이는 너무 아래쪽에 위치하지 않도록 한다.*

보행 장애인의 행동특성 및 건축계획상 고려사항을 정리하면 표 2-12와 같다.

(2) 휠체어 사용자의 행동특성

[부분적 보행이 가능한 휠체어 사용자]

이들은 휠체어에서 내려 짧은 거리를 보조기구를 사용하여 움직일 수 있는 장애인이다. 장애의 악화에 대비하여 생활공간 요소요소에 휠체어를 위한 공간이 필요하다. 대부분의 생활은 보조원 도움 없이 가능하다.

[수동휠체어 사용자]

충분한 손의 힘과 스스로 상체를 움직일 수 있는 장애인은 휠체어를 움직일 수 있다. 최소한 한쪽 팔을 사용할 수 있으며, 위생공간을 사용할 때나 단차를 넘을 경우, 다른 사람의 도움이 필요할 때가 있다. 대체로 대부분의 휠체어 사용자는 늘 휠체어를 사용하는데, 이들의 동작특성은 다음과 같다.

- *휠체어 자체가 차지하는 공간에 활동을 위한 공간이 추가되어야 한다.*
- *폐쇄된 공간에서의 방향전환은 360° 회전이 가능한 공간이 필요하며, 복도와 같이 긴 통행로에서의 방향전환은 180° 회전이 가능한 활동공간이 필요하다.*
- *휠체어로 수평이동시 이동하는 속도가 늦고 지치기 쉽다.*
- *지그재그로 이동하며, 위험한 상황에 대한 대처가 늦다.*
- *휠체어에 앉은 상태로 생활하기 때문에 팔이 미치는 범위 및 눈의 높이가 제한된다.*
- *휠체어 발판이 벽 등에 가장 먼저 닿기 때문에 벽과 부딪히는 경우가 많으며, 팔의 도달범위가 짧아지게 된다.*
- *이동시에는 양손을 쓸 수 없다.*
- *요철이 있는 바닥면이나 미끄러운 바닥 또는 단단하지 않은 바닥, 마찰력이 너무 높은 바닥에서는 휠체어를 사용하기 어렵다.*
- *모래바닥에서는 휠체어를 추진하기 어렵다.*
- *도랑 등에 캐스터(작은 바퀴)가 빠지면 움직일 수 없다.*
- *옆으로 이동할 수 없으며, 이동하는 방향과 다른 쪽으로 이동하기 위해서는 많은 시간이 소요된다.*
- *수직 및 수평이동에 있어서 단차나 계단의 이동이 곤란하다.*
- *무릎 및 발판의 높이는 비장애인의 앉은 자세보다 더 높다.*
- *휠체어에서 다른 곳으로 옮겨 앉기 위해서는 휠체어를 위치시킬 공간이 필요하며, 옮겨 앉은 가구나 기기의 높이가 휠체어 좌면높이보다 높거나 낮으면 불편을 느끼거나 옮겨 앉을 수 없다.*

[전동휠체어 사용자]

장애가 심할 경우, 전동 휠체어를 사용하며 대부분 보조자의 도움을 받아야 한다. 전동 휠체어 사용자의 행동특성은 수동휠체어 사용자와 거의 비슷하지만, 전동휠체어 자체의 크기가 수동휠체어에 비해 크고 중량이 무거우며 보조자가 항상 필요하다는 점에서 보다 더 넓은 공간이 확보되어야 한다.

표 2-13은 휠체어 사용자의 동작특성 및 건축계획상의 고려사항을 정리한 것이다.

(3) 상지장애인의 행동특성

한쪽 또는 양쪽 팔이나 손끝에 장애가 있는 사람은 손이나 손가락 등을 이용한 정교한 동작에 어려움을 느낀다. 또한 물건을 쥐는 동작이 곤란한 사람이나 악력(握力)이 약한 사람들 역시 이러한 정교한 동작에 어려움을 느낀다.

대체로 팔이 높이 올라가지 않기 때문에 의복의 착탈이나 손을 뻗는 등의 동작에 제한을 받는다. 표 2-14는 동작특성 및 건축계획상의 고려사항을 나타낸 것이다.

표 2-12. 보행 장애인의 행동특성 및 건축계획적 고려사항

	동작 제약	건축적 장애물 예	건축계획상 고려사항
보장구 비사용자	무릎 관절 등을 굽히지 못한다.	장거리를 이동하는 것이 어렵다.	보행/이동 동선을 짧게 한다. 적절한 거리마다 휴식공간 확보
		단차를 넘는데 어려움을 느낀다.	바닥의 단차 제거 경사가 급하지 않은 계단계획
		한식변기를 사용하기 어렵다.	양변기 사용계획
		계단 및 화장실에 핸드레일이 설치되지 않은 경우 불편하다.	계단, 대변기 및 세면기 등에 핸드레일설치계획
	낮은 곳에는 손이 닿지 않는다.	아래쪽에 위치한 콘센트, 서랍 등을 사용할 수 없다.	팔이 닿는 범위의 적절한 위치에 손잡이나 설비기기를 설치
보장구 사용자	보행 및 활동시 넓은 폭을 필요로 한다.	복도나 출입구의 폭, 대변기 칸막이내의 활동공간이 좁으면 곤란하다.	통행에 필요한 유효폭 확보 대변기 칸막이 등에 충분한 활동공간 확보.
	보행속도가 느리다.	장거리를 이동하는 것이 어렵다	보행/이동 동선을 짧게 한다. 적절한 거리마다 휴식공간 확보
	미끄러운 바닥면을 보행할 때에는 클러치의 끝이 미끄러질 위험이 있으며, 발끝이 걸리면 넘어질 위험이 있다.	바닥마감이 미끄러운 경우 보행하기 어렵다.	미끄럽지 않은 바닥 재질을 선택 외부공간의 바닥면에 배수설비 필요
		자갈길이나 흙탕길은 갈 수가 없다.	바닥재질을 평탄하게 마감한다.
		격자뚜껑이나 홈, 도랑에 클러치 끝이 빠진다.	격자뚜껑 또는 홈을 좁게 한다. 건널목, 엘리베이터의 박스, 바닥의 틈새 등에 주의가 필요하다.
		계단 등의 측면이 개방되어 있으면 클러치의 끝이 밖으로 빠져나가 몸의 균형을 잃는다.	계단 측면에 추락방지턱을 설치
	단차나 경사면의 이동이 곤란	건물입구의 큰 단차를 극복할 수 없다.	바닥의 작은 단차 제거
		핸드레일이 없는 계단, 육교 등의 승강을 못할 때가 많다.	단차나 계단에 핸드레일 설치
		경사면에서는 미끄러지거나 몸의 균형을 잡기 힘들어 불안정하다.	경사가 급할 때 계단을 계획한다.
	양손을 사용할 수 없다.	우천 시 우산을 들기 힘들다.	우천 및 적설대비 차양 고려.
	신체의 방향을 바꾸거나 근육을 생각대로 움직이기 어렵다.	화장실 내 변기 및 욕조 등의 위치가 신체의 방향을 바꾸도록 계획되면 사용하기 어렵다. 콘센트 등의 높이가 높으면 사용할 수 없다.	가능한 한 방향을 바꾸지 않아도 되도록 고려, 방향전환에 필요한 공간 확보 단차제거, 통행 유효폭 확보

▌그림 2-18 단단하지 않은 바닥 예

표 2-13. 전동 휠체어 사용자의 동작 특성 및 건축계획적 고려사항

동작 제약	건축적 장애물 예	건축계획상 고려사항
넓은 활동공간이 필요	출입문, 복도 등이 좁으면 통과할 수 없다.	통행에 필요한 유효폭 확보
	복도의 모퉁이, 출입문의 전후, 대변기 칸막이 내부 등이 좁으면 활동할 수 없다.	복도 및 출입문 전후에 충분한 활동공간 필요 대변기 칸막이 내부에 충분한 활동공간 필요 (전동휠체어의 경우 보조자의 공간 확보)
휠체어로 이동하므로 속도가 늦고 지치기 쉽다.	장거리 이동시 멈추어야 한다.	보행/이동 동선을 짧게 한다. 적절한 거리마다 휴식공간 확보
위험한 상황에서 빠르게 대처할 수 없다.	출입문의 개폐나 아래로 내려가는 경사, 낭떠러지를 빨리 발견하지 못하면 부딪히거나 낙상할 수 있다.	휠체어의 이동 동선 상에 밖으로 열리는 문은 계획하지 않는다. 낭떠러지 등 위험한 곳은 안내표시를 통하여 인지할 수 있도록 고려
단차나 계단의 이동이 곤란.	보도와 차도의 턱, 건물 출입구의 단차, 계단, 육교 등에서는 이동할 수 없다.	단차제거 또는 경사로, 엘리베이터 등을 설치
	휠체어로 이동할 수 있는 공간에 대한 안내판이 설치되지 않으면 이동시 많은 시간을 소요한다.	휠체어로 이동할 수 있는 경로 및 사용 공간을 표시해주는 것이 필요
	가파른 경사로에 핸드레일이 설치되지 않으면 이동하기 어렵다.	경사로에 핸드레일 설치
요철이 있는 바닥면이나 미끄러운 바닥 또는 단단하지 않은 바닥에서는 이동하기 어렵다.	포장하지 않은 길, 모래나 자갈이 깔린 길에서 이동하는데 불편이 많다. 털이 긴 융단은 이동할 수 없다.	평탄한 바닥재를 선택 블록 등의 마감을 평탄하게 한다. 카펫 길이가 긴 것은 피한다.
	바닥마감이 미끄러운 경우 이동할 수 없다.	미끄럽지 않은 바닥재를 선택
	바닥이 젖은 경우 이동하기 어렵다.	외부공간에서 배수설비에 주의한다.
바닥과 바퀴와의 마찰이 지나치면 이동 및 회전 시에는 바닥에 마찰을 준다.	실내에서는 방바닥을 상하게 된다.	마찰력이 적은 바닥재질을 선택
도랑에 휠체어의 작은 바퀴가 빠지면 움직이지 못한다.	건널목, 엘리베이터 박스 바닥의 틈새, 금속의 신발 닦기의 틈새 등에 작은 바퀴가 빠진다.	바닥 틈새에 휠체어의 작은 바퀴가 빠지지 않도록 고려
이동시에는 양손을 쓸 수가 없다.	비 오는 날에 우산을 받을 수가 없다.	차양 고려
옆 방향으로의 직접 이동은 불가능하고 왕복이동을 해야 하므로 많은 시간이 소요된다.	카운터, 상품진열장, 도서실의 서가,자동판매기 등의 앞에서 바로 옆으로 움직일 수가 없다.	카운터, 자동판매기 등으로 전면 접근할 수 있도록 계획하거나, 충분한 활동공간이 필요
	출입문 전후 및 여닫이문의 측면공간이 확보되지 않으면 많은 동작을 필요로 한다.	문 전후에 대기 및 회전공간 필요
손이 닿는 범위가 한정된다.	너무 높거나 낮은 선반, 장롱, 서랍, 수도꼭지 등을 사용할 수 없다. 엘리베이터의 조작버튼, 공중전화 등의 위치가 높아서 사용하기 힘들다.	휠체어에 앉은 상태에서 손이 닿을 수 있는 적합한 위치에 설비기기 설치
머리(상반신)의 위치가 낮다.	세면기, 부엌의 싱크대, 거울 등의 위치가 높다.	휠체어에 앉은 상태에서 시선이 닿을 수 있는 적합한 위치에 설비기기 설치
	차량 등에서 휠체어 사용자의 이동을 확인할 수 없다.	차도에서는 안전 통로를 계획
무릎 및 발 받침대의 높이는 비장애인의 앉은 자세보다 더 높다.	자동판매기, 세면대 등으로 전면 접근 시 휠체어의 발판, 팔 받침대가 닿아서 사용하기 힘들다.	접수대, 세면대, 싱크대 등에 휠체어의 발 및 무릎 유효공간 확보
휠체어에서 다른 것에 옮겨 타는데 공간이 필요하다.	침대나 대변기 주위, 욕조 주변의 공간이 좁으면 사용할 수 없다.	침대, 대변기, 욕조 등 옮겨 타기 위하여 휠체어를 위치시키는 공간 확보 필요
	대변기, 욕조의 높이가 너무 높거나 낮으면 옮겨 앉기 어렵다.	대변기의 높이, 주차장의 승강부분, 의자 및 침대 높이 등 이승하는 기기 또는 가구의 높이 등 배려

(4) 시각장애인의 행동특성

시각장애인은 크게 약시인과 전맹인으로 구분할 수 있으며 구체적인 행동특성은 다음과 같다.

[전맹의 시각장애인]

전맹인은 낯선 곳이나 먼 거리를 이동할 때에는 흰 지팡이를 이용하거나 안내견과 동행하는 경우가 많으며, 자주 가는 곳에서는 그림 2-19와 같이 팔을 전면 또는 측면으로 뻗어 주변 환경을 인지하고 발을 끌면서 바닥 면을 인지한다.

흰 지팡이로 주변을 인지하는 방법은 지팡이 끝으로 바닥을 접촉하는 방법과 지팡이를 몸과 대각선을 이루게 하여 인지하는 두 가지 방법이 있다. 전자의 경우, 지팡이의 동작범위는 양 어깨 바깥 점 정도이며 지팡이 끝을 한발자국 정도의 간격으로 좌우로 흔들어서 앞을 감지한다. 후자는 흰 지팡이를 상체의 대각선 방향으로 교차시켜 움직이지 않는 위치에 고정시키거나 한쪽 어깨 바깥 점 위치의 바닥에 지팡이의 끝을 고정하고, 다른 어깨 쪽으로 손잡이를 두어 인지하는 방법이다.

이 인지방법은 공간이 제약되거나 잘 알고 있는 환경에서 사용한다. 독일의 DIN 18024에 따르면, 그림 2-19와 같이 지팡이가 쉽게 인식할 수 있는 높이는 30mm이고, 휠체어 사용자가 통과할 수 있는 단차의 높이는 30mm이므로 차도와 보도의 단차제거의 최대 높이를 30mm로 제시하고 있다.

흰 지팡이 사용자는 보행 중 지팡이와 발 앞에 주의를 집중하며, 지팡이를 사용하지 않을 경우에는 어깨 아래 높이로 팔을 올려 주변환경을 인식하므로 허리 아랫부분으로부터 발까지의 정보보다는 허리 윗부분으로부터 머리 위치까지의 정보 입수가 어렵다. 특히 통로부분에 머리 높이 정도로 돌출된 장애물은 매우 위험하다.

한편, 청각은 전맹인이 거리를 인식하는데 매우 중요한 감각이다. 소리를 통하여 방향이나 거리를 추측할 수 있으며, 발자국 소리와 같은 반사음을 통해 장애물의 거리와 크기를 파악하게 된다. 숙련되면 자신의 반사된 발자국 소리로 담이나 벽에서 일정한 간격을 유지할 수 있다.

그러나 교통소음 또는 소음의 수위가 자신이 내는 소리보다 큰 경우, 청각에 의한 방향설정은 어려워진다. 또한 울림이 심한 공간에서도 방향설정이 어려워진다. 따라서 소리의 적정 반사, 적정 흡수에 유의하여 시설을 계획해야 한다.

소리반사는 전맹인에게 공간의 크기, 구조, 재료적 성질 등을 알려줄 수 있다. 원주, 각주, 막대기 등과 같이 반사면이 작거나 좁은 물체는 청각적으로 인지할 수 없기에 상당히 위험하다.

표 2-14. 상지장애인의 동작 특성 및 건축계획상 고려사항

동작 제약	건축적 장애물 예	건축계획상 고려사항
팔이 높이 올라가지 않는다.	콘센트, 조작기 및 작동기의 위치에 손이 닿지 않는다.	팔이 닿는 범위의 적절한 위치에 손잡이나 설비기기를 설치. 팔을 쓰지 않아도 되는 조작방법 고려
손끝이나 손목 등의 관절장애로 물체를 잡고 조작하는 등의 손가락 사용 동작이 곤란하다.	창호나 설비기기의 조작방법이 어려우면 사용할 수 없다.	창호나 설비기기의 조작방식 또는 형태 고려
편마비 등으로 한쪽 부분의 팔을 사용하지 못한다.	사용하지 못하는 상지 쪽에 설비기기나 손잡이 등이 있으면 사용할 수 없다.	신체의 한 쪽에서 일어나는 행위에 대한 배려

[약시의 시각장애인]

약시인은 주변환경을 정확하게 인식하기 어렵고, 시야의 협착이 10° 이하의 경우에는 보행이 어렵다.

또한 보행시 머리가 앞으로 숙여지고, 척추후반등과 무릎굴곡, 두 다리를 벌린 폭넓은 걸음걸이의 특징을 나타내기도 한다.

장애 정도에 따라 물체나 색의 구별능력에 차이가 있으며 빛이나 조명에 대한 감각에 이상이 있을 경우에는 밝은 곳에서 어두운 곳으로 이동시 색순응에 어려움을 느끼기도 한다.

또한 수직이동시 경사로나 계단의 시작부분과 끝나는 부분을 잘 인식하지 못하는 경향이 있으며 위험물을 확인한 후 이동하기 때문에 시간이 지체되며 보폭이 정상인에 비해 많이 축소된다.

따라서 시각장애인에게는 가능한 한 필요한 정보를 쉽고 빠르게 인지할 수 있도록 여러 가지 방법의 정보수단으로 보완해주는 것이 바람직하다.

예를 들면 후각에 의존하여 방향 인지가 가능하도록 꽃으로 장식하거나 식수하는 것도 효과적이다. 위험한 곳 등에는 흰 지팡이로 인식할 수 있는 손잡이나 가드레일을 설치하고, 주변과 색상의 대비를 이루어 색체를 인식할 수 있게 하며, 점자블록, 음성 알림 등을 동시에 계획하는 것이 좋다.

출입문 주변의 안내판은 알기 쉬운 위치에 설치하고 건축물 전체를 표시하는 점자 안내판 설치, 음성안내를 병행하는 등 청각, 촉각, 시각정보를 적절하게 계획하는 것이 필요하다.

표 2-15는 시각장애인의 동작특성 및 건축계획상의 고려사항을 나타낸 것이다.

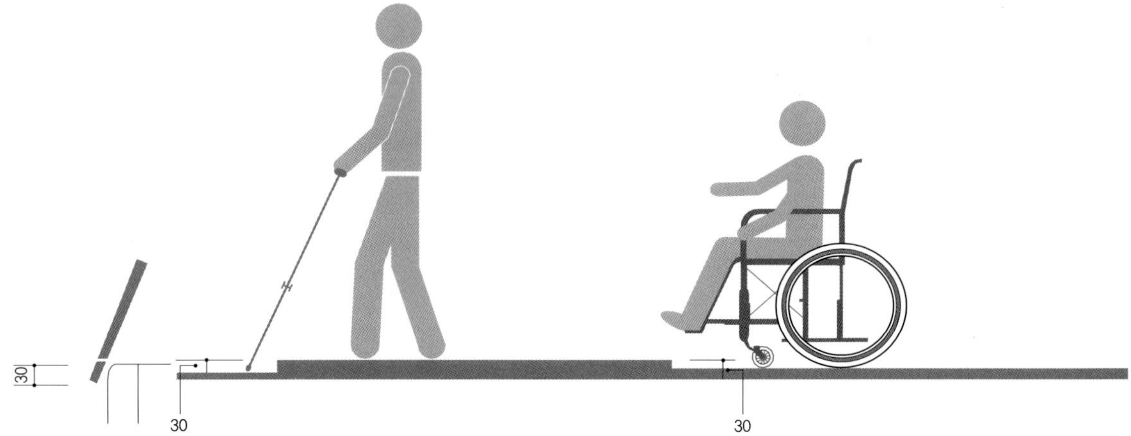

✏ 그림 2-19 지팡이와 휠체어 사용자를 고려한 허용 단차

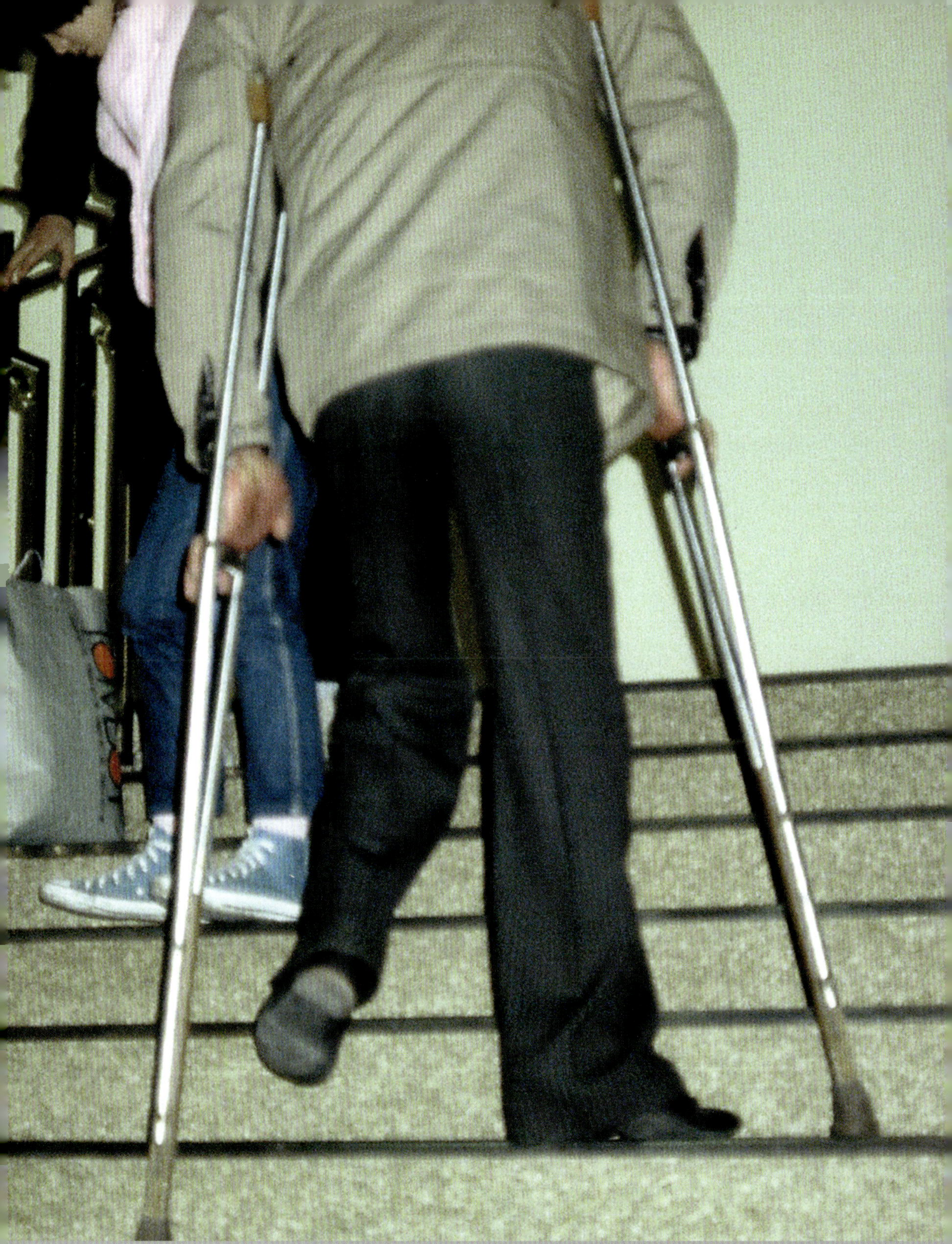

▌그림 2-20 전면으로 팔을 뻗어 주변 상황을 인지하는 동작

그림 2-21 바닥을 접촉하여 인지하는 흰 지팡이 사용자 예
그림 2-22 다양한 점자블록 디자인 예

[정보전달 방법]

음성정보

음성정보는 유도용 블록에 비해서 이용하기 쉬우며, 신뢰성이 높다고 알려져 있다. 음성정보에는 유도 안내장치와 손잡이를 만졌을 때 센서에 의해 음성으로 설명하는 장치, 안내소에서 설명하는 방법, 교차로의 음향신호기 등 여러 형태가 있다.

한편 음성 정보에서 가장 중요한 것은 청각알림 시스템이다. 청각알림 시스템에는 사이렌, 종, 스피커, 다른 소음을 내는 신호기 등이 있다.

청각알림 시스템이 작동될 때에는 그 소리가 주변의 전화기의 울림이나 휴식시간의 종소리와 혼돈되지 않고, 인지될 수 있도록 고려해야 한다.

주파수와 강도는 심한 청각장애인도 들을 수 있도록 되어야 한다. 이 장치의 위치는 시각장애인이 어디서든지 쉽게 들을 수 있어야 하며, 한 곳에서 다른 곳으로 이동할 수 있고, 외부의 도움 없이 출구를 찾을 수 있도록 계획되어야 한다.

그림 2-23은 음성정보 전달방법의 예를 나타낸 것이다.

촉지정보

시각장애인에게 있어서 촉지정보는 도형으로 표현된 정보입수 수단이다. 물건의 형태나 공간의 크기, 위치 등을 인지할 수 있도록 하기 위한 것이다. 이것은 머릿속에서 자신의 위치나 동선을 파악할 수 있게 해준다. 미국에서는 엘리베이터 출입구의 층수 표시, 화장실 안내 등에 쓰인다.

촉지정보의 대표적인 것은 촉지도인데 이 경우 하나의 평면으로 표현할 수 있는 공간규모, 한 번에 인지할 수 있는 넓이가 되어야 하고, 복잡한 건축물을 설명하기에는 한계가 있다. 글자가 돌출되어 있는 양각문자를 병용하면 약시자도 이용이 가능하다. 그림 2-24와 같이 최근에는 음성정보와 촉지정보를 함께 사용하는 경우도 많다.

점자정보

점자는 전맹인이 자유롭게 읽고 쓸 수 있는 문자이다. 하지만 점자를 읽기 어려운 중도실명자들은 이용하기 어려울 수 있다. 건축물에 대한 점자정보는 실명, 방향, 위치 등 최소한의 정보를 제공하는 것이 많다.

이용 빈도가 높은 설비나 기기의 이용설명에는 양각문자와 점자의 병용이 바람직하다. 점자의 국내 KS 규격은 그림 2-23과 같다.

문자정보

문자정보는 시각장애인만이 아니라, 모든 사용자에 공통적으로 적용된다. 문자의 크기, 형태, 문자 주변과의 색상대비를 고려하여 쉽게 판별할 수 있도록 하는 것이 중요하다.

옥외에 문자정보를 설치하는 경우는 태양광선 등을 고려해야 한다. 또 문자정보를 읽는 기기로서 휴대용 확대경, 문자 확대 컴퓨터, 확대 독서기 등이 있다. 점자의 규격은 그림 2-25와 같다.

색상과 형태

약시자를 포함하여 어느 정도 시각적 인지가 가능한 장애인은 시각을 통하여 이동방향 및 물체의 형태와 정보를 인식한다.

이 경우, 형태의 인지는 색상, 형태, 조명의 정도를 고려하여 쉽게 인식할 수 있도록 해야 한다. 특히 주변 환경과 대조를 이루는 색상계획은 거리의 가구나 레일 또는 보도의 공사나 위험을 알리는 보호대의 설치를 알리기 위하여 사용된다. 또한 경고용 점자블록 등을 설치할 때에도 적용된다.

색의 표시는 넓고 크게 100~150mm로 계획하여 확실하게 인식할 수 있어야 한다. 색상은 각 색상의 채도에 차이를 가져야 하며, 초록색과 브라운 색 등과 같이 색조의 차이가 필요하다. 따라서 충분한 대조를 주는 것뿐만 아니라 색조 및 채도에 차이를 가져야 한다.색상을 선택할 때에는 화려한 색상은 개개인마다 받아들이는 정도가 다르지만, 일반적으로 약시자는 어두운 바탕에 밝은 색을 잘 구별하므로 흰색과 검은색의 대조가 가장 인식하기 쉬운 대비라고 한다.

중증 시각장애인은 세세한 인지가 어렵고 기본적인 인지를 확실하게 기억하기 때문에 색의 기억은 특히 중요하다. 표 2-16은 독일의 연구에 의한 색상별 인지의 특징을 나타낸 것이다. 형태는 간단해야 하며, 동일 건물 내에서 기능이 같은 것은 규격, 형태 등에 일관성이 있는 구조로 계획하는 것이 좋다. 또한 주위와 명확하게 구분될 수 있어야 한다. 그러나 반복되는 패턴의 마감재를 선택하면 혼란을 야기할 수 있다.

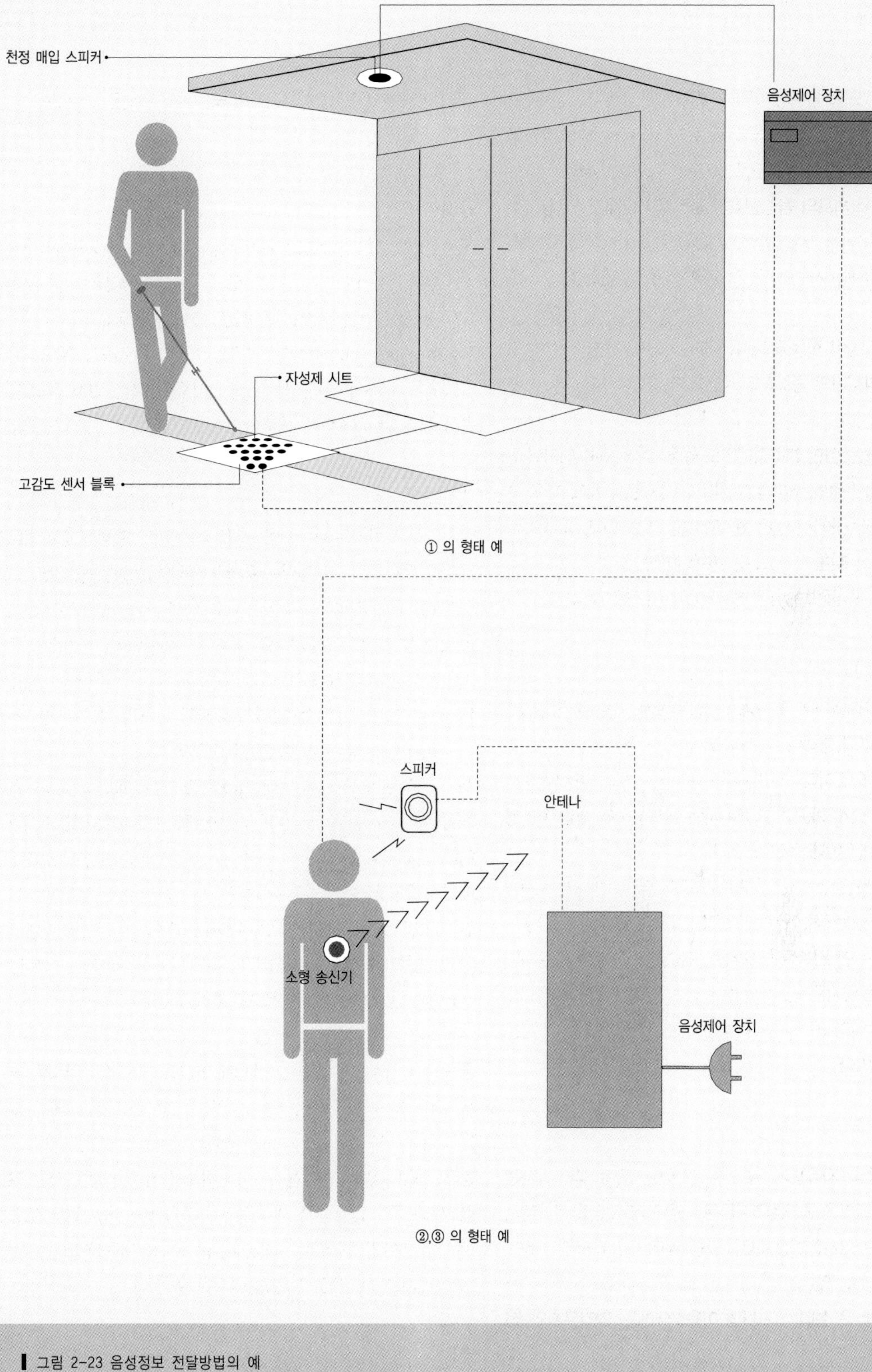

그림 2-23 음성정보 전달방법의 예

조명

색상과 상관없이 조명은 약시자에게 매우 중요하다. 일반적으로 규정되는 값보다 조명 수준을 높이는 것이 좋다.

Hartmann에 따르면 각 공간에서 시각장애인에 도움을 주는 조명의 강도는 다음과 같다.

입구 ········· *300lux*
복도 ········· *100lux*
식당/음식점 ········· *300lux*
카페테리아 ········· *500lux*
계단 ········· *200lux*
화장실 ········· *200lux*
전화 ········· *500lux*

그러나 조명강도를 너무 높이게 되면 시각장애인에게는 도움이 되지만 비장애인에게는 장애로 작용하게 된다.

조명강도가 높은 것을 선택하였을 경우 눈부심을 방지할 필요가 있는데, 전원을 천장면에 설치하거나 간접조명으로 하여 시선이 직접 전원을 향하지 않게 하고 주변의 마감재는 반사가 적은 재질을 선택하는 것이 좋다.

표 2-15. 시각장애인의 동작 특성 및 건축계획 상 고려사항

	동작 제약	건축적 장애물 예	건축계획상 고려사항
전맹	보행시 흰 지팡이를 이용하거나 안내견과 동행	좁은 통로는 흰 지팡이로 주변을 인식하는데 어려움을 느끼며, 안내견과 동행하기 어렵다.	흰 지팡이 사용자의 보행 유효폭에 유의 안내견의 휴식공간, 유효폭을 고려
		도로 양 끝의 위치를 모르며 양 끝의 단차, 도랑에 빠질 염려가 있다.	위험한 곳이나 경사로 및 계단 시작과 종점에는 점자블록, 각종 표식을 고려 도로 등 도랑에 빠질 위험이 있는 경우 추락방지턱 또는 난간 설치
		배수용 격자 뚜껑은 시각장애인 선형블록과 헷갈릴 수 있다.	격자형 뚜껑의 크기를 선형블록과 구분할 수 있도록 하거나, 이동 진행 방향과 다른 각도로 놓여지게 한다.
		신호기는 보이지 않기 때문에 위험하다.	청각, 촉각 등으로 인지할 수 있도록 배려 (두 가지 방법을 병용하는 것이 필요)
		버스노선 등의 코스에 변경이 있거나 정차위치에 변경이 있으면 위험하다.	
	일상적인 전달방법으로서 음에 의존.	소음이나 대화 등의 전달음을 막아버림으로써 불편.	전달음이 정확하게 전달되도록 고려
	형태, 위치 상태를 확인하기가 곤란	복잡한 길의 이동이나 사행(蛇行)이 어렵다. 은행, 상점 등의 위치확인이 곤란. 화장실의 형태, 발위치의 확인이 곤란.	직선과 같이 인식하기 쉬운 동선으로 계획 출입구 주변에 안내지도를 부착하고 촉각 및 청각적 안내를 고려한다.
		일시적으로 놓인 간판, 자전거에 부딪힐 위험이 있다.	통행로의 돌출물을 제거하고 머리부분에 돌출된 안내판 등을 계획하지 않는다.
		출입구의 위치, 실 명, 형태, 개폐여부를 알 수 없다. 상품의 선택 및 가격확인이 어렵다.	각 실의 이름, 호수나 기타 정보가 필요한 곳에 점자를 부착한다. 위험한 곳에는 점자블록 및 각종 표식을 고려
	읽고 쓰기를 못한다.	설명서의 주의사항이나 설명서가 부착된 물품 등을 사용하기 어렵다. 관공서, 은행, 우체국 등에서의 문자사용이 어렵다.	중요한 설명에 대한 것은 점자로 표시하거나 소리로 알린다.
약시자	색맹은 색의 구별이 곤란	신호의 색깔을 판별할 수 없으므로 위험하다. 색에 의한 주의사항은 잘 알아볼 수가 없다.	잔존시력과 그 외 촉각, 청각 등 활용. 각종 기기의 활용.
	시야 범위가 좁다.	주변의 사정을 신속하게 인식할 수 없다. 멀리서나 옆에서 다가오는 자동차 등을 빨리 인식하지 못한다. 크게 쓰여진 글자는 읽을 수 있으나 작은 글자는 읽을 수가 없다. 형태의 인식이 어렵다.	위험한 곳이나 경사로 및 계단 시작과 종점에는 색상차가 큰 재질을 사용하여 인식할 수 있게 고려한다. 안내표시 문자의 크기, 색채, 대조 등을 고려한다.

표 2-16. 색상별 인지의 특징과 사용방법

색상	특징	대비되는 글자색	의미
노란색	좋은 색으로 기억되나, 매우 나쁜 형태로 기억된다	검은색	경고
파랑색	그리 좋지 않은 색으로 기억되나, 현저히 구분할 수 있는 형태로 기억된다.	흰색	안내
적색/보라색	색상이나 형태의 받아들이는 정도가 비슷하다.	흰색	위험
녹색	뉘앙스에 따라 좋은 정도의 색상과 형태로 받아들인다.	흰색	안전

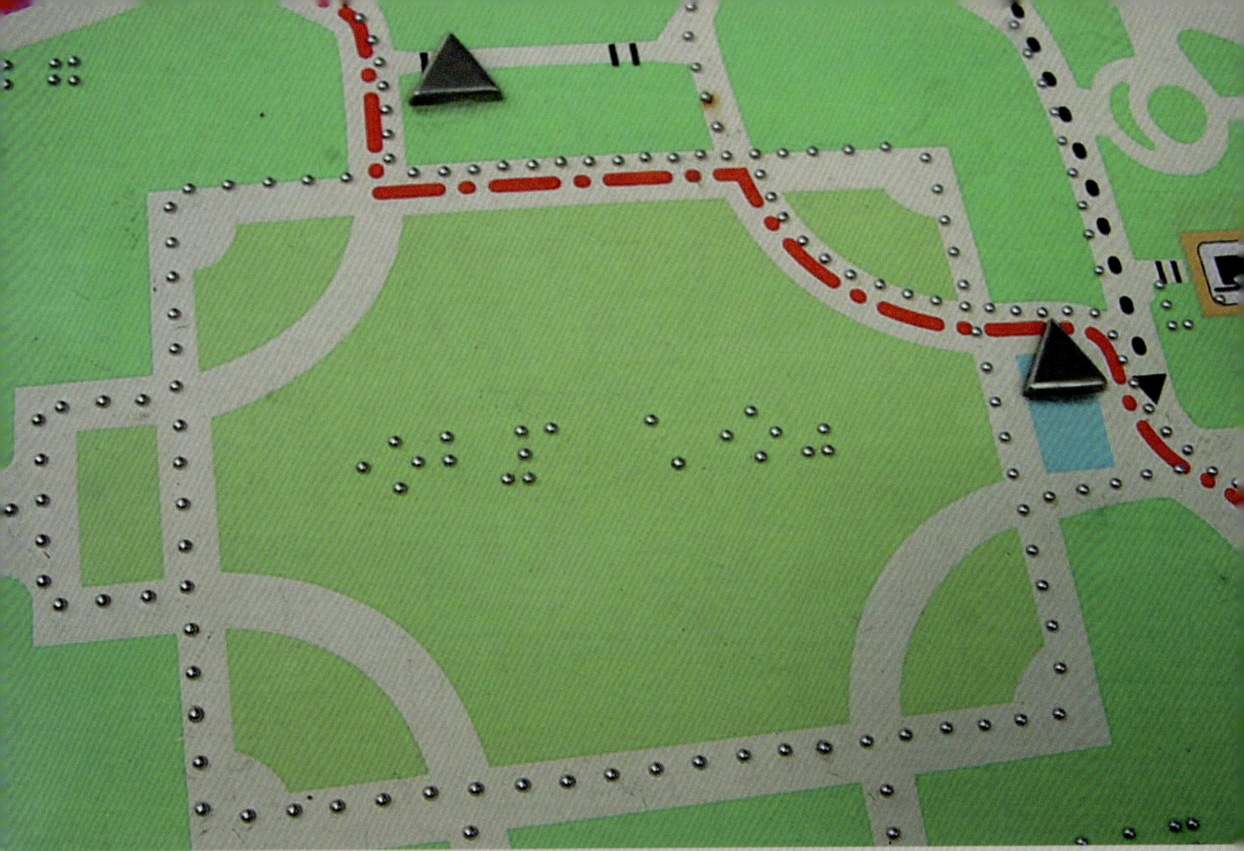

그림 2-24 촉지도 예
출입구 측면에 건물의 평면도에 실명과 각 정보를 점자로 표시하고 아래버튼을 누르면 음성으로 정보를 얻을 수 있다.

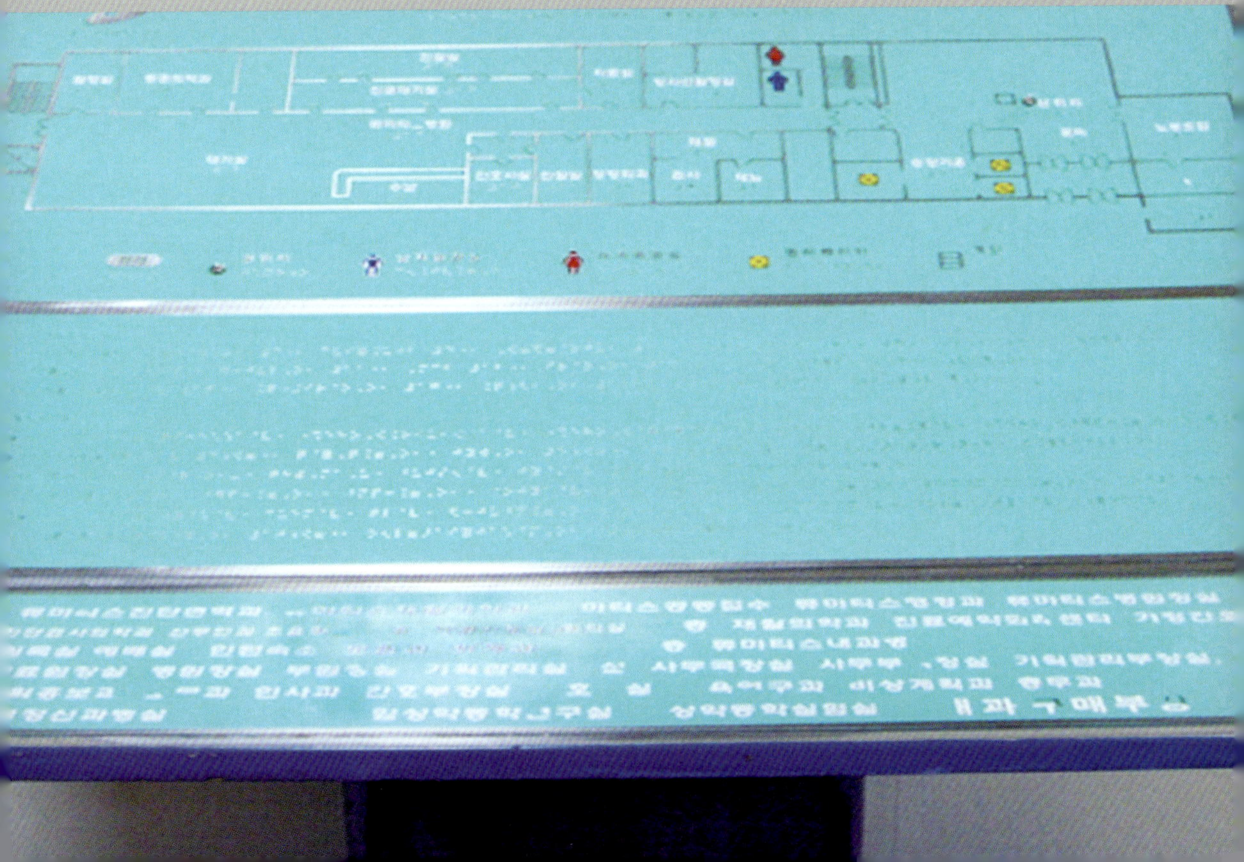

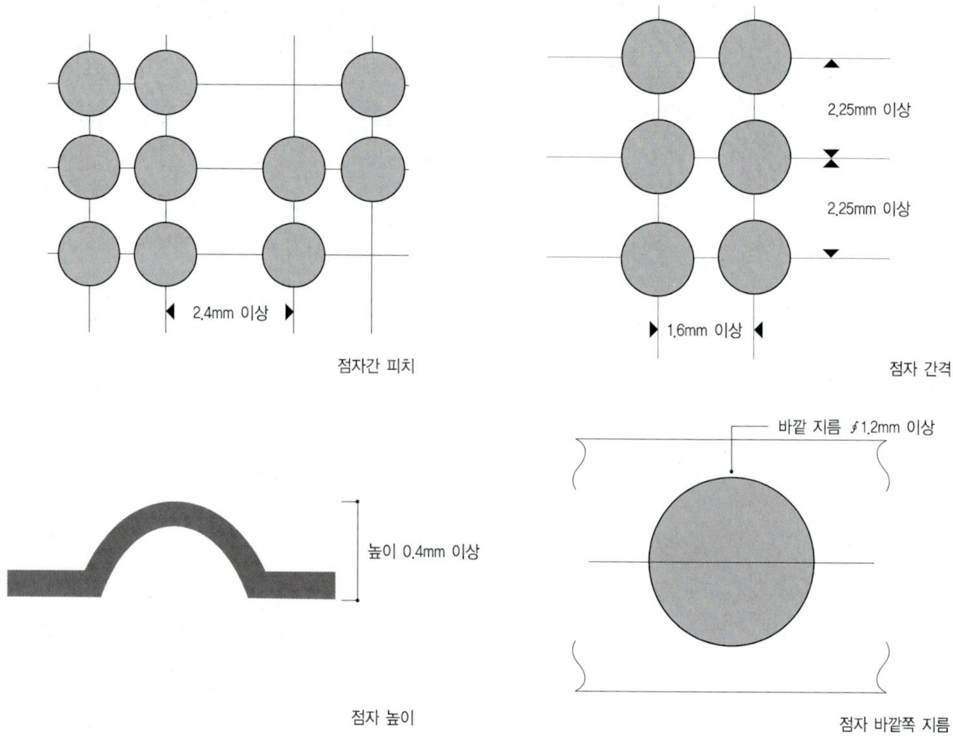

그림 2-25 점자의 규격

그림 2-26 점자블록의 실례

그림 2-27 흰색과 검은색 대조의 예
흰색과 검은색 대조를 이용하여 지하철 승강대 부분의 시인성을 높였다.

그림 2-27 흰색과 검은색 대조의 예
흰색과 검은색 대조를 이용하여 지하철 승강대 부분의 시인성을 높였다.

그림 2-28 문자의 시인성

장애인 편의시설의 설치방법 및 세부기준

3-1 기본사항

3-1-1 목적

이 기준은 지체부자유자 즉, 보행 곤란자, 휠체어사용자, 청각 또는 시각장애인들이 이용하는 건물이나 시설물을 계획하는 데 필요한 디자인 가이드라인을 제시한 것이다.
이 기준은 장애인이 개별 단위공간을 이용하는데 필요한 기술적인 요구조건을 규정하고 있으며, 이 규정요소들은 공공건축물, 공공교통시설 등을 계획하는데 활용하기 위한 데이터자료이다.

3-1-2 기준 설정

- KSFD 1은 규정에 관한 사항이 아니다. 이 규정은 장애인 시설기준의 목적 및 적용범위에 관한 사항과 각 항목에서 사용하고 있는 용어를 설명하여 기준의 내용 및 목적을 정확하게 이해할 수 있도록 하는데 의미가 있다.

3-1-3 기준의 적용

이 기준의 적용은 다음에 열거하는 시설의 신축, 개축, 증축할 경우에 적용할 수 있다.

① 공공건축물 및 부대시설
② 공공교통기관 및 부대시설
③ 도로 및 부대시설
④ 공원 및 부대시설

3-1-4 일반용어

준한다. ································ 이 기준의 하나 또는 그 이상의 조항에 따른다.
할 경우 ······················ 기술된 상태가 존재할 때만 적용되는 조항을 의미한다.
해야 한다, 한다. ···································· 의무적 사항이나 요구를 의미한다.
바람직하다. ·· 조언이나 권고사항을 의미한다.

3-1-5 휠체어의 치수 및 유효 폭

- 휠체어의 최대 전체 치수는 산업자원부 기술표준원의 한국산업규격(KS) P ISO 7193 (2003년)에 규정되어 있으며, KS P ISO 7176-5의 규정에 따르며, 휠체어의 치수는 전체 길이 1,200mm, 전체 너비 700mm, 전체 높이 1,090mm를 초과하지 않으면 규격에 일치하는 것으로 간주한다.
  휠체어 용어는 KS P ISO 6440에 따른다. (그림 2-16 참조)
- ◒ 휠체어 치수는 폭 650mm, 길이 1,100mm를 기준으로 한다.
- ◐ 휠체어 동작공간의 유효 폭을 산정하기 위해서는 주 바퀴의 핸드림을 손으로 조작하여 움직이려면 팔 동작을 위해서 양쪽에 최소 50mm 이상의 유효 폭이 필요하며 일반적으로 100mm로 산정한다.
- ○ 휠체어 동작공간의 유효 길이를 산정하기 위해서는 휠체어 치수에 휠체어 사용자의 신체치수 및 동작치수를 고려해야 한다. 이때 휠체어 전체길이는 사용자의 발이 발판에서 앞으로 나오는 것을 고려하여 휠체어 길이에 50mm를 더한 것으로 산정한다.

3-2 휠체어 사용자를 위한 공간 및 동작범위

3-2-1 휠체어가 통행할 수 있는 최소폭

기준내용

- 휠체어 한 대가 통행할 수 있는 최소폭은 900mm 이상으로 한다.

tip *휠체어를 작동하기 위해서는 바퀴에 설치된 핸드림을 손으로 회전시켜야 한다. 이 때 팔 동작에 필요한 여유 폭과 휠체어 이동시 일직선으로 이동이 불가능하기 때문에 이동을 위한 여유 폭이 필요하다. 따라서 통행 최소 폭은 휠체어의 전체 너비 650mm에 여유 폭을 더한 치수로 한다.*

권장사항

- 보도 상에서 휠체어 사용자가 통행하기 위해서는 1,400mm 이상의 폭이 적당하며 1,400mm가 바람직하다.
- ◒ 휠체어 한대와 보행자가 교차 통행하기 위한 최소 폭은 1,400mm 이상으로 한다.
- ◐ 두 대의 휠체어가 교차 통행하기 위한 최소폭은 1,800mm 이상으로 한다.
- ○ 복도 및 통로의 유효폭은 1,200mm 이상으로 하되, 복도의 양옆에 거실이 있는 경우에는 1,500mm 이상으로 하는 것이 바람직하다.
- ◒ 보도 등의 유효폭이 1,500mm 미만인 경우에는 휠체어 사용자가 다른 휠체어 또는 유모차 등과 교행할 수 있도록 50미터마다 1,500 × 1,500mm 이상의 교행구역을 설치하는 것이 바람직하다.

3-2-2 휠체어가 방향 전환하기 위한 최소 바닥면적

기준내용

- 휠체어가 방향전환(회전)하기 위한 최소 바닥면적의 직경은 1,500mm 이상으로 한다.

tip *휠체어 사용자가 360° 회전을 하기 위해서는 직경 1,500 mm의 최소 바닥면적이 필요하다. 이 규정은 방향전환이 필요한 모든 공간의 최소 바닥면적의 확보에 필요한 치수 규정이다(예 : 복도, 도보, 화장장 부스, 엘리베이터 전면공간 및 카 내부 등).*

권장사항

- 휠체어 사용자가 90°, 180° 회전하기 위한 최소치수는 그림 3-2과 같다.
- 휠체어 사용자가 360° 회전하는 데 필요한 치수는 그림 3-4과 같다.

3-2-3 휠체어 사용자를 위한 최소 바닥면적

기준내용

- 정지된 상태의 휠체어 사용자를 위한 최소 바닥면적은 750 mm×1,200mm로 한다.

tip *휠체어의 폭 650mm, 휠체어의 길이 1,100mm의 크기에 동작에 필요한 치수를 감안하여 750mm×1,200mm를 휠체어 사용자가 필요로 하는 최소 바닥면적으로 규정하여 정지된 상태의 휠체어 사용자가 이용가능한 모든 시설물 및 설치물에 대한 전면 및 측면접근에 필요한 바닥면적을 확보하도록 한다.*

3-2-4 전면접근

기준내용

- 휠체어 사용자가 접근하고자 하는 대상에 전면으로 접근할 경우 도달 가능한 최대높이는 1,200mm 이하, 최소높이는 400mm 이상으로 한다.

tip *휠체어 사용자의 인체치수를 근거로 시설물 및 설치물에 대해 전면접근으로 손을 뻗어 쉽게 도달할 수 있는 도달 가능범위를 400~1,200mm로 규정하여 휠체어 사용자가 이용하는 시설물 및 설치물에 전면접근만이 가능할 경우 그 시설물의 설치높이를 규정할 수 있다.*

3-2-5 측면접근

기준내용

- 휠체어 사용자가 접근하고자 하는 대상에 측면으로 접근할 경우 도달 가능한 최대높이는 1,300mm 이하, 최소높이는 250mm 이상으로 한다.

tip *휠체어 사용자의 인체치수를 근거로 시설물 및 설치물에 대해 측면접근으로 손을 뻗어 쉽게 도달할 수 있는 도달 가능범위를 250~1,300mm로 규정함으로써 휠체어 사용자가 이용하는 시설물 및 설치물이 측면접근만이 허용될 경우 그 시설물의 설치높이를 규정할 수 있다.*

표 3-1. 휠체어 치수

	AMERICA	ENGLAND	DEUTCH	FRANCE	JAPAN
휠체어 길이	1065	1140	1100~1200	1100~1200	1050(JIS대형)
전체 폭	660	양팔포함 900	650~720	700	630(JIS대형)
앉은 높이	485	465	-	500	380-450

표 3-2. 외국사례 - 휠체어 한대가 통행할 수 있는 최소 폭 (단위: mm)

AMERICA	ENGLAND	DEUTCH	FRANCE	JAPAN
915	1200	x	1200	850

표 3-3. 휠체어사용자를 위한 보도의 유효폭 등의 국내기준

	이동편의증진법[1]	편의증진법[2]
복도 및 통로 유효폭		복도의 유효폭은 1.2미터 이상으로 하되, 복도의 양옆에 거실이 있는 경우에는 1.5미터 이상으로 할 수 있다.
보도 유효폭	휠체어 사용자가 통행할 수 있도록 보도 또는 접근로(이하 [보도 등]이라 한다)의 유효폭은 2m 이상으로 하여야 한다. 다만, 지형상 불가능하거나 기존 도로의 증/개축시 불가피하다고 인정되는 경우에는 1.2m 이상으로 완화할 수 있다. 보도 등의 유효폭이 1.5m 미만인 경우에는 휠체어사용자가 다른 휠체어 또는 유모차 등과 교행할 수 있도록 50m마다 1.5m x 1.5m 이상의 교행구역을 설치하여야 한다.	휠체어 사용자가 통행할 수 있도록 보도 또는 접근로(이하 [보도등]이라 한다)의 유효폭은 1.2m 이상으로 하여야 한다. 휠체어 사용자가 다른 휠체어 또는 유모차 등과 교행할 수 있도록 50m마다 1.5m x 1.5m이상의 교행구역을 설치할 수 있다.
보도 경계		접근로와 차도의 경계부분에는 연석/울타리 기타 차도와 분리할 수 있는 공작물을 설치하여야 한다. 다만, 차도와 구별하기 위한 공작물을 설치하기 곤란한 경우에는 시각장애인이 감지할 수 있도록 바닥재의 질감을 달리하여야 한다. 연석의 높이는 6cm 이상 15cm 이하로 할 수 있으며, 색상은 접근로의 바닥재 색상과 달리 설치할 수 있다.
보도재질 과 마감	보도 등의 바닥표면은 교통약자가 미끄러지지 아니하는 재질로 평탄하게 마감하여야 한다. 보도블록 등으로 보도 등을 포장하는 경우에는 이음새의 틈이 벌어지지 아니하도록 하고, 바닥면을 평탄하게 시공하여야 한다. 교통약자가 빠질 위험이 있는 곳에는 덮개를 설치하되, 덮개의 표면은 보도 등과 동일한 높이가 되도록 하고 덮개에 격자구멍 또는 틈새가 있는 경우에는 그 간격이 1cm 이하가 되도록 하여야 한다.	접근로의 바닥표면은 장애인 등이 넘어지지 아니하도록 잘 미끄러지지 아니하는 재질로 평탄하게 마감하여야 한다. 블록 등으로 접근로를 포장하는 경우에는 이음새의 틈이 벌어지지 아니하도록하고, 면이 평탄하게 시공하여야 한다.

표 3-4. 외국사례 - 휠체어가 회전하기 위한 최소 바닥면적의 직경 (단위: mm)

AMERICA	ENGLAND	DEUTCH	FRANCE	JAPAN
1525	x	1400	1500	1500

표 3-5. 휠체어 사용자의 교행을 위한 최소 면적의 국내기준

	이동편의증진법	편의증진법
최소 면적	보도 등의 유효폭이 1.5m 미만인 경우에는 휠체어 사용자가 다른 휠체어 또는 유모차 등과 교행할 수 있도록 50m마다 1.5m x 1.5m 이상의 교행구역을 설치하여야 한다.	휠체어 사용자가 다른 휠체어 또는 유모차 등과 교행할 수 있도록 50m마다 1.5m x 1.5m 이상의 교행구역을 설치할 수 있다.

표 3-6. 외국사례 - 휠체어 사용자를 위한 최소 바닥면적 (단위: mm)

AMERICA	ENGLAND	DEUTCH	FRANCE	JAPAN
760 x 1220	x	x	x	x

표 3-7. 외국사례 - 대상물에 대한 전면접근시 도달가능 최대높이와 최소높이 (단위: mm)

AMERICA	ENGLAND	DEUTCH	FRANCE	JAPAN
1220 380	x x	x x	x x	x x

표 3-8. 외국사례 - 대상물에 대한 측면접근시 도달가능 최대높이와 최소높이 (단위: mm)

AMERICA	ENGLAND	DEUTCH	FRANCE	JAPAN
1370 230	x x	x x	x x	x x

1) 교통약자의 이동편의증진법[제정 2005.1.27 법률 7382호]
2) 장애인 · 노인 · 임산부 등의 편의증진보장에 관한 법률[일부개정 2005.3.31 법률 7476호]

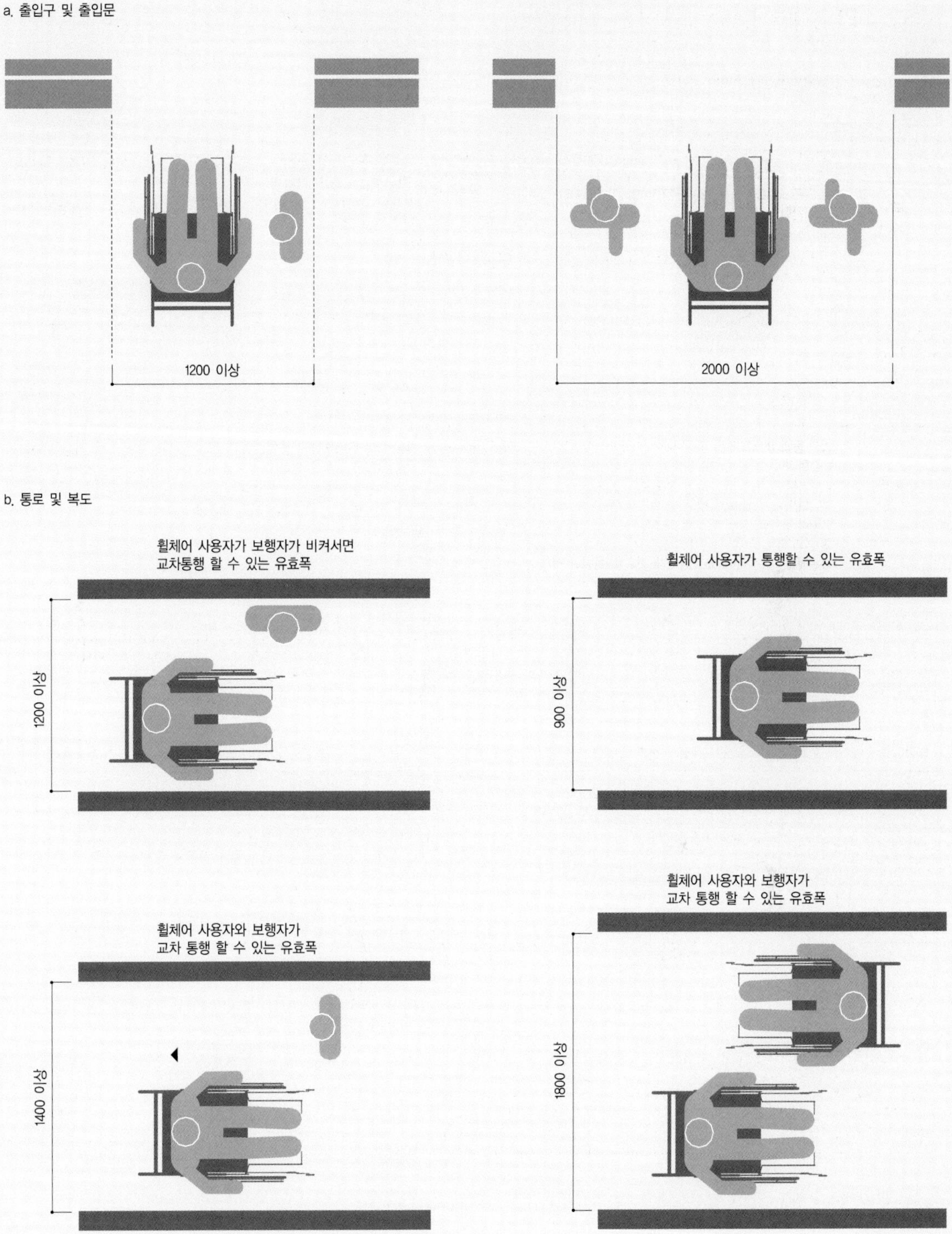

▌그림 3-1 휠체어 사용자와 보행자의 교차 통행 최소폭

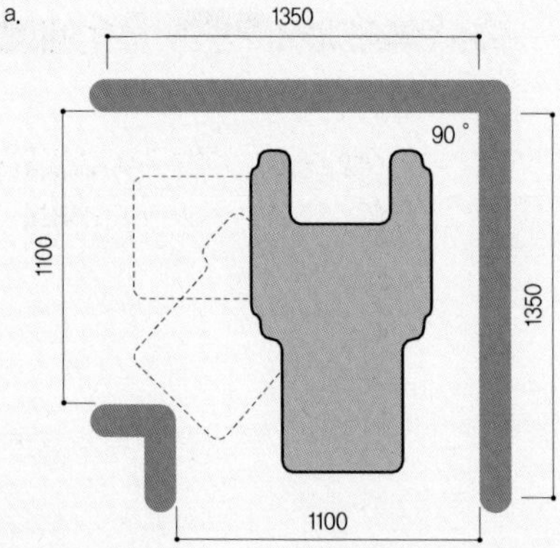

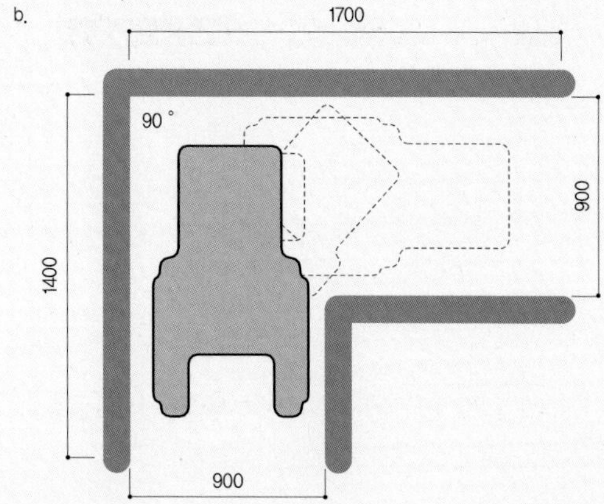

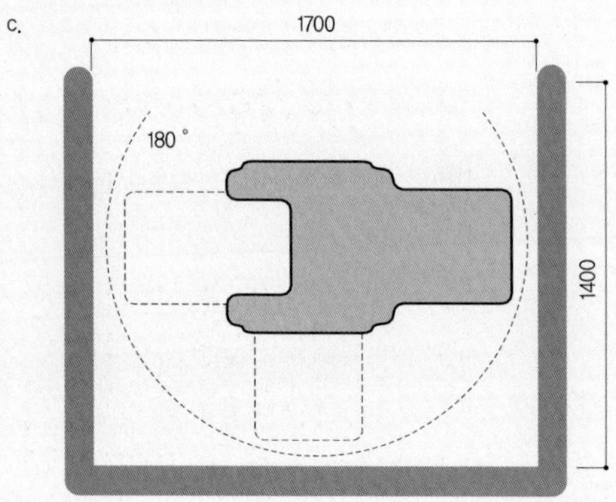

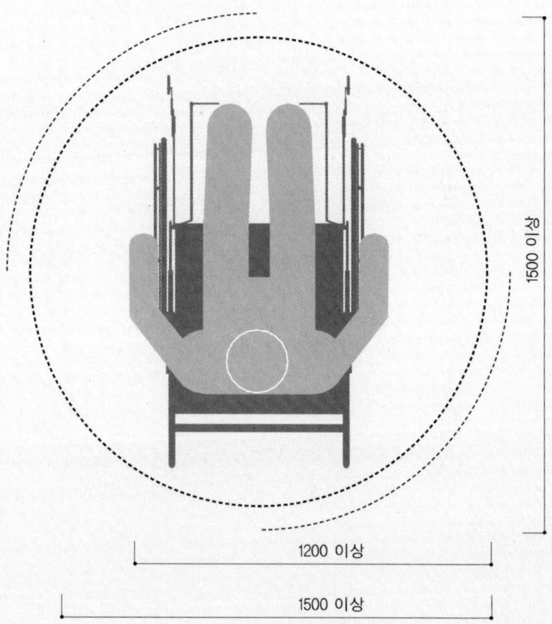

그림 3-2(상) 휠체어 방향전환시 필요한 활동 유효공간(a, b, c)
그림 3-3(하) 휠체어의 360도 회전반경

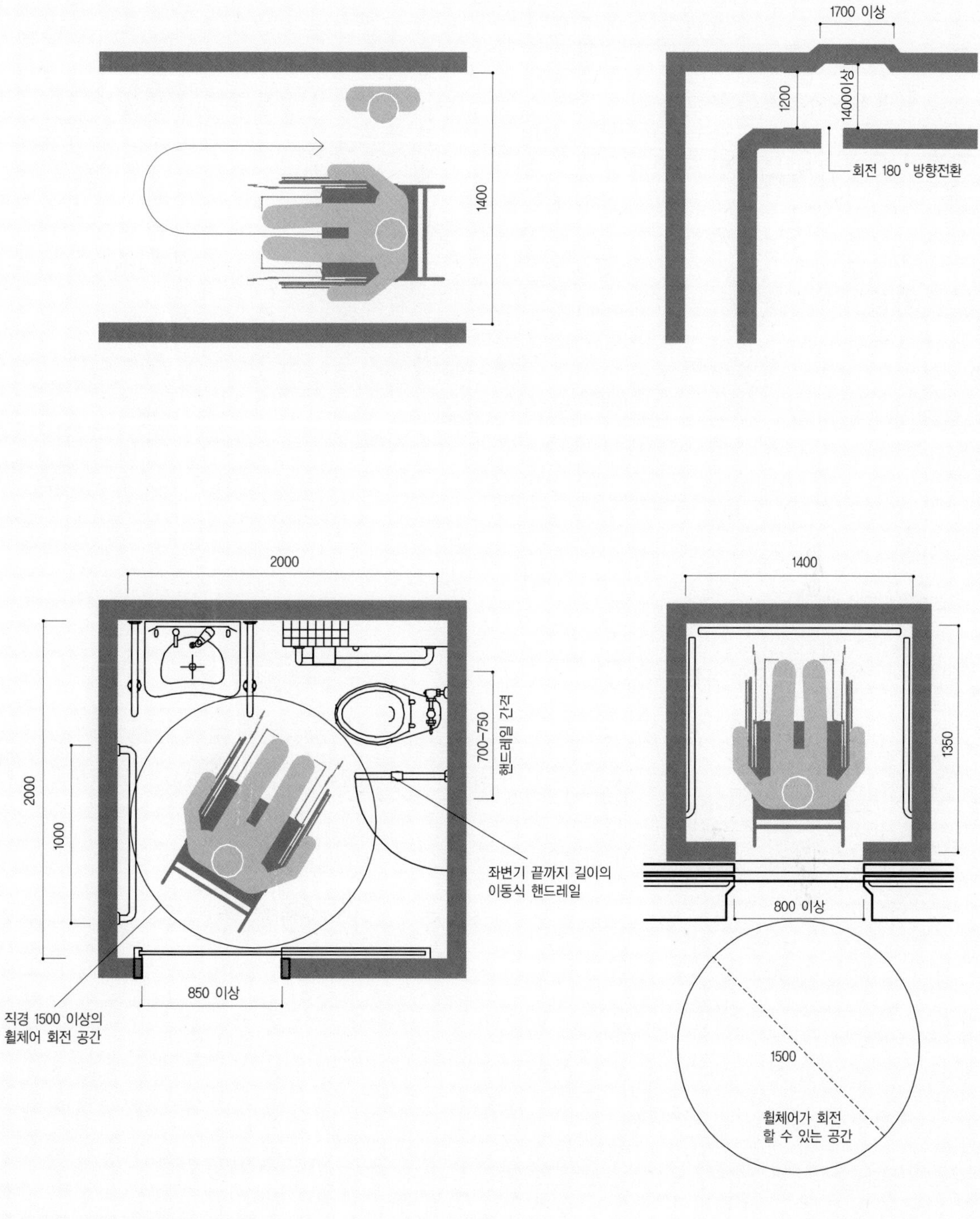

▌그림 3-4 휠체어 사용자의 회전반경을 활용한 사례

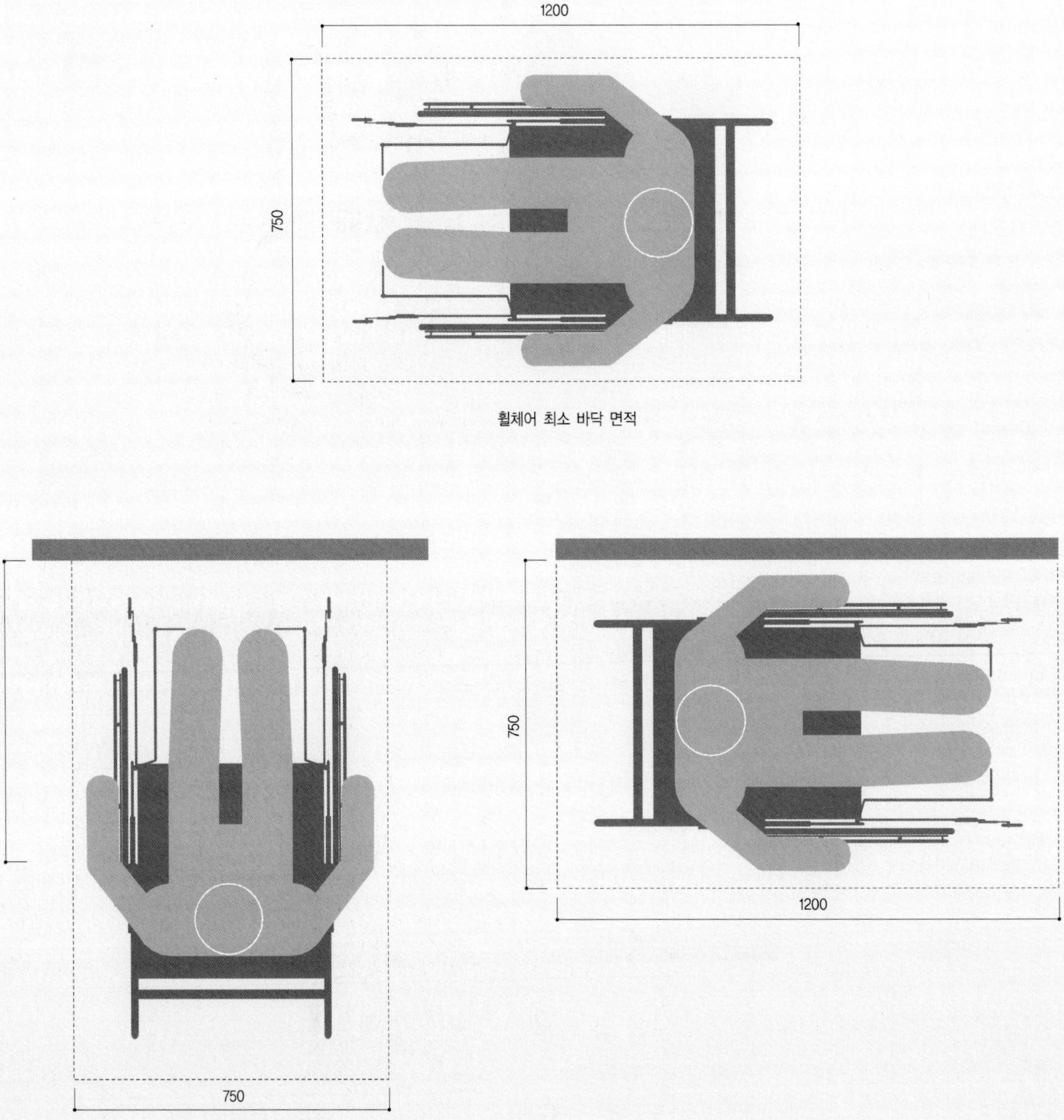

▌그림 3-5 휠체어사용자를 위한 최소 바닥면적(단위: mm)

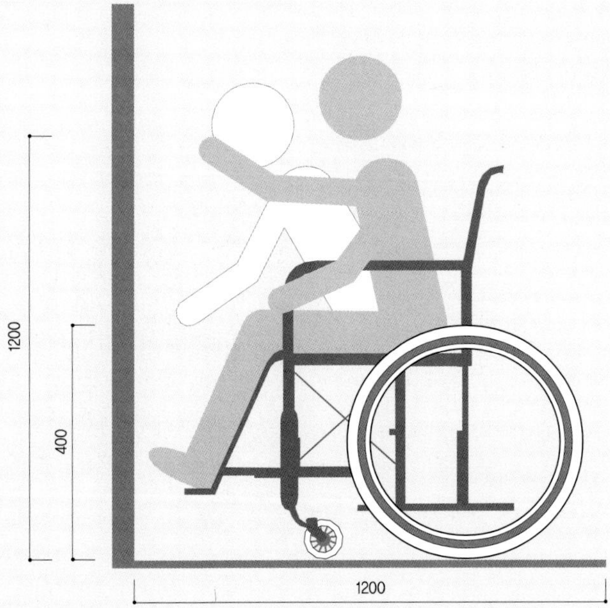

그림 3-6(상) 휠체어 사용자의 전면접근시 도달범위(단위: mm)
그림 3-7(하) 휠체어 사용자의 측면접근시 도달범위 (단위: mm)

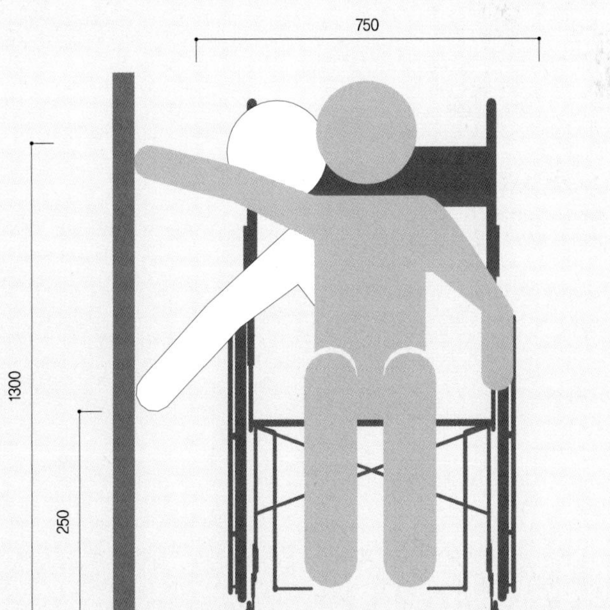

3-3 보행장애물

3-3-1 일반사항

기준내용

- 통로 상부의 벽면이나 기둥 등으로부터 돌출된 물체는 시각장애인이 감지할 수 있는 범위 내에 있어야 한다.
  단, 이 경우 통로의 유효폭은 돌출물로 인하여 적어져서는 안 된다.

3-3-2 돌출폭

기준내용

- 통로 바닥면에서 높이 600~2,100mm 이내의 벽면에서 돌출된 물체의 돌출폭은 100mm 이하로 한다.
- 통로 바닥면에서 높이 600~2,100mm 이내의 독립기둥이나 받침대에 부착된 설치물의 돌출폭은 300mm 이하로 한다.

tip *시각장애인이 사용하는 케인의 감지범위는 장소에 따라 다르므로 돌출물의 돌출폭을 달리 적용한다. 즉 벽에 부착된 돌출물이 케인의 감지범위 높이보다 높은 600~2,100mm 사이에 있을 경우 돌출물의 돌출폭은 100mm 이하로 하고, 독립기둥에 부착된 돌출물은 300mm 이하의 돌출폭으로 제한한다.*

tip *돌출된 물체의 가장 아랫부분의 모서리가 마감 바닥면에서 600mm 이하에 있는 경우는 돌출폭의 치수에 대한 제한을 두지 않는다.*

3-3-3 통로 상부의 유효 높이

기준내용

- 통로는 바닥면에서 높이 2,100mm 이상의 유효높이를 확보해야 한다. 유효높이 2,100mm 이내에 돌출물이 있을 경우, 통로 바닥면에서 높이 600mm 이하에 접근방지용 난간이나 보호벽을 설치해야 한다.

tip *시각장애인 등을 위한 안전한 통로를 확보하기 위하여 통행에 지장을 주는 위험한 돌출물의 하단높이를 성인의 키높이에 심리적 안전을 고려한 치수인 2,100mm로 한다*

tip *통로 상부에서 돌출한 물체의 하단이 2,100mm 이하에 위치할 경우 시각장애인의 안전을 위해 케인의 감지범위 내인 600mm 정도 높이로 접근방지용 난간을 설치한다.*

표 3-9. 외국사례 – 통로 바닥면으로 벽면에서 돌출된 물체의 돌출폭 (단위: mm)

AMERICA	ENGLAND	DEUTCH	FRANCE	JAPAN
통로높이 : 685~2030 돌출폭 : 100	x x	x x	x x	x x

표 3-10. 외국사례 – 통로 바닥면으로 독립기둥이나 받침대에 부착된 설치물의 돌출폭 (단위: mm)

AMERICA	ENGLAND	DEUTCH	FRANCE	JAPAN
통로높이 : 685~2030 돌출폭 : 300	x x	x x	x x	x x

표 3-11. 외국사례 – 통로 상부의 유효높이와 접근방지용 난간의 설치높이 (단위: mm)

AMERICA	ENGLAND	DEUTCH	FRANCE	JAPAN
유효높이 : 2030 난간높이 : 685	x x	x x	x x	x x

표 3-12. 보행장애물의 국내기준

		이동편의증진법	편의증진법
접근로			접근로에 가로등/전주/간판 등을 설치하는 경우에는 장애인 등의 통행에 지장을 주지 아니하도록 설치하여야 한다. 가로수는 지면에서 2.1미터까지 가지치기를 하여야 한다.
복도 및 통로	상부의 돌출폭		통로의 바닥면으로부터 높이 0.6미터에서 2.1미터 이내의 벽면으로부터 돌출된 물체의 돌출폭은 0.1미터 이하로 할 수 있다. 통로의 바닥면으로부터 높이 0.6미터에서 2.1미터 이내의 독립기둥이나 받침대에 부착된 설치물의 돌출폭은 0.3미터 이하로 할 수 있다.
복도 및 통로	통로 상부의 유효높이		통로상부는 바닥면으로부터 2.1미터 이상의 유효높이를 확보하여야 한다. 다만, 유효높이 2.1미터 이내에 장애물이 있는 경우에는 바닥면으로부터 높이 0.6미터 이하에 접근방지용난간 또는 보호벽을 설치하여야 한다.

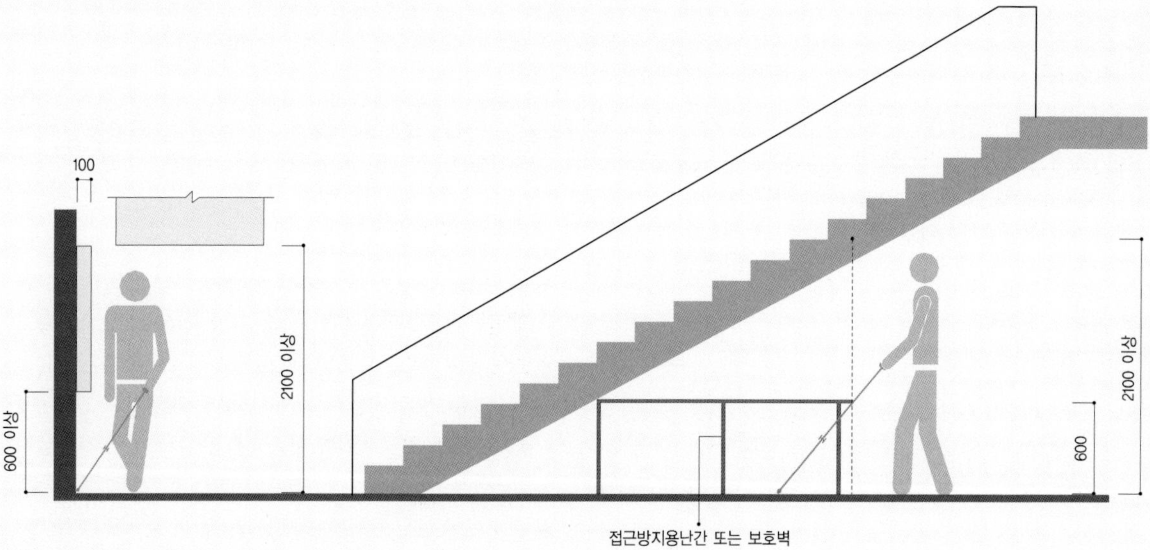

그림 3-9(상) 통로 상부의 유효 높이
그림 3-8(하) 통로 상부의 돌출물의 설치 폭

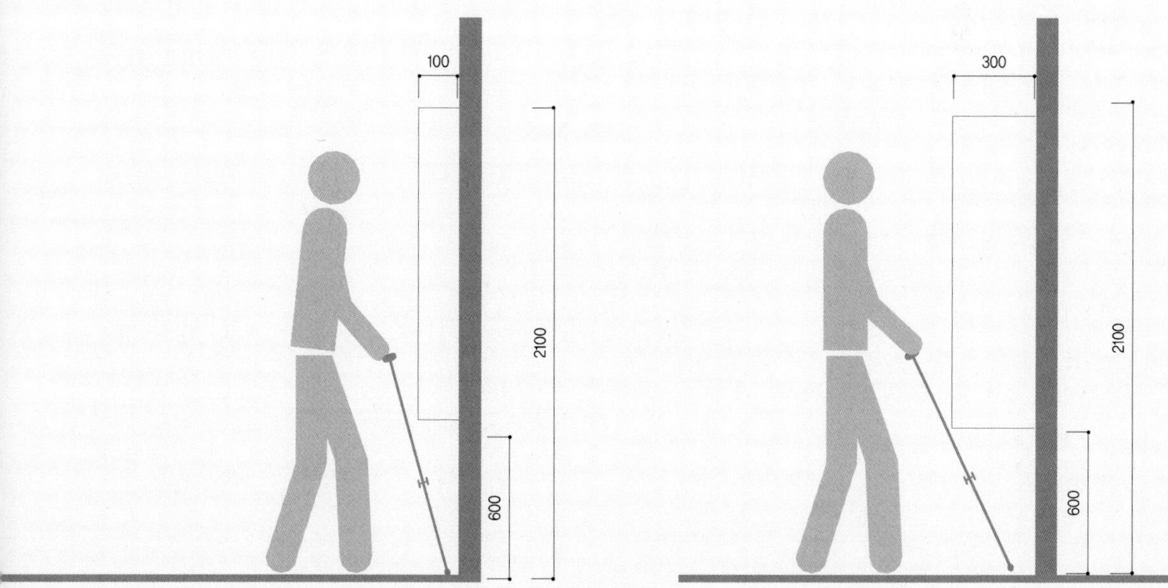

3-4 주차공간

유의사항

- 휠체어 사용자를 위해 승하차에 지장을 주지 않는 장애인 전용주차장을 설치해야 한다.
- 주차공간에는 단차가 없어야 하며 바닥면의 구배는 1/50 이하의 수평면으로 하는 것이 바람직하다.
- 장애인의 안전을 위해 안전통로를 설치하는 것이 필요하다.
- 장애인 전용주차장에는 바닥면이나 벽면, 시설물 등에 장애인 심벌마크를 부착한다.
- 주차장에서 건물까지의 통로는 단차를 없애고 통로의 유효폭은 1,200mm 이상으로 한다. 통로에는 지붕이나 차양을 설치하여 눈, 비 등을 피할 수 있도록 하는 것이 바람직하다.
- 차고는 유효폭 3,300mm 이상, 깊이 5,000mm 이상이 필요하다.

3-4-1 일반사항

기준내용

- 장애인 전용주차장은 경사로가 설치된 출입구에서 가까운 위치에 설치한다.

권장내용

- 실내 주차장은 엘리베이터가 있는 입구 부근에 장애인 전용 주차공간을 설치하고, 엘리베이터가 없는 주차장은 1층에 설치하는 것이 바람직하다.

3-4-2 장애인 전용주차장의 크기

기준내용

- 장애인 전용주차장의 크기는 3,300mm×5,000mm 이상으로 한다. 평행주차인 경우에는 폭 2,000mm×6,000mm이상으로 한다.
- 장애인 전용주차장은 건물의 주출입구에서 차도와 완전히 분리된 안전통로를 설치해야 한다. 안전통로는 장애인 전용 주차장의 차량의 측면 접근로까지 연결되어 안전하게 환승을 할 수 있도록 한다.
- 안전통로의 유효폭은 통행량이 적은 경우에는 1,200mm 이상으로 하고, 다중이용 시설의 경우는 휠체어 사용자와 보행자가 교차 통행할 수 있는 유효폭 1,400mm 이상의 안전 통로를 설치하는 것이 바람직하다.

tip *일반 주차장은 2,500mm의 주차 폭을 확보해야 하는데 비해 휠체어 장애인이 이용할 수 있는 주차장은 휠체어로 환승동작과 회전을 위한 최소 폭 1,200mm를 확보하여 전체 3,300mm 이상의 폭이 확보한다. 이 최소 폭은 보조인이 장애인의 환승동작을 측면에서 지원해 줄 수 있는 여유폭이다.*

권장내용

- 주차장의 승하차구역은 너비 1,200mm 이상, 길이 5,000mm 이상의 건물 진입통로로 연결되는 안전통로를 확보해야 한다.
- 자동차가 후진할 때 휠체어 사용자가 잘 보이지 않는 경우가 있으므로 안전통로는 주차 바닥면보다 약간 높은 것이 바람직하며, 안전통로 양쪽에 차량 멈춤을 설치하는 것이 바람직하다.
- 두 개의 장애인 전용주차공간을 인접하여 설치할 경우는 건물 진입통로에 접하는 안전통로를 공유할 수 있다.
- 접근통로와 차량 주차공간 사이에 경계석이 놓여있으면 연석경사로를 설치하여야 한다.
- 주택에 설치하는 차고는 휠체어 사용자를 위한 차고는 유효폭 3,300mm 이상, 깊이 5,000mm 이상이 바람직하다.
- 차고는 주택 가까이에 있어야 하고 통로에 단차가 있어서는 안 된다.
- 비나 눈이 올 때 미끄러지지 않도록 한다.

3-4-3 주차공간의 유도 및 표시

기준내용

- 주차장 입구에는 장애인 전용 주차장의 안내표시를 식별하기 쉬운 장소에 부착 또는 설치해야 한다.
- 장애인 전용주차장에는 바닥면이나 표시판 등에 장애인 심벌마크를 표시한다.
- 안내표지의 규격은 가로 700mm, 세로 600mm로 하고, 표지판은 지면에서 1,500mm의 높이에 설치한다.

권장내용

- 주차장 입구부터 장애인용 주차공간까지 유도용 표시를 한다.
- 앞을 보기 어려운 커브 등에는 거울을 설치하는 것이 바람직하다.

표 3-13. 외국사례 - 장애인 전용주차장의 크기 (단위: mm)

AMERICA	ENGLAND	DEUTCH	FRANCE	JAPAN
3965 x 6100	x	3500 x 3300	x	3300 x 5500

표 3-14. 장애인 전용 주차장의 국내기준

	이동편의증진법	편의증진법
설치대수	노상 주차장에는 주차장법의 시행규칙(4조)에 따라 주차대수 규모가 20대 이상인 경우 장애인 전용주차구획을 1면 이상 설치해야 한다.	
설치장소		장애인 전용 주차구역은 장애인등의 출입이 가능한 건축물의 출입구 또는 장애인용 승강설비와 가장 가까운 장소에 설치해야 한다.
통로		통로는 장애인 등이 통행할 수 있도록 가급적 높이 차이를 없애고 그 유효폭은 1200mm 이상으로 해야 한다.
주차구획	주차구역의 크기는 주차대수 1대에 대하여 폭 3300 x 5000(mm) 이상으로 해야 한다.	
		평행주차형식인 경우에는 주차대수 1대에 대하여 폭 2000mm 이상, 길이 6000mm 이상으로 하여야 한다.
바닥면		장애인 등의 승하차에 지장을 주는 높이 차이가 없어야 한다. 1/50 이하로 할 수 있다. 바닥표면은 미끄러지지 않는 재질로 평탄하게 마감해야 한다.
유도 및 표시		바닥면에는 장애인 전용 표시를 하여야 한다. 장애인 전용 주차구역 안내표시를 식별하기 쉬운 장소에 부착 또는 설치해야 한다. 안내표지의 규격은 가로 0.7m, 세로 0.6m로 하고, 지면에서 표지판까지의 높이는 1.5m로 한다. 안내표시는 법 17조 제3항의 규정에 위반하여 주차한 경우, 과태료가 부과됨을 알리는 계도문 및 신고전화번호 등을 표시할 수 있다.

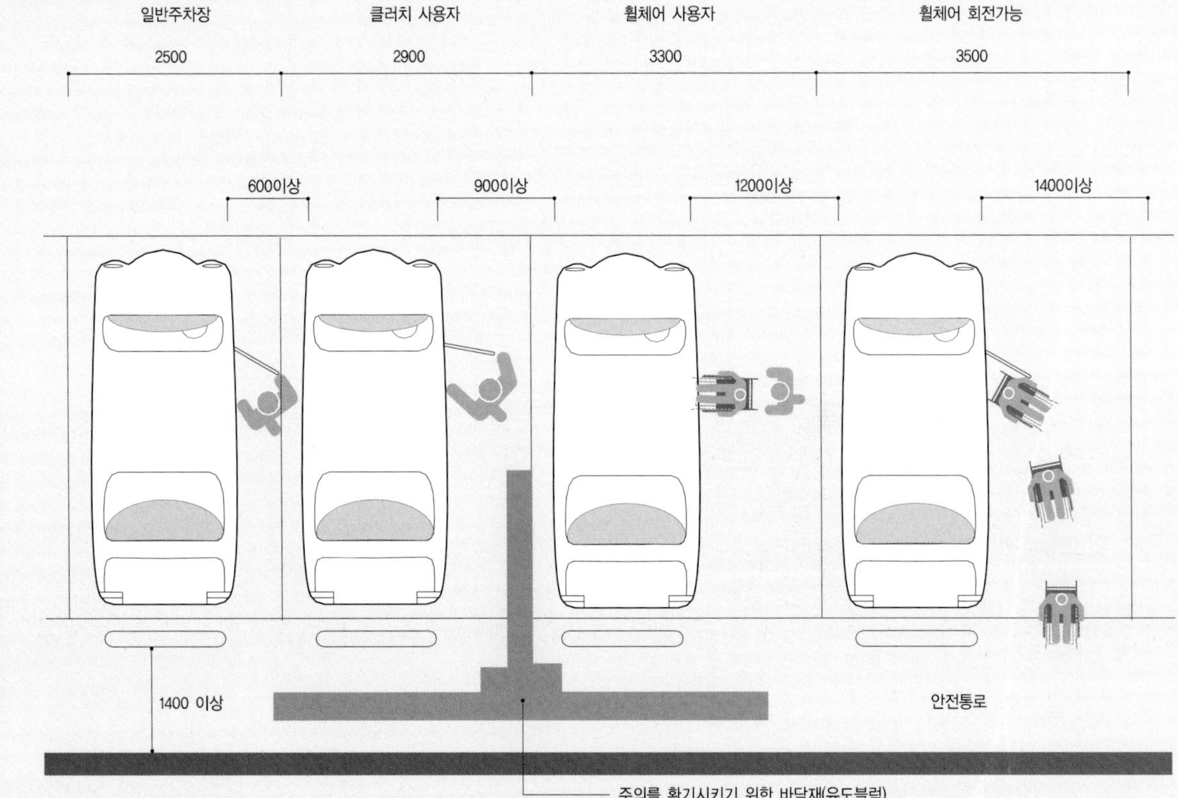

a. 장애인 전용 주차장의 이용자별 크기

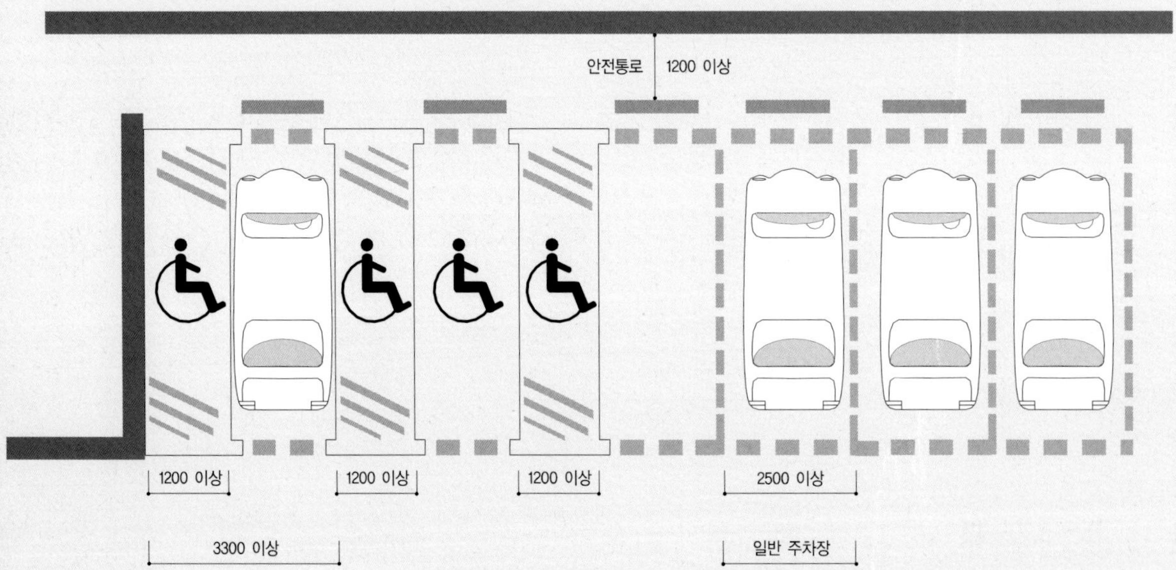

b. 장애인 전용 주차장의 크기 및 바닥표시

▌그림 3-10 장애인 전용주차장의 예

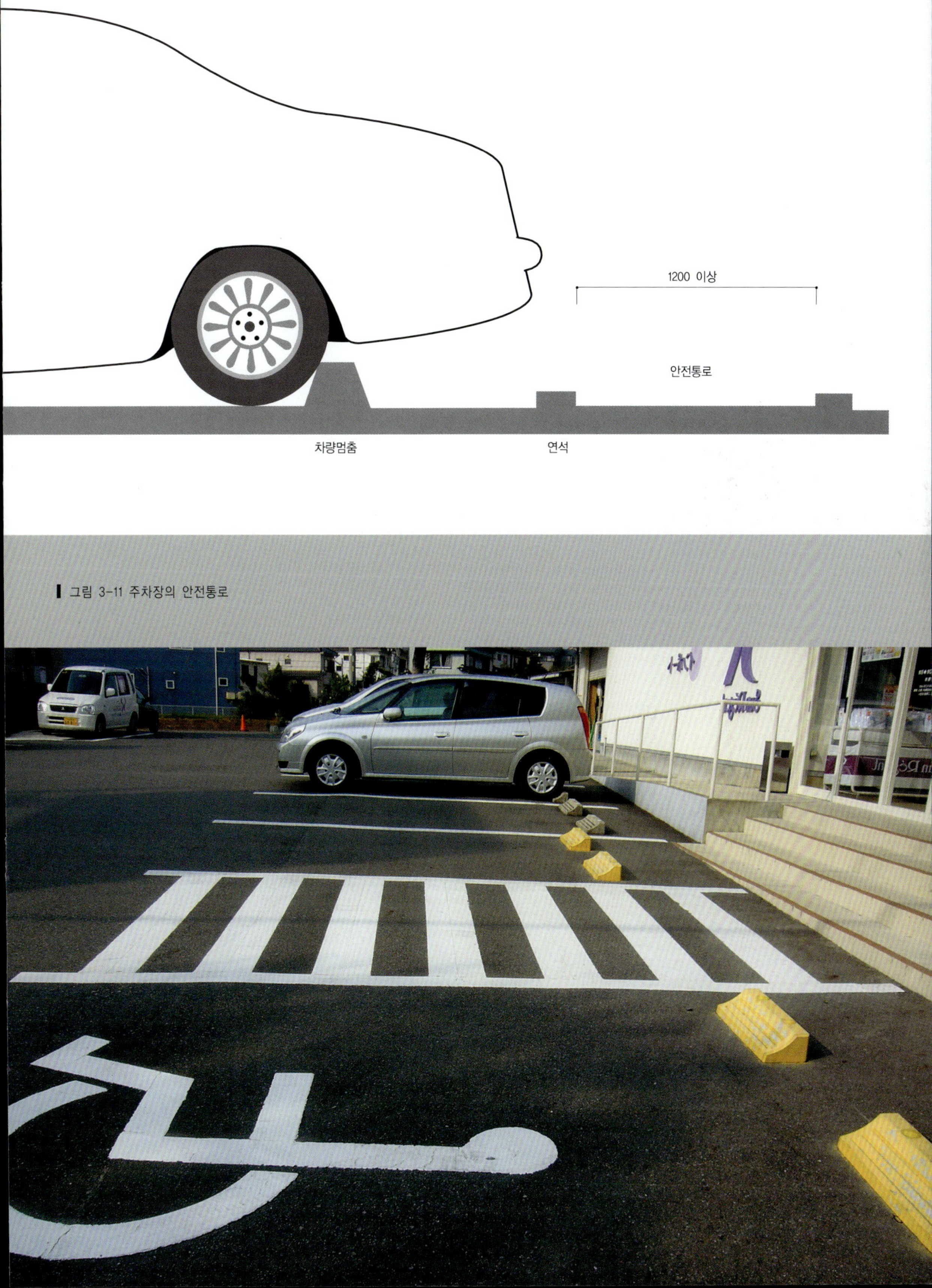

▌그림 3-11 주차장의 안전통로

▌그림 3-12 장애인 전용 주차장 실례

P

3-5 연석경사로

3-5-1 일반사항

기준내용

- 횡단보도에서 차도와 보도 간에 단차가 있을 경우 연석경사로를 설치한다.
- 연석경사로는 통행에 지장을 주지 않도록 한다.
- 연석경사로의 시작, 끝나는 부분에는 감지용 바닥재료를 설치한다.

3-5-2 경사

기준내용

- 연석경사로의 경사는 1 : 12 이하로 한다.

3-5-3 폭

기준내용

- 연석경사로의 최소 유효폭은 사측면을 제외하고 900mm 이상으로 한다.

tip *연석경사로의 최소폭은 휠체어 사용자가 통과하는데 필요한 최소 유효폭의 규정인 KSFD 2.1의 규정인 900mm 이상의 폭을 확보해야 한다.*

3-5-4 바닥재료

기준내용

- 연석경사로의 바닥면은 평탄하고 미끄럽지 않게 한다.
- 사측면을 포함한 연석경사로의 전체 폭과 깊이를 감지할 수 있도록 감지용 바닥재료를 설치해야 한다. 바닥재료는 재료의 질감과 색상의 차이 등을 두어 경사면을 인지할 수 있도록 한다.

tip *바닥재료는 일반적으로 경고블록을 설치하는데 블록의 돌출부분에 시각장애인의 지팡이와 휠체어장애인의 휠체어 바퀴가 걸리는 등 통행에 지장을 초래하게 된다. 따라서 바닥재료 및 마감처리는 통로의 바닥면과 단차가 없도록 하는 것이 중요하며, 장애인이 경사면을 인지할 수 있도록 바닥재료의 질감과 색상 차이 등을 두어 설치하는 것이 바람직하다.*

3-5-5 연석경사로의 사측면

기준내용

- 연석경사로의 사측면의 최대경사는 1 : 10 이하로 한다.
- 연석경사로의 사측면의 경사는 급격한 단차의 변화에 대해서 위험을 방지할 수 있도록 한다.

기준 설정의 배경

- 연석경사로의 사측면의 경사를 규정해 줌으로써 급격한 단차의 변화에 의한 위험을 방지하고자 한다.

권장내용

- 연석경사로가 보행자의 통과동선 상에 위치할 경우, 연석경사로의 측면은 사측면으로 한다.

표 3-15. 외국사례 – 연석경사로의 경사

AMERICA	ENGLAND	DEUTCH	FRANCE	JAPAN
1:20	x	x	x	1:12

표 3-16. 외국사례 – 연석경사로의 최소 유효폭 (단위: mm)

AMERICA	ENGLAND	DEUTCH	FRANCE	JAPAN
915	x	x	x	x

표 3-17. 외국사례 – 연석경사로의 사측면의 최대 경사

AMERICA	ENGLAND	DEUTCH	FRANCE	JAPAN
1:10	x	x	x	x

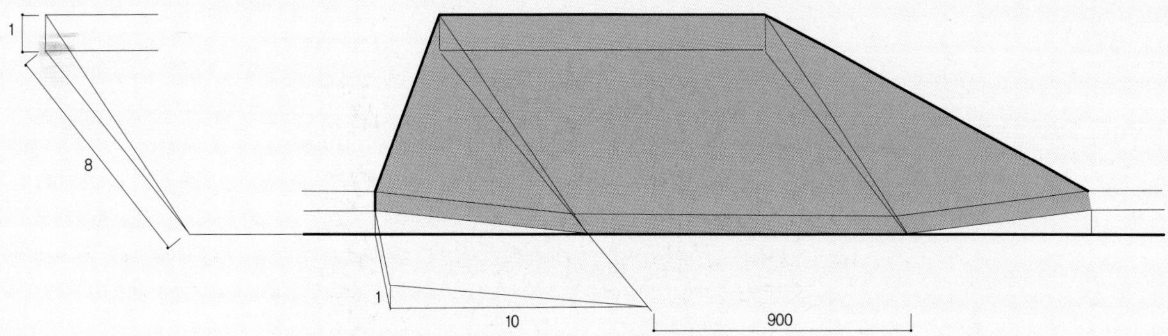

그림 3-13(상) 연석경사로의 경사 및 폭
그림 3-14(하) 연석경사로의 감지용 바닥재료의 설치 예

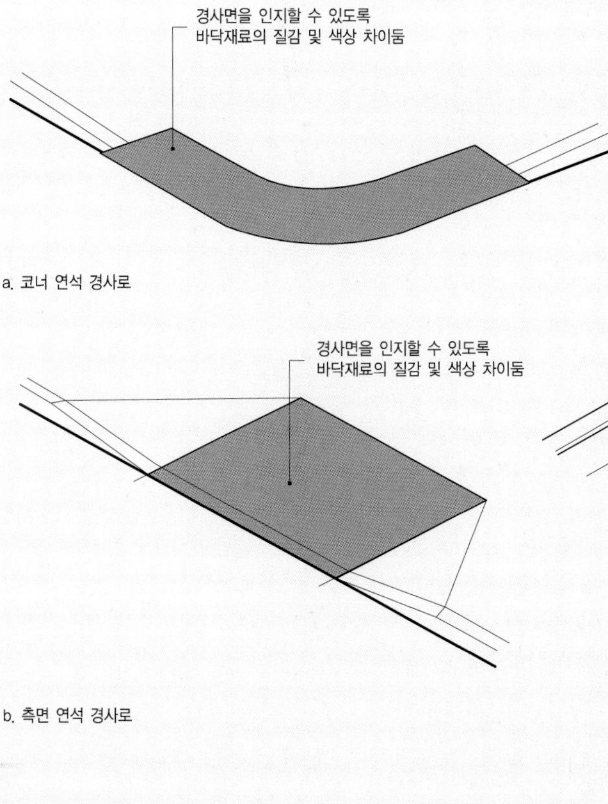

a. 코너 연석 경사로

b. 측면 연석 경사로

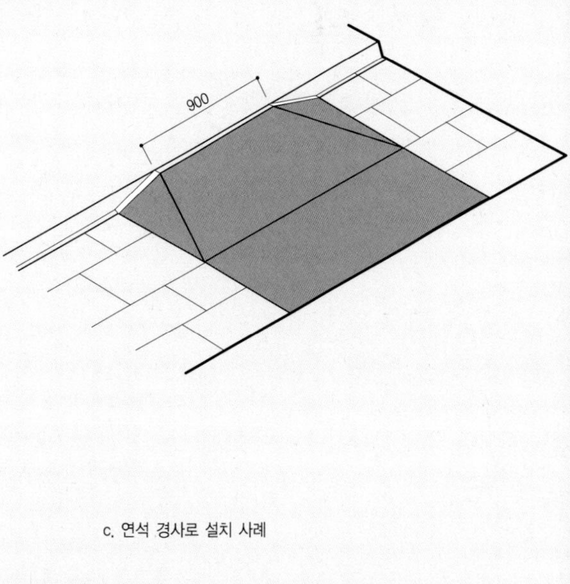

c. 연석 경사로 설치 사례

그림 3-15 코너 연석경사로 설치 사례
연석경사로와 도로의 단차 및 틈이 생기지 않도록 바닥을 처리하여 휠체어 캐스터와 케인이 걸리지 않도록 한 사례이다.

그림 3-16 측면 연석경사로 설치 사례
연석경사로를 도로연결부를 콘크리트로 바닥을 마감하여 보도블록과 도로경계석이 연결되는 부분의 틈새 및 단차 제거, 미끄럼방지를 위한 스크래치를 한 사례이다.

▌그림 3-17 경고블록을 설치한 연석경사로도로의 건널목 전체를 폭넓게 경사로를 설치하고 경고블록을 설치한 사례이다.

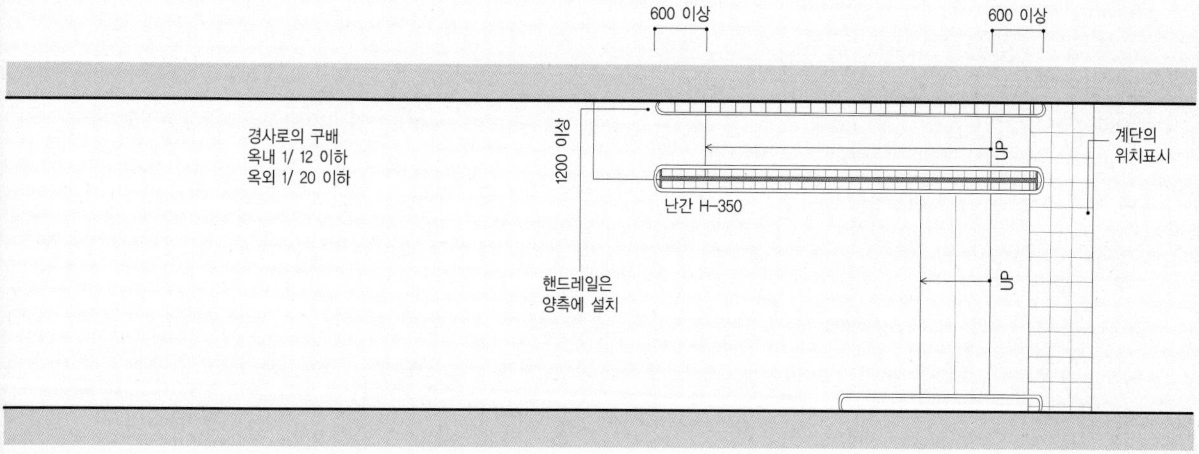

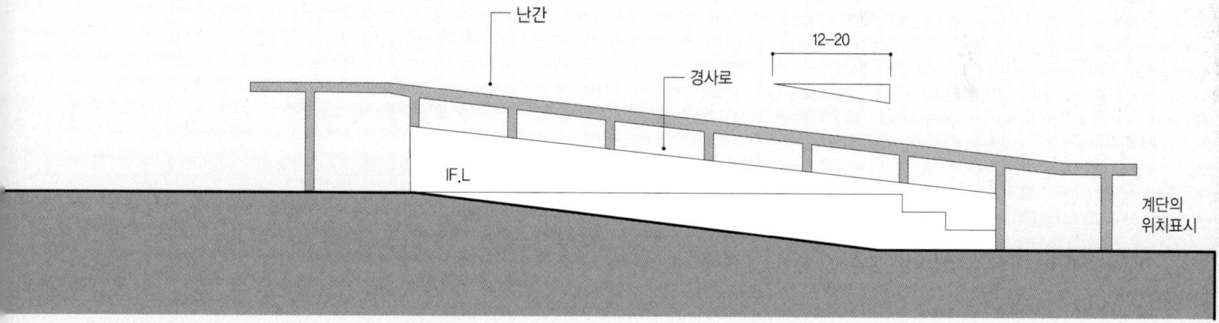

▌그림 3-18 계단과 경사로의 병설의 예

3-6 경사로

유의사항

1. 옥외경사로

- 옥외경사로는 구배 1/20 이하로 완만하게 한다.
- 경사로 양쪽에는 추락 등의 사고를 방지하기 위하여 난간이나 측벽을 설치한다.
- 경사로의 시작과 끝, 꺾이는 부분에는 수평면을 두어 방향전환, 회전 등 휠체어의 조작을 용이하게 한다.
- 바닥면은 잘 미끄러지지 않는 재료로 한다.
- 가능한 한 차양을 설치하는 것이 바람직하다.
- 경사로가 길 경우에는 참부분 측벽에 충격방지용 매트를 부착하고 조명설비를 한다.
  핸드레일을 설치해야 한다.

2. 옥내경사로

- 경사로의 너비는 1,500mm 이상이 바람직하다.
- 경사로의 구배는 1/12 이하가 좋다.
- 경사로의 중간지점에 1,500mm×1,800mm 또는 1,800 mm×1,800 mm의 수평부분의 참을 둔다.
- 바닥면은 미끄러지지 않는 재료를 사용해야 한다.
- 경사로의 양측면은 벽체로 처리하는 것이 바람직하다. 벽체가 아닌 경우는 클러치나 휠체어의 캐스터가 미끄러지지 않도록 턱을 두어야 한다.
- 핸드레일은 경사로 양측에 설치한다.
- 경사로의 시작과 끝부분, 계단참부분에 구배의 변화를 알 수 있도록 색깔, 재질, 조명 등의 변화를 주는 것이 좋다.
- 20mm 이하의 경미한 단차일 경우라도 단부는 둥글게 마무리하는 것이 필요하다.
- 계단참부분에는 과속으로 내려오는 휠체어의 충돌사고를 방지하기 위하여 벽면에 보호판을 설치하는 것이 바람직하다.

3-6-1 일반사항

기준내용

- 통로에 단차가 있는 경우는 경사로를 설치한다.
- 경사로는 가능한 한 완만한 구배로 하고 계단을 병설하는 것이 바람직하다.
- 옥외 경사로와 진입로는 물이 보도 표면에 고이지 않도록 해야 한다.
- 장애인 전용시설에서는 경사로 위에 지붕을 설치한다.

3-6-2 구배

기준내용

- 경사로의 구배는 실내는 1 : 12 이하, 옥외는 1 : 20 이하로 한다.
- 단차가 750mm 이하인 경사로의 구배는 1 : 12~1 : 8까지 완화할 수 있다.

tip *단차가 750mm 이상일 때 수직이동 수단으로 경사로를 설치할 경우에는 휠체어 장애인이 이동 가능한 거리와 휠체어의 등반 가능한 경사각도에 따라 구배를 설정해야 한다.*
옥외의 경우는 옥내보다 완만한 경사를 확보하여 건물의 접근성을 용이하게 하고 옥내의 경우는 경사구배의 규정을 다소 완화함으로써 공간계획을 합리적으로 한다.

표 3-18. 외국사례 – 옥내, 옥외 경사로의 구배

	AMERICA	ENGLAND	DEUTCH	FRANCE	JAPAN
옥내경사로	1:12	1:12	6% 미만	5% 미만	1:12
옥외경사로	x	1:15 미만	x	x	1:20

그림 3-19 건물현관 앞 옥외경사로 사례1
건물에 설치된 옥외경사로로 경사도를 낮추고 안전을 최대한 고려한 사례

그림 3-19 건물현관 앞 옥외경사로 사례1
건물에 설치된 옥외경사로로 경사도를 낮추고 안전을 최대한 고려한 사례

그림 3-20 건물 현관 앞 옥외경사로 사례 2
장애인 전용 시설에 설치된 옥외경사로로 경사도를 낮추고 안전을 최대한 고려한 사례

▎그림 3-21 보도 및 옥외 시설물에 설치된 경사로

▌그림 3-22 보도 및 통로에 설치된 경사로

▌그림 3-22 보도 및 통로에 설치된 경사로

그림 3-22 보도 및 통로에 설치된 경사로

그림 3-23 보도 및 통로에 계단과 병행하여 경사로 설치한 사례
이 경사로는 자전거, 유모차, 손수레 등의 통행을 위한 경사로로 휠체어의 경우도 타인의 도움으로 이동 가능하게 한 경사로

그림 3-24 보도 및 통로의 경사로의 조명
경사로의 측면에 조명을 설치하여 장애인 및 보행자의 안전을 도모함

그림 3-25 실내 경사로의 설치 사례
실내 동선에 단차 해결하기 위하여 경사로를 설치한다. 또한 경사로에는 통행의 안정을 위하여 반드시 핸드레일을 설치하여 통행을 보조할 수 있도록 한다. 경사로가 설치되어 있지 않은 경우에는 기존 시설에 경사로를 설치한다.

그림 3-25 실내 경사로의 설치 사례
실내 동선에 단차 해결하기 위하여 경사로를 설치한다. 또한 경사로에는 통행의 안정을 위하여 반드시 핸드레일을 설치하여 통행을 보조할 수 있도록 한다. 경사로가 설치되어 있지 않은 경우에는 기존 시설에 경사로를 설치한다.

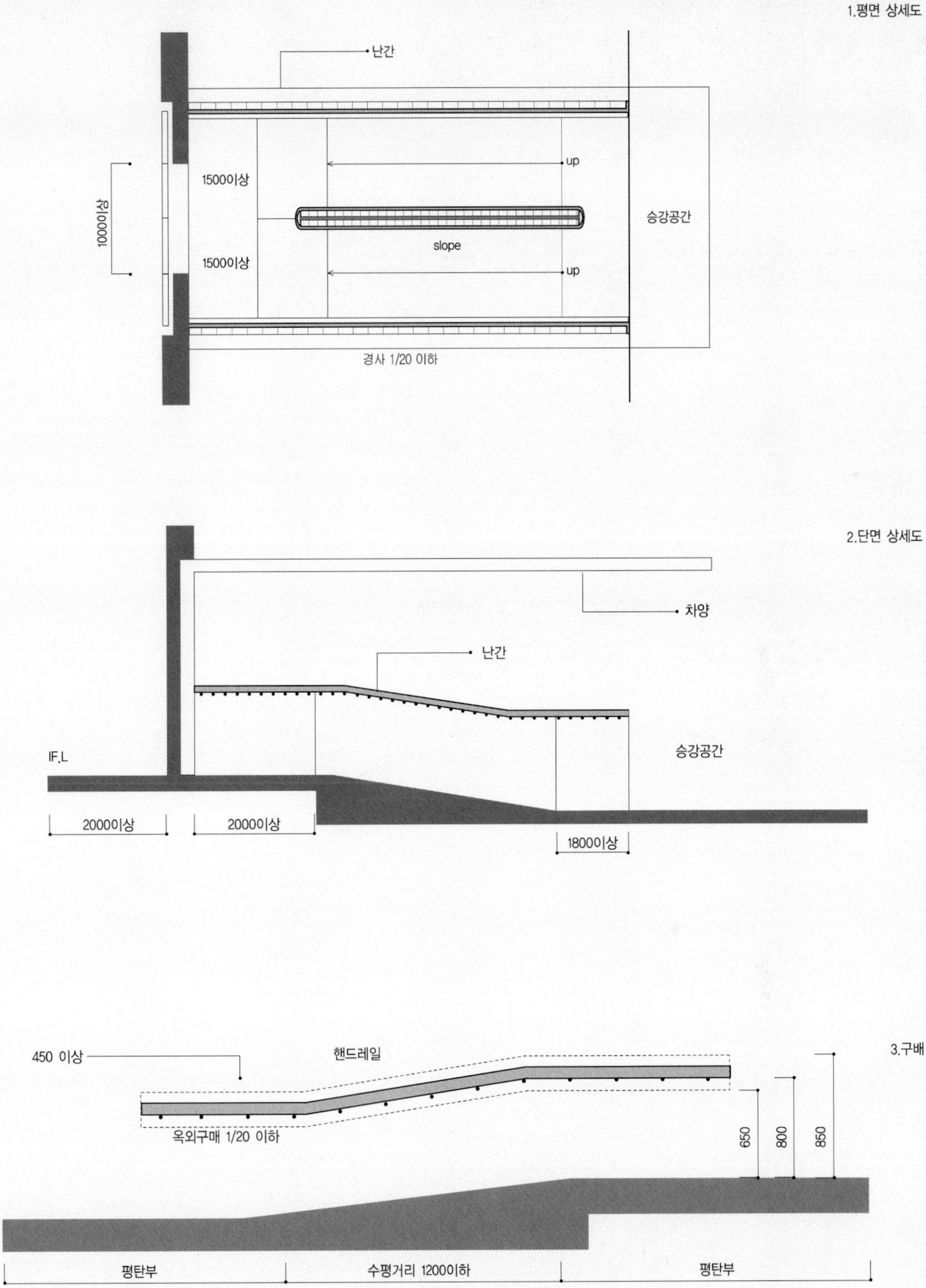

▌그림 3-26 경사로 설치의 예

3-6-3 유효폭

기준내용

● 경사로의 유효폭은 1,200mm 이상으로 한다.

tip *경사로의 유효폭은 휠체어 사용자의 통과를 위한 최소 유효폭 900mm와 휠체어로 이동시 필요한 좌우의 여유폭을 고려하여 1,200mm 이상으로 설정한다.*

권장내용

● 경사로의 폭은 가능한 한 1,500mm 이상으로 하는 것이 바람직하다.

3-6-4 경사로 참(landing)

기준내용

● 참의 길이는 최소 1,500mm 이상으로 한다.

◓ 참에서 진행방향을 바꿀 경우 참의 최소 유효바닥면적은 1,500mm×1,500mm 이상으로 한다.

◐ 경사로의 시작과 끝나는 부분에는 1,500mm×1,500mm 이상의 수평바닥면적을 확보한다.

tip *경사로의 시작과 끝부분의 수평바닥과 경사로의 참에서 휠체어 사용자의 회전이나 방향전환을 위한 최소 바닥면적의 규정은 KSFD 2.2에 따라 결정한다.*

권장사항

● 경사로의 고저차가 750mm를 넘을 때마다 평탄한 참을 설치하는 것이 바람직하다.

◓ 경사로에서 휠체어 사용자가 돌발적으로 휠체어의 제동이 불가능하여 휠체어가 급속한 속도로 미끄러져 내려올 경우 휠체어와 벽면과의 충돌에 따른 위험방지를 위하여 충격완화용 매트를 벽에 설치하는 것이 바람직하다.

◐ 경사로의 꺾이는 부분과 다른 통로와 만나는 부분에는 반드시 수평 참을 설치하도록 한다.

3-6-5 경사로의 핸드레일

기준내용

● 고저차가 150mm 이상이거나 경사로의 길이가 1,800mm 이상일 때는 양쪽에 핸드레일을 설치해야 한다.

◓ 경사로의 시작과 끝부분에는 300mm 이상의 수평 핸드레일을 설치한다.

◐ 경사로의 가장자리에 보호벽이 없이 핸드레일만을 설치할 경우 20mm 이상의 추락방지턱을 설치한다.

○ 세부사항은 핸드레일의 규정에 준한다.

tip *경사로에서 핸드레일을 설치해야 하는 경우는 추락위험 방지가 필요한 경우로서 경사로의 고저차와 경사로의 길이를 고려하여 결정한다. 그리고 경사 핸드레일에 의지하여 이동해야 하는 장애인의 안전한 연결동작을 위해 경사로의 시작과 끝부분의 수평바닥의 상부에는 수평 핸드레일을 300mm 이상 설치하는 것은 손 너비의 치수폭에 좌우의 여유폭을 고려한 것이다.*

권장내용

● 경사로의 벽면에는 바닥 위 15~35cm 정도에 킥 플레이트를 설치하는 것이 바람직하다.

3-6-6 바닥마감

기준내용

● 경사로의 바닥은 미끄럼을 방지하기 위한 재료로 한다.

표 3-19. 외국사례 - 경사로의 유효폭 (단위: mm)

AMERICA	ENGLAND	DEUTCH	FRANCE	JAPAN
915	1200	1200	x	1200

표 3-20. 외국사례 - 경사로의 참의 최소길이 (단위: mm)

AMERICA	ENGLAND	DEUTCH	FRANCE	JAPAN
1525	1200	1200	x	1500

표 3-21. 외국사례 - 경사로 참에서 진행방향을 바꿀 경우 참의 최소 유효바닥면적 (단위: mm)

AMERICA	ENGLAND	DEUTCH	FRANCE	JAPAN
1525 x 1525	1500 초과/길이만 규정	x	x	x

표 3-22. 외국사례 - 경사로의 시작과 끝부분에 확보해야 할 수평바닥면적 (단위: mm)

AMERICA	ENGLAND	DEUTCH	FRANCE	JAPAN
1525 x 1525	x	x	x	x

표 3-23. 외국사례 - 양쪽에 핸드레일을 설치해야 하는 경사로의 고저차와 길이 (단위: mm)

AMERICA	ENGLAND	DEUTCH	FRANCE	JAPAN
고저차 : 150 길 이: 1830	x x	x x	x x	x x

표 3-24. 외국사례 - 경사로의 시작과 끝부분에 설치하는 수평핸드레일의 연장길이 (단위: mm)

AMERICA	ENGLAND	DEUTCH	FRANCE	JAPAN
305	300	x	x	300

표 3-25. 경사로의 국내기준

(　　) 으로 표시된 부분은 내부 경사로의 세부기준

	이동편의증진법	편의증진법
유효폭	2000mm 이상	1200mm 이상
	예외, 증축, 개축, 이전, 대수선 또는 용도변경의 경우에 위의 유효폭을 확보할 수 없을 때에는 완화할 수 있다.	
	1500mm 이상	900mm 이상
경사로 참	바닥면으로부터 750mm 이내마다 휴식할 수 있도록 수평면으로 된 1500mm의 참을 설치	
경사로 시종점	경사로 시종점 및 굴절부분과 참은 1500 x 1500(mm) 이상의 활동공간 확보	
기울기	1/12 이하로 한다	
	다음과 같은 요건을 모두 충족하는 경우에는 1/8까지 완화할 수 있다.	
	- 높이 160mm 이하의 경사로	- 신축이 아닌 기존시설에 설치된 경사로 - 구조상 1/12을 확보하지 못하는 경우에 높이 1000mm 이하의 경사로 - 시설관리자 등의 상시보조서비스가 제공되는 경우
재질 및 마감	바닥 표면은 미끄럽지 않은 재질로 평탄하게 마감	
추락방지턱	양측면에 휠체어 바퀴가 경사로 밖으로 미끄러져 나가지 않도록 50mm 이상의 추락방지턱 또는 측벽 설치	
핸드레일	경사로 길이가 1800mm 이상 또는 높이 150mm 이상인 경우 양측면에 핸드레일을 연속하여 설치	
	경사로의 시종점에 수평 핸드레일을 300mm 이상 연장 설치	
	이외 세부기준은 핸드레일 규정 적용	

(1) 경사로의 구배 (실내용)

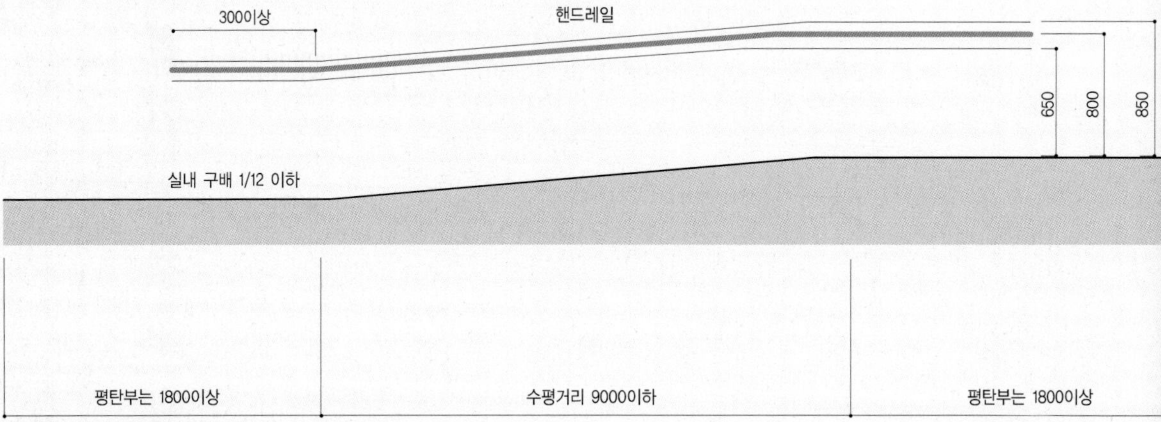

경사로에서 오르는 레벨치로 750이하로 하는 것이 원칙이다.

(2) 경사로용 중간참 또는 전후의 평탄부 너비

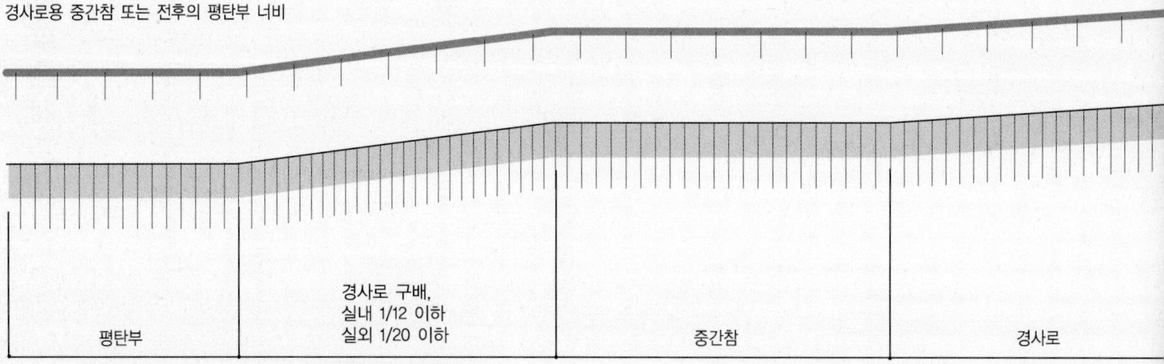

구배는 완만할 수록 좋다고 생각할 수 있으나 보행거리가 길어지므로
제한을 받게 된다.구배는 실내인 경우 1/12이 적당하다.

그림 3-27(상) 경사로의 구배
그림 3-28(하) 경사로참의 설치 예

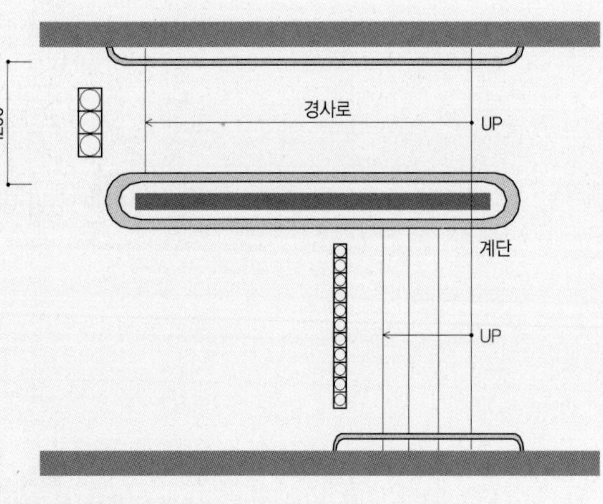

경사로의 구배가 크지 않을 때,그 길이가 짧은 경우 계단을 병설한다.

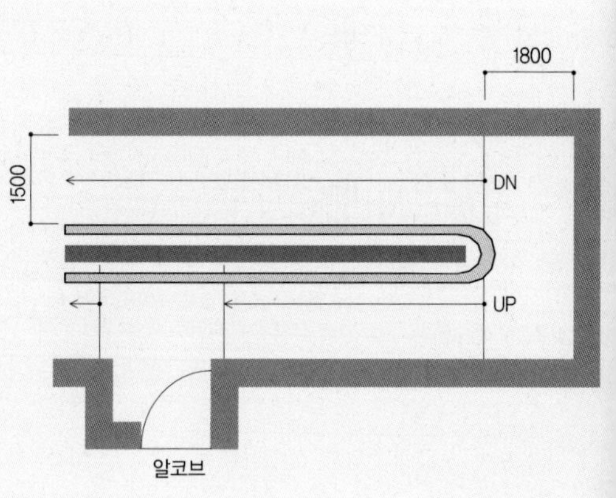

경사로의 꺾이는 부분과 다른 통로의 만나는 부분에는 반드시 수평이 되도록 한

그림 3-29 옥외 계단과 병행하여 설치된 경사로 핸드레일 사례
경사로의 시작과 끝 지점에 300mm 이상의 수평 핸드레일을 설치하여 경사로의 시작과 끝을 인지하도록 한다.

그림 3-30(상) 옥외 경사로 핸드레일 사례
그림 3-31(하) 실내 임시 경사로의 핸드레일 사례

그림 3-32(30,31)(상)는 경사로에 핸드레일은 설치되어 있지만 장애인의 안전하고 원활한 통행을 위해서는 경사로 시작점과 끝 지점에서 300mm의 수평핸드레일을 설치하는 것이 바람직하다.
그림 3-33(하) 실내 통로에 계단과 병행하여 경사로 설치한 사례
이 경사로는 자전거, 유모차, 손수레 등의 통행을 위한 경사로로 휠체어의 경우도 타인의 도움으로 이동 가능하게 한 경사로

3-7 계단

유의사항

● 계단의 형태는 꺾임계단이 좋다.

◓ 클러치 이용자를 고려하여 폭은 1,200mm 이상으로 하는 것이 좋다.

◐ 디딤면의 단 높이는 150~160mm, 단 너비는 300~320mm 정도가 적당하다.

○ 계단길이의 중간지점에 반드시 계단참을 두어야 한다.

◒ 디딤면의 단부는 발끝이 걸리지 않도록 유의해야 한다.

◕ 반드시 챌판을 붙이고 논슬립은 경질 고무류를 사용하는 것이 좋다.

● 계단 측면은 양쪽을 벽으로 하는 것이 바람직하나 벽이 아닌 경우에는 클러치 끝이 난간 사이로 미끄러져 떨어지지 않도록 50mm 정도 높이의 턱을 만들어야 한다.

◓ 핸드레일은 계단 시작지점에서 끝 지점까지 반드시 연속되어야 한다.

◐ 시각장애인을 위해 핸드레일에 층수를 표시하고 계단의 시작부분과 끝부분의 바닥면에 점자블록 또는 색채변화에 의한 표시를 한다.

○ 핸드레일은 계단 시작지점에서 끝 지점까지 반드시 연속되어야 한다.

◒ 시각장애인을 위해 핸드레일에 층수를 표시하고 계단의 시작부분과 끝부분의 바닥면에 점자블록 또는 색채변화에 의한 표시를 한다.

3-7-1 일반사항

기준내용

● 계단은 직선계단 혹은 꺾임계단으로 하고 나선계단이나 회전계단은 피하도록 한다.

3-7-2 유효폭

기준내용

● 계단 및 참의 유효폭은 1,200mm 이상으로 한다.

tip *계단의 유효폭은 클러치 사용자가 이용하는 경우를 고려하여 클러치 사용자가 보행시 소요되는 클러치폭 950mm에 20~25mm의 여유폭을 감안하여 결정한다.*

3-7-3 디딤판과 챌판

기준내용

● 챌판의 경사는 디딤판의 수평면으로부터 60° 이상으로 한다.

◓ 챌판은 반드시 설치해야 한다.

◐ 동일 계단에서는 챌판의 높이와 디딤판의 길이는 균일하게 한다.

tip *클러치 사용자가 계단을 이용할시 클러치의 미끄러짐이나 끼임을 방지하기 위해 장애인이 이용하는 계단에서는 반드시 챌판을 설치하여야 한다.*

3-7-4 계단코(Nosings)

기준내용

● 계단코는 20mm 이상 돌출하지 않아야 한다.

◓ 계단코에는 미끄럼을 방지하도록 한다.

권장내용

● 계단코는 계단을 오를 때 발에 걸리기 쉬우므로 가급적 없애는 편이 바람직하다.

◓ 계단코의 모서리는 완만하게 처리한다.

◐ 계단에 설치하는 논슬립(Non-Slip)은 계단의 디딤판과 단차가 지지 않도록 설치하고, 금속재는 케인(흰 지팡이)이 미끄러지기 쉬우므로 가급적 설치하지 않는 것이 바람직하다.

3-7-5 핸드레일

기준내용

● 핸드레일은 계단의 양측에 연속해서 설치한다.

◓ 경사면에 설치된 핸드레일의 각 단부에는 300mm 이상의 수평 핸드레일을 설치한다.

◐ 핸드레일에 관한 다른 세부사항은 핸드레일의 규정에 준한다.

tip *핸드레일에 의지하여 이동해야 하는 장애인을 위해서 계단의 각 단부의 수평 바닥면 상부에 수평 핸드레일을 300mm 이상 설치하는 것은 경사로의 경우와 같다.*

권장내용

● 구부러진 형태의 계단에서는 안쪽 핸드레일은 항상 연속적으로 연결되어야 한다.

3-7-6 계단참

기준내용

- 계단참에는 구배나 단차가 없어야 한다.

3-7-7 바닥마감

기준내용

- 계단의 바닥면은 평탄하고 미끄럽지 않은 재료로 한다.

3-7-8 추락방지턱

기준내용

- 계단의 양쪽은 벽이 바람직하지만 핸드레일만을 설치할 때는 핸드레일 하부에 20mm 이상의 턱을 설치한다.

tip *계단 양쪽에 벽이 없이 핸드레일만 있는 경우는 케인 사용자가 미끄러지는 것을 막을 수 있도록 20mm 이상의 추락방지턱을 설치하여 계단에서 전도 위험을 줄이도록 한다.*

표 3-26. 외국사례 - 계단 및 참의 유효폭 (단위: mm)

AMERICA	ENGLAND	DEUTCH	FRANCE	JAPAN
x	1000	x	x	1200

표 3-27. 외국사례 - 챌판의 높이와 디딤판의 길이 (단위: mm)

AMERICA	ENGLAND	DEUTCH	FRANCE	JAPAN
180 280	외부 : 150 내부 : 170 외부 : 280 내부 : 270	x x	160 280	160 300

표 3-28. 외국사례 - 챌판의 경사 (단위:°)

AMERICA	ENGLAND	DEUTCH	FRANCE	JAPAN
60	60	x	x	x

표 3-29. 외국사례 - 계단코의 돌출길이 (단위: mm)

AMERICA	ENGLAND	DEUTCH	FRANCE	JAPAN
38	15 ~ 25	x	x	20

표 3-30. 외국사례 - 경사면 양단부의 수평 핸드레일의 설치길이 (단위: mm)

AMERICA	ENGLAND	DEUTCH	FRANCE	JAPAN
305	300	x	x	300

표 3-31. 외국사례 - 핸드레일의 하부에 설치하는 추락방지턱의 높이 (단위: mm)

AMERICA	ENGLAND	DEUTCH	FRANCE	JAPAN
x	x	x	x	20

3-7-9 표시

기준내용

- 계단이 시작과 끝나는 부분의 바닥에는 점형블록의 바닥재를 설치하거나 혹은 바닥재의 질감변화를 위하여 마감재료를 변화시킨다.
- 핸드레일의 양단부 및 연속하는 핸드레일의 굴절부분에는 층수 및 위치 등을 나타내는 점자표지판을 부착한다.

표 3-32. 내부계단의 국내기준

	이동편의증진법	편의증진법
계단형태		직선 또는 꺾임형태로 설치할 수 있다.
계단참		바닥면으로부터 높이 1800mm 이내마다 휴식할 수 있도록 수평면으로 된 참을 설치할 수 있다.
유효폭		계단 및 참의 유효폭은 2000mm 이상
디딤판과 챌면	일반사항	챌면(디딤판과 디딤판을 연결하는 수직벽)을 설치 디딤판 너비와 챌면의 높이는 균일하게 하여야 한다.
	디딤판 너비	280mm 이상
	챌면 높이	180mm 이하
	챌면 기울기	디딤판의 끝부분은 수평면으로부터 60도 이상
	계단코	30mm 이상 돌출하지 않도록 한다.
손잡이 및 점자표지판	일반사항	계단 측면에 연속된 손잡이 설치 구조물이나 방화문 등에 설치된 손잡이를 연속하여 설치할 수 없는 경우 구조물 또는 방화문 설치에 소요되는 부분에 손잡이를 설치하지 않을 수 있음
	손잡이 연장	손잡이 끝부분에 300mm 이상 수평 손잡이 연장 양끝부분 및 굴절부분에 층수 및 위치를 나타내는 점자표지판 부착
	그 외 기준	이외 세부기준은 다음 장의 손잡이 규정을 따른다.
재질 및 마감	바닥면	미끄러지지 않는 재질로 평탄하게 마감
	계단코	줄눈넣기를 하거나 경질고무류 등 미끄럼방지재로 마감 (바닥표면 전체가 미끄럽지 않은 재질로 마감한 경우 그렇지 않음)
	점형블록	계단의 시종점의 300mm 전면에 점형블록을 설치하거나 시각장애인이 감지할 수 있는 마감재의 질감 등을 달리한다.
기타시설	추락방지턱	계단 측면에 난간을 설치하는 경우, 난간 하부에 바닥면으로부터 20mm 이상 추락방지턱 설치
	계단코	계단 바닥재의 색상을 달리할 수 있음

그림 3-34 실내 계단의 핸드레일 사례

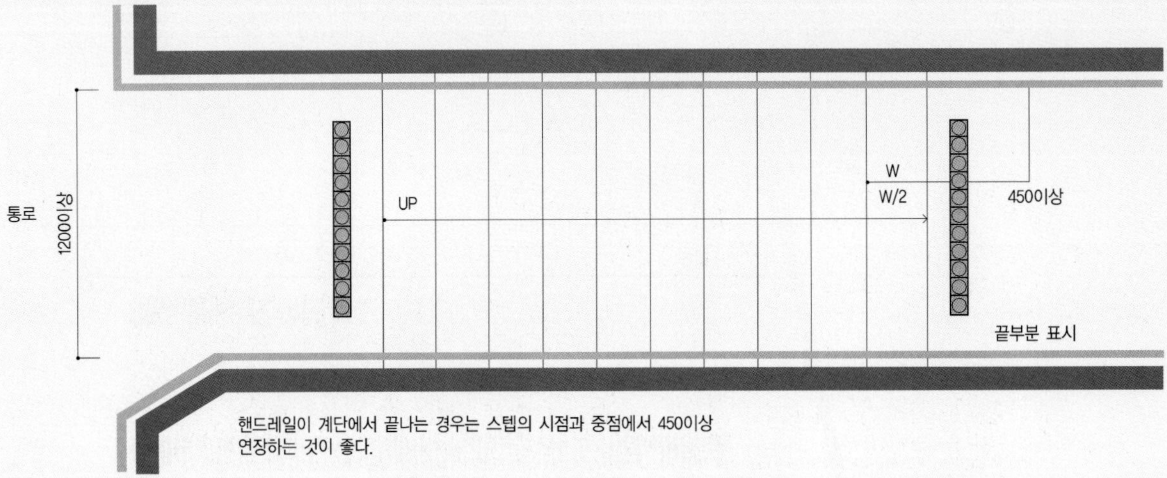

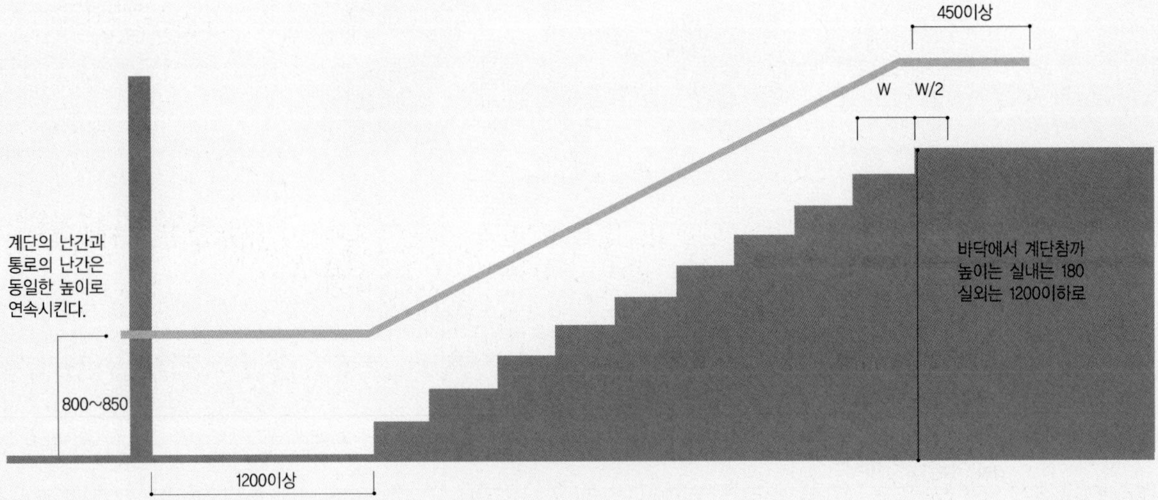

그림 3-35(상) 직선계단의 설치 예
그림 3-36(하) 계단코

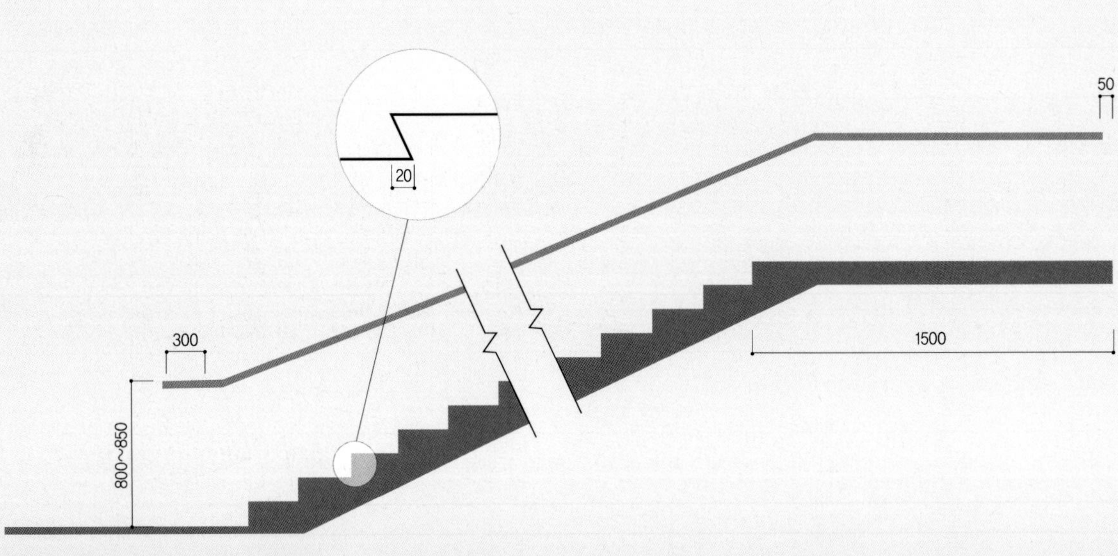

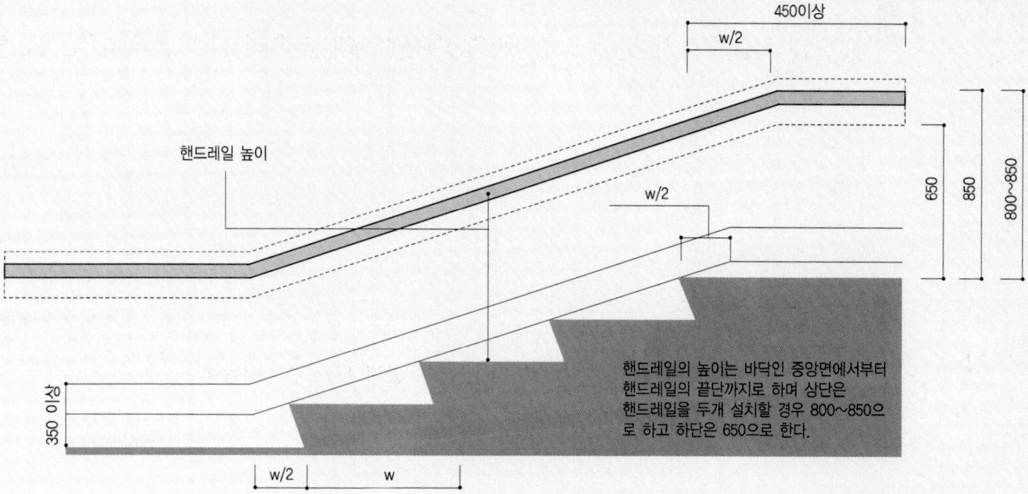

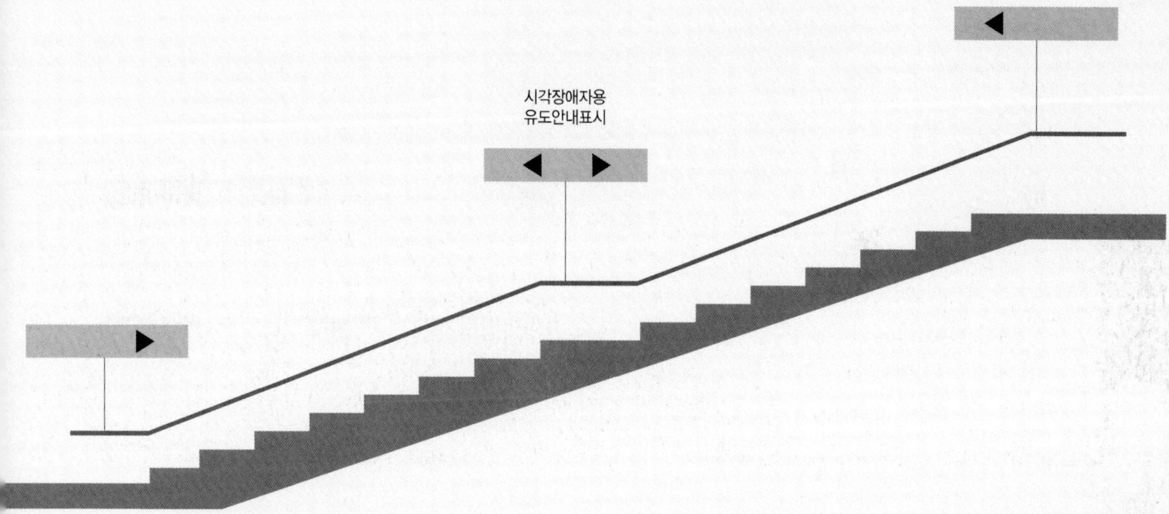

그림 3-36(상) 계단코
그림 3-37(하) 추락방지턱

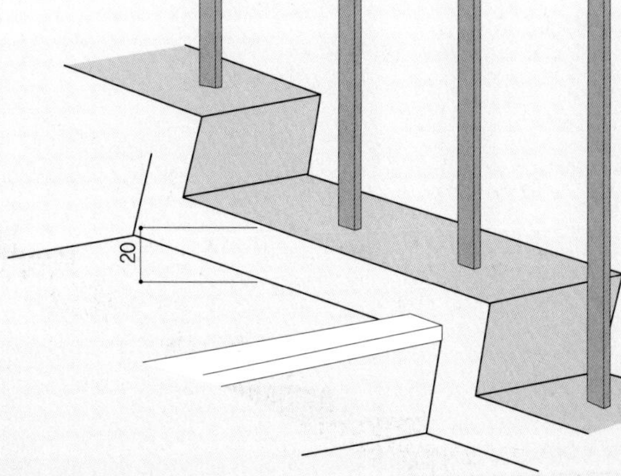

그림 3-39 계단의 핸드레일 및 점자블록 설치
계단에 핸드레일과 계단의 시작부분과 끝부분의 바닥면에 점자블록을 설치하여 계단을 인지할 수 있도록 한다.

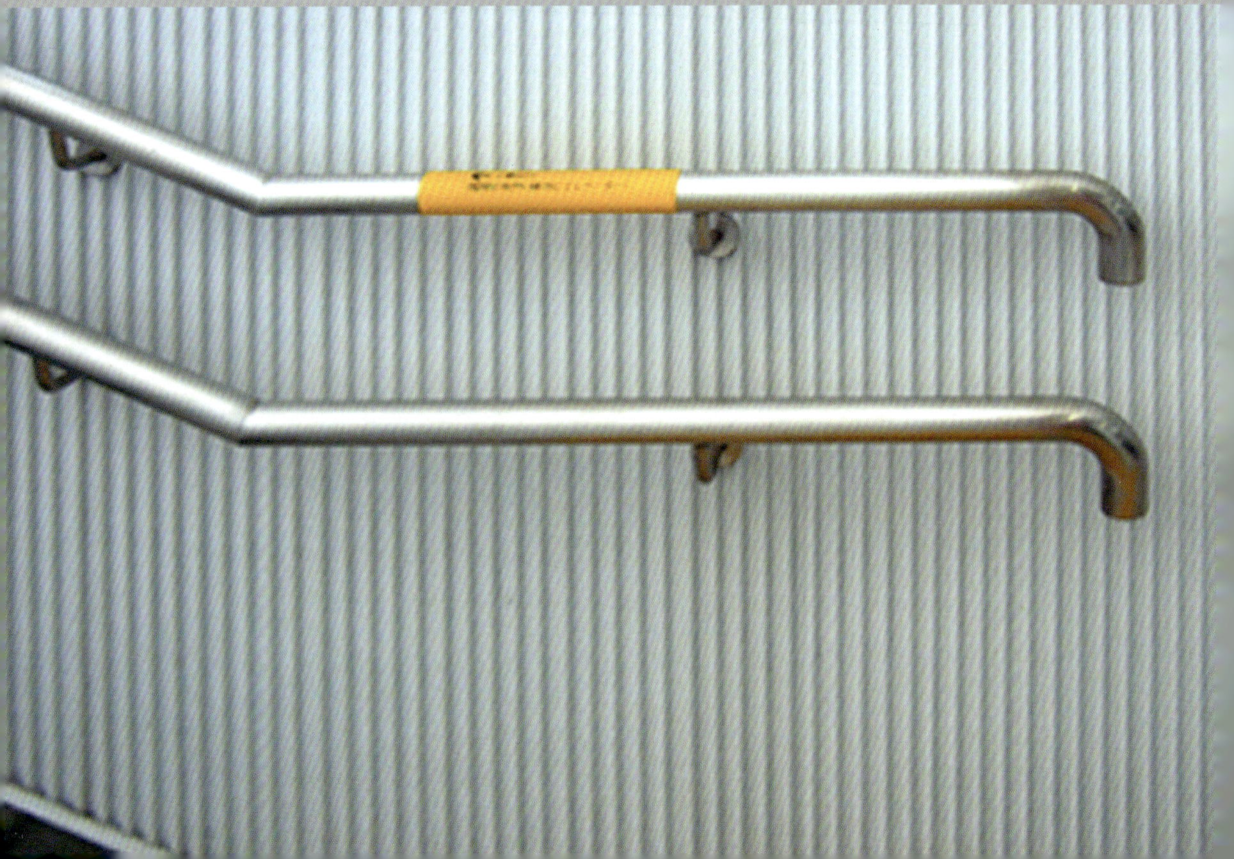

그림 3-40 핸드레일의 단부에 점자표지판 부착
핸드레일의 양단부에 층수 및 위치 등을 나타내는 점자표지판을 부착한다.

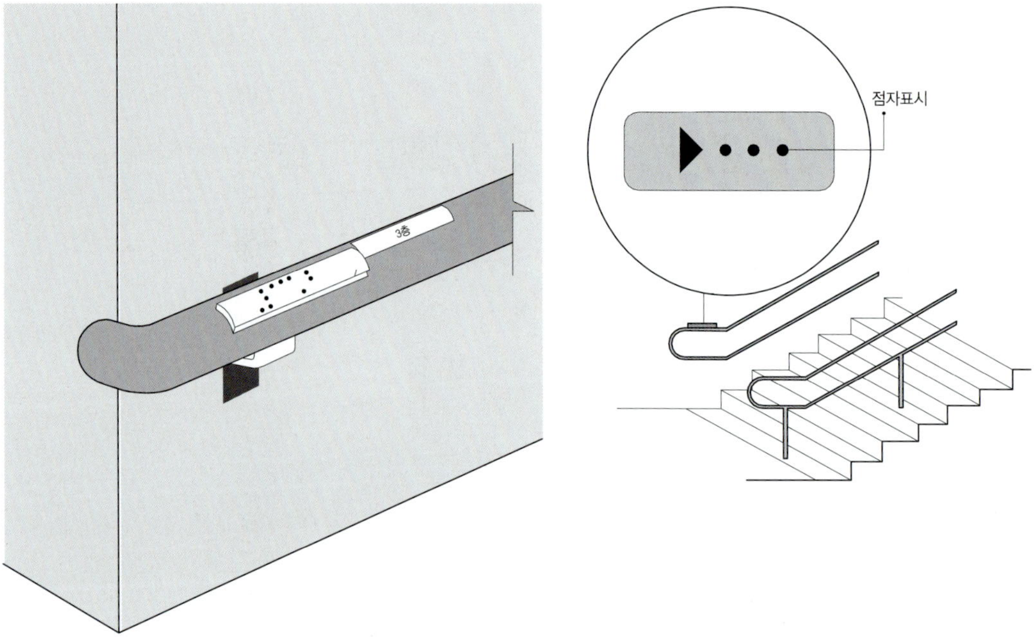

그림 3-38(상) 계단의 핸드레일에 설치하는 점자표시의 예
그림 3-41(하) 핸드레일의 점자판

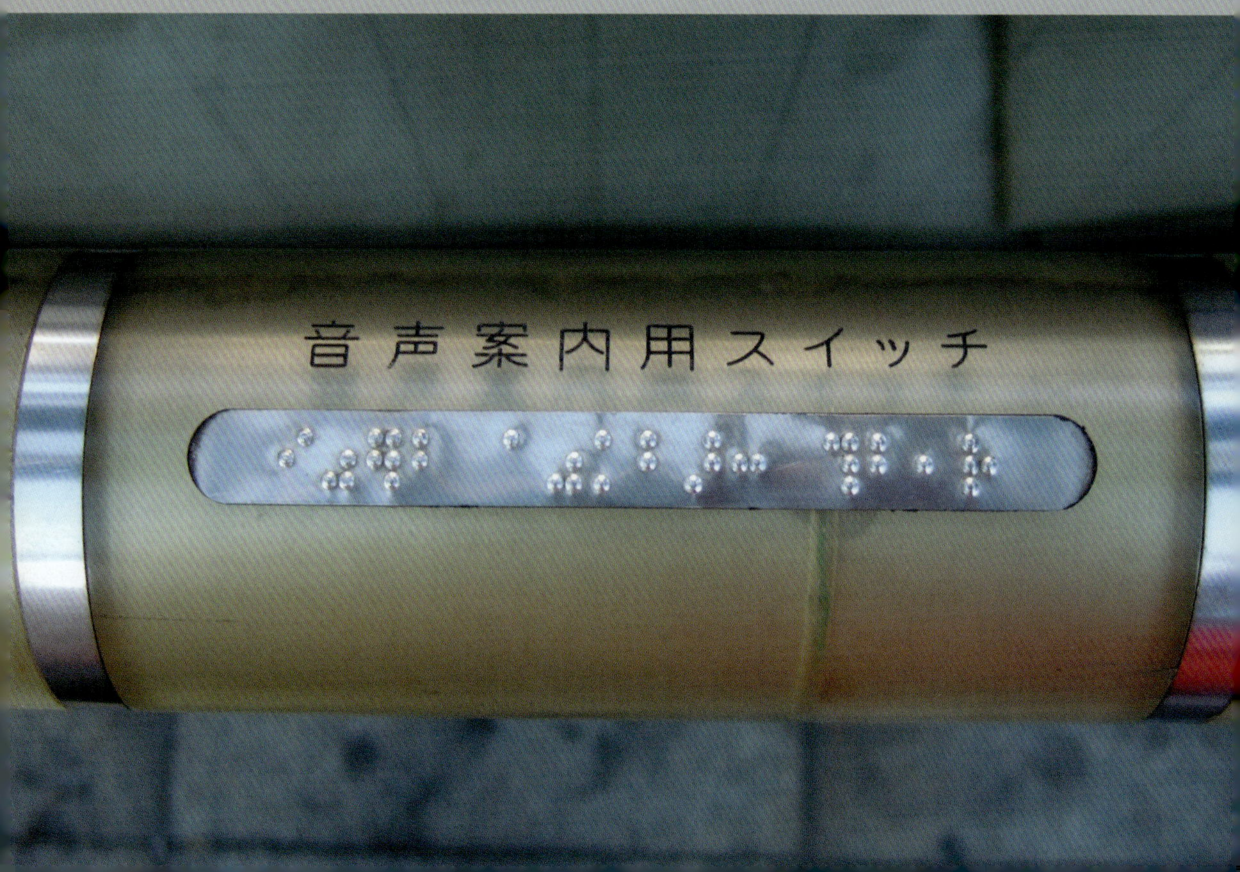

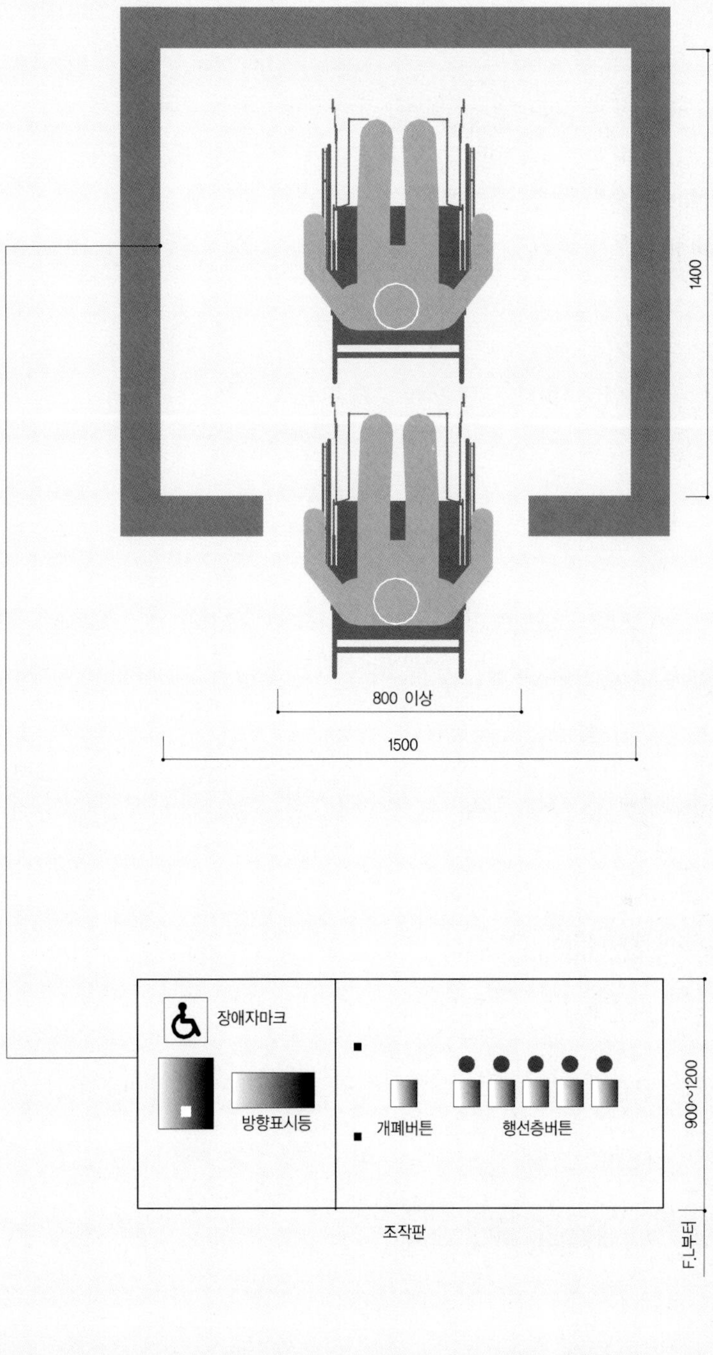

▌그림 3-42 엘리베이터의 크기 및 조작판

3-8 엘리베이터

유의사항

● 휠체어 사용자가 이용할 수 있는 엘리베이터 내부의 최소 바닥면적은 유효폭 1,500mm, 유효깊이 1,400mm, 출입문의 유효폭 800mm 이상이 필요하다.

◓ 휠체어 캐스터가 끼지 않도록 건물 바닥면과 엘리베이터 바닥의 틈새는 15mm 이하로 한다.

◐ 엘리베이터 내부에는 핸드레일, 킥 플레이트, 전면거울(내부에서 휠체어의 회전이 불가능할 경우)을 설치한다.

○ 조작판 버튼의 위치는 바닥면에서 400~1,200mm의 높이에 설치하고, 엘리베이터 내부의 좌우 측벽에 설치하는 것이 좋다. 시각장애인을 위해서는 점자로 표시한다.

◒ 엘리베이터 앞의 동작공간은 최저 1,400mm × 1,700mm, 1,500mm × 1,500mm 이상 확보한다.

3-8-1 일반사항

기준내용

● 장애인용 엘리베이터는 출입구에서 가장 가까운 위치에 설치한다.

◓ 공공건축물에서 에스컬레이터나 경사로 또는 리프트가 없이 계단만 설치된 경우에는 장애인을 위한 수직이동 수단으로 엘리베이터를 설치한다.

권장내용

● 엘리베이터는 장애인이 이용할 수 있는 가장 유리한 수직이동 수단으로서 가능한 한 설치하도록 한다.

3-8-2 엘리베이터 전면의 유효바닥면적

기준내용

● 엘리베이터 전면에는 승강을 위한 동작공간으로 1,500mm×1,500mm의 유효바닥면적을 확보한다.

tip *엘리베이터 전면의 승강장에 휠체어 사용자의 승강을 위한 유효바닥면적은 휠체어의 회전이나 방향전환이 가능하도록 KSFD 2.3의 규정을 따른다.*

3-8-3 엘리베이터의 크기

기준내용

● 엘리베이터는 내부 유효폭 1,500mm, 유효깊이 1,400mm 이상으로 한다.

tip *엘리베이터의 크기는 휠체어 사용자가 필요로 하는 최소 바닥면적에 앞뒤 100mm의 여유깊이를 고려하고, 폭 1,500mm는 휠체어 사용자가 엘리베이터 내부에서 회전이나 방향전환이 가능하도록 고려한 것이다.*

권장내용

● 엘리베이터의 깊이는 가능한 한 깊게 하는 것이 바람직하다.

3-8-4 출입문 유효폭

기준내용

● 엘리베이터 출입문의 유효폭은 800mm 이상으로 한다.

tip *엘리베이터의 출입문의 폭은 휠체어 사용자가 필요로 하는 최소 통과폭의 규정인 KSFD 2.1의 규정에 의하여 결정한다.*

3-8-5 엘리베이터문의 개폐

기준내용

● 장애인용 엘리베이터의 출입문은 광감지식 개폐장치를 설치한다.

◓ 광감지식 개폐장치는 바닥면 위 300mm에서 1,400mm까지의 물체를 감지하여 작동하도록 한다.

◐ 장애인 전용 엘리베이터는 이용자가 출입문의 개폐시간을 결정할 수 있도록 수동식의 개폐조작 버튼을 설치하는 것이 바람직하다.

권장내용

● 엘리베이터의 조작판은 가로형으로 하는 것이 바람직하다.

◓ 장애인을 위한 전용 조작버튼을 설치함으로써 엘리베이터문의 개폐시간을 장애인 자신이 스스로 조절할 수 있도록 하는 것이 바람직하다.

표 3-33. 외국사례 - 엘리베이터전면의 승강을 위한 유효바닥면적 (단위: mm)

AMERICA	ENGLAND	DEUTCH	FRANCE	JAPAN
x	1500 x 1500	1400 x 1400	x	x

3-8-6 간격과 단차

기준내용

- 건물 바닥면과 엘리베이터 바닥면의 단차는 가급적 없애도록 하고, 건물 바닥과 엘리베이터와의 간격은 20mm 이하로 한다.

tip *엘리베이터와 건물 바닥면과의 단차는 기술적인 조정의 문제이므로 가능한 한 없애도록 하고, 엘리베이터와 건물 바닥면과의 간격은 케인 사용자의 케인이 그 틈에 빠지지 않을 정도의 간격인 20mm 이하로 해야 한다.*

3-8-7 보호장치

기준내용

- 사람이나 물체가 엘리베이터 문의 중간에 끼었을 경우 문의 작동이 자동적으로 멈추고 문이 다시 열리는 되열림 장치를 설치해야 한다.

권장내용

- 엘리베이터 문의 보호장치는 바닥면에서 300~750mm 사이에 놓인 물체를 감지하여 작동되어야 한다. 엘리베이터 문이 되열리기 전에 물체와 접촉이 일어날 수도 있지만 엘리베이터문의 되열림 장치가 반드시 물리적 접촉으로 작동될 필요는 없다.

3-8-8 엘리베이터의 설치물

기준내용

- 엘리베이터 내부의 전용 조작판은 양 측벽에 설치한다.
- 엘리베이터 내부에서 휠체어가 회전할 수 없는 경우에는 휠체어의 진입방향 전면에 조작판을 설치한다.
- 엘리베이터 내부에서 휠체어가 방향전환이 불가능한 경우, 휠체어 진입방향의 전면에 출입구 확인용 거울을 부착한다. 거울의 재질은 스테인리스 거울 또는 강화유리 등 잘 깨지지 않는 것으로 한다.

  엘리베이터 호출버튼은 조작하기 쉽고 램프가 내장된 전용 버튼으로 하고, 점자를 부착한다.
- 엘리베이터 호출버튼, 조작판, 비상벨, 인터폰 등은 휠체어 사용자의 손이 쉽게 닿는 바닥면 위 900~1,200mm의 높이에 설치한다.
- 엘리베이터의 내부에는 핸드레일을 연속하여 설치한다.

tip *조작판의 설치높이는 장애인의 시선높이와 팔꿈치높이 사이로 하는 것이 바람직하다. 즉, 휠체어 사용자의 시선높이를 고려하여 상단의 높이는 1,200mm로 하고 하단은 휠체어사용자의 팔 도달범위에서 약 20mm 정도의 상부인 900mm 정도에 오도록 하는 것이 바람직하다.*

권장내용

- 비상벨과 비상정지를 포함한 비상조작 버튼은 조작판의 하부에 모아두는 것이 바람직하다.

3-8-9 표시

기준내용

- 엘리베이터 홀과 내부에는 도착층의 표시를 점멸등과 음성신호로 한다.
- 조작판, 인터폰 등에는 점자표지판을 부착한다.
- 승강장의 호출버튼 전면바닥에는 시각장애인을 위한 점형블록 등의 감지용 바닥재를 설치한다.
- ○ 장애인용 엘리베이터는 장애인 심벌마크를 부착한다.

표 3-34. 외국사례 - 엘리베이터 내부의 유효폭과 유효깊이 (단위: mm)

AMERICA	ENGLAND	DEUTCH	FRANCE	JAPAN
유효폭 : 1730 유효깊이 : 1295	1120 1400	1100 1400	1400 1300	1400 1350

표 3-35. 외국사례 - 엘리베이터 출입문의 유효폭 (단위: mm)

AMERICA	ENGLAND	DEUTCH	FRANCE	JAPAN
915	800	800	x	800

표 3-36. 외국사례 - 건물바닥과 엘리베이터 바닥면의 간격 (단위: mm)

AMERICA	ENGLAND	DEUTCH	FRANCE	JAPAN
13 이하	x	x	20 이하	30 이하

표 3-37. 외국사례 - 엘리베이터의 호출버튼, 조작반, 비상벨, 인터폰 등의 설치높이 (단위: mm)

AMERICA	ENGLAND	DEUTCH	FRANCE	JAPAN
1220 이하	900~1200	x	x	900~1000

표 3-38. 엘리베이터의 국내기준

	이동편의증진법	편의증진법
설치장소	장애인 등의 접근이 가능한 통로에 연결하여 설치하되, 가급적 건물 주출입구와 가까운 위치에 설치해야 한다.	
	지상에서 대합실까지는 도로 양측에 1개소씩 설치하되, 지상 횡단이 가능한 곳에서는 도로편에 1개소만 설치할 수 있다. 승강장이 양방향식인 경우에는 대합실에서 승강장까지 각각 승강장에 1개소씩설치하되, 승강장이 중앙식인 경우 대합실에서 승강장까지 1개소만 설치할 수 있다.	
전면 활동공간	승강기 전면에는 1500 x 1500(mm) 이상 확보	1400 x 1400(mm) 이상 확보
승강구 바닥틈	승강장 바닥과 승강기 바닥 사이의 간격은 30mm 이하	
크기	15인승 이상을 기준으로 한다. 다만 건축물의 위치, 구조 등의 이유로 설치가 불가능한 경우에는 9인승까지 완화	
내부 유효 바닥면적	1100(폭)mm x 1400(길이)mm 이상	1100(폭)mm x 1350(길이)mm 이상
출입문 통과유효폭	800mm 이상	
조작설비	엘리베이터 안팎에 설치되는 모든 스위치 높이는 바닥면으로부터 800-1200mm 이하에 설치 다만 스위치 수가 많아 1200mm 이하에 설치하지 못하는 경우에는 1400mm까지 완화	
	휠체어 사용자를 위한 조작반은 진입방향 우측면에 가로형으로 설치하고, 그 높이는 바닥면으로부터 850mm 내외로 한다. 다만 승강기 내부의 유효바닥면적이 1400 x 1400(mm) 이상인 경우 진입방향 좌측면에 설치할 수 있다.	
조작설비 형태	버튼식으로 할 수 있다.	
점자표시	조작반, 통화장치 등에는 점자표지를 부착	
손잡이	내부에는 수평손잡이를 연속하여 설치하고 손잡이의 세부기준은 III의 핸드레일을 따른다.	
거울 등	승강기 내부 후면에는 출입문 개폐여부를 확인할 수 있는 견고한 재질의 거울 부착 승강기 내부 유효바닥면적이 1400 x 1400(mm) 이하인 경우 예외	
도착여부 알림	각 층의 승강장에 승강기 도착여부를 표시하는 점멸등 및 음향신호장치를 설치하여야 하며, 승강기 내부에는 도착층 및 운행상황을 표시하는 점멸등 및 음성신호장치를 설치하여야 한다.	
광감지식 개폐장치	이를 설치할 경우에는 바닥면으로 부터 300 x 1400mm 이내에 물체를 감지할 수 있도록 해야 한다.	
되열림장치	사람이나 물체가 승강기문의 중간이 끼인 경우, 문 작동이 자동으로 멈추고 다시 열리는 되열림장치를 설치	
점형블록	각층의 승강기 호출버튼의 300mm 전면에는 점형블록을 설치하거나 바닥재의 질감을 달리한다.	
유리	승강기 내부 상황을 외부에서 알 수 있도록 승강기 전면 일부에 유리를 사용할 수 있다.	

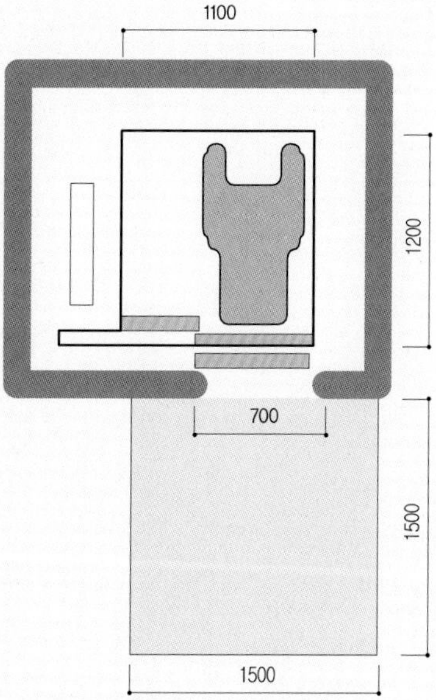

6인승

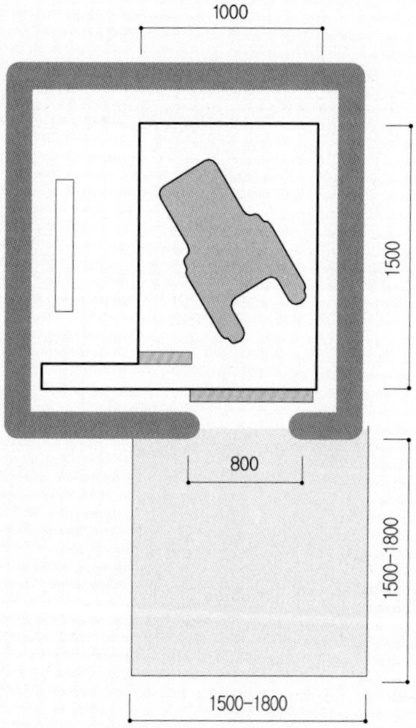

8인승 최소크기

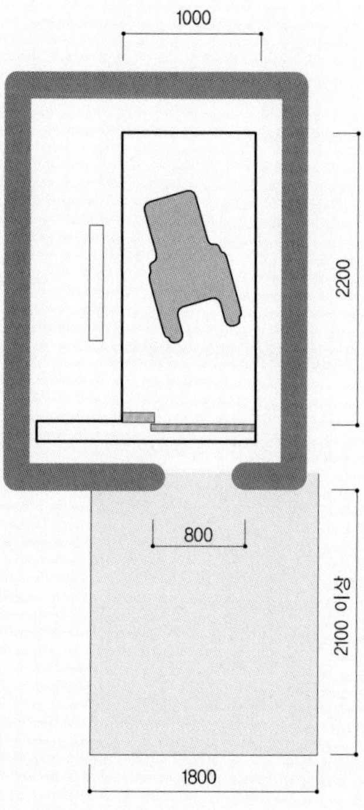

12인승

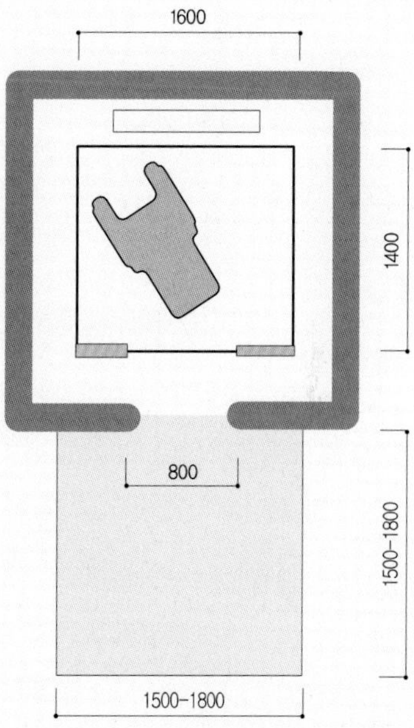

12인승 권장크기

▌그림 3-43 엘리베이터의 탑승 인원별 크기 및 전면 유효바닥면적

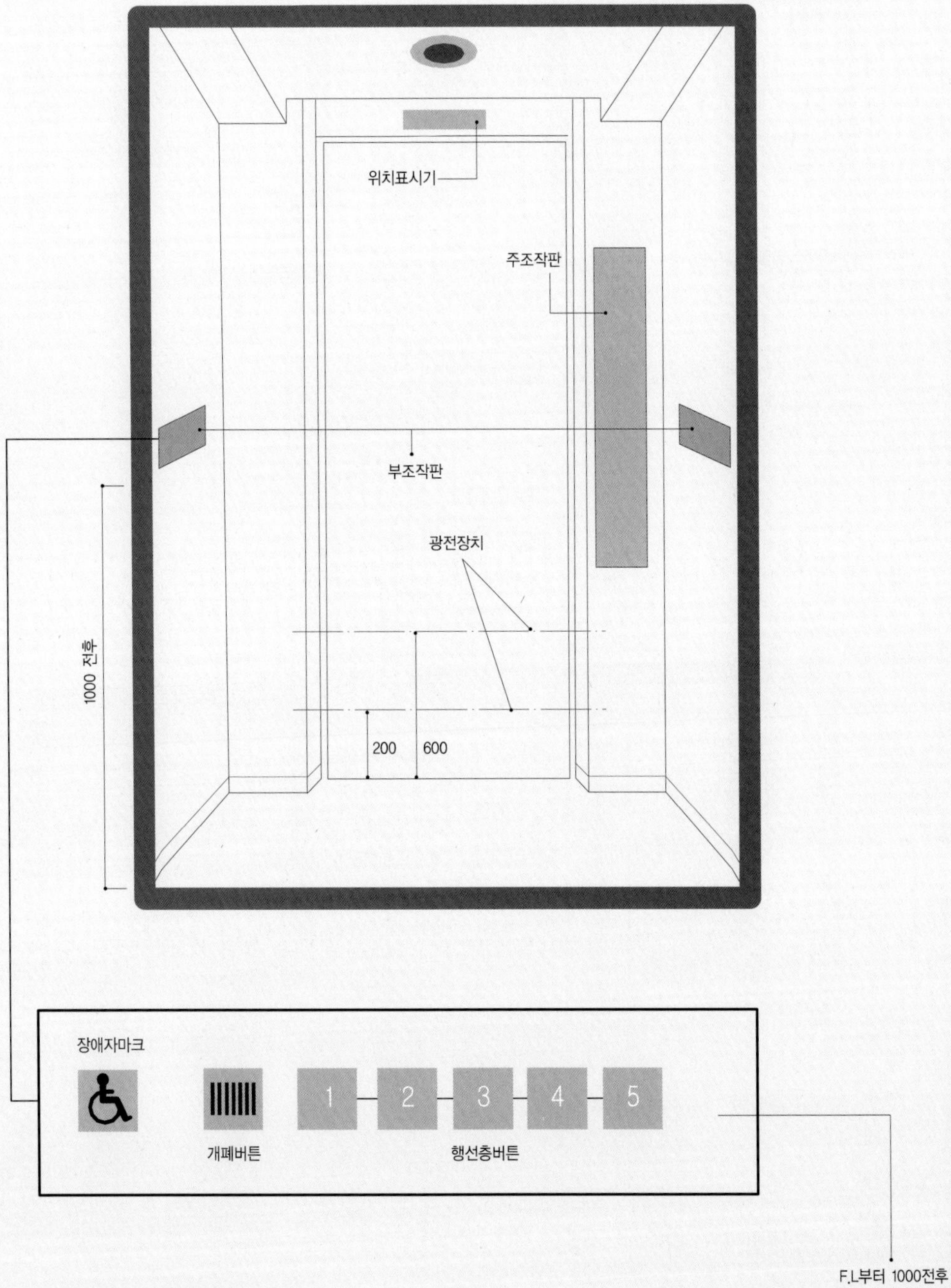

그림 3-44 엘리베이터의 설치물의 예

그림 3-45 엘리베이터 전면

▍그림 3-45 엘리베이터 전면

그림 3-45 엘리베이터 전면
그림 3-46 엘리베이터의 조작판

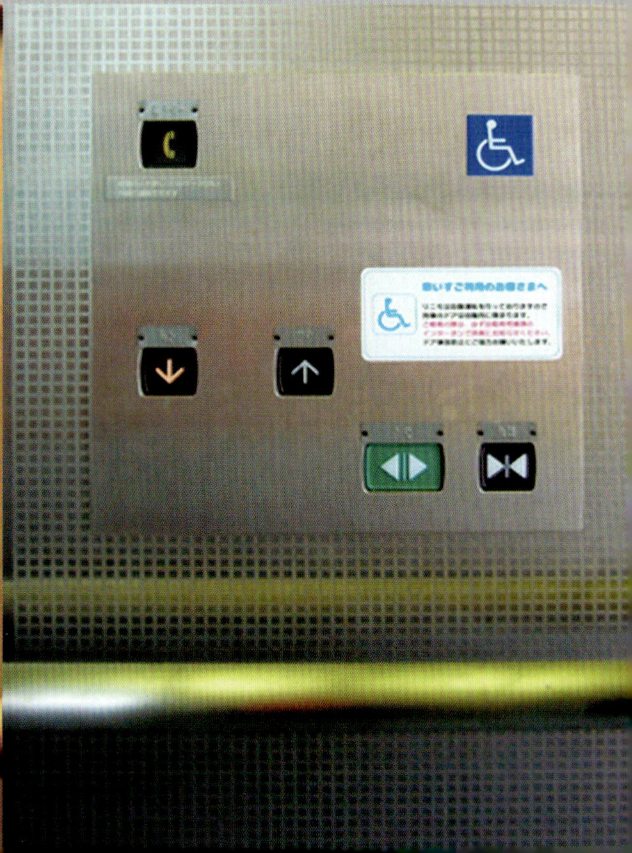

▌그림 3-46 엘리베이터의 조작판

▎그림 3-47 엘리베이터의 내부전경

3-9 에스컬레이터

유의사항

- ● 휠체어 사용자를 위해 유효폭 800mm 이상으로 하는 것이 바람직하다.
- ◓ 이동 핸드레일은 타는 부분과 내리는 부분에 1,200mm 이상 연장하여 설치하는 것이 바람직하다.
- ◐ 계단의 수평 칸수는 3칸 정도가 바람직하고 도달지점에서는 5칸 정도의 여유가 있도록 하는 것이 바람직하다.
- ○ 승강구 앞에 1,500mm 정도의 수평부분이 필요하다.

3-9-1 일반사항

기준내용

- ● 공공건축물에 설치되는 에스컬레이터는 KSFD 9의 규정에 따른다.

권장내용

- ● 에스컬레이터의 유효폭은 1,000mm 정도가 바람직하다.

3-9-2 핸드레일

기준내용

- ● 에스컬레이터 양쪽에는 디딤판과 같은 속도로 움직이는 이동 핸드레일을 설치한다.
- ◓ 에스컬레이터 디딤판의 바닥단차가 없는 수평부분에는 수평이동 핸드레일을 1,200mm 이상 연장하여 설치한다.
- ◐ 에스컬레이터의 승강구의 수평이동 핸드레일 앞에는 1,000mm 이상의 수평고정 핸드레일을 설치한다.

3-9-3 디딤판

기준내용

- ● 에스컬레이터의 상하 양단부에는 3칸 이상의 디딤판이 수평이 되도록 한다.

tip *수평디딤판의 칸수는 휠체어사용자도 충분히 승강할 수 있는 시간의 확보가 가능한 칸수인 3칸 이상으로 한다.*

권장내용

- ● 에스컬레이터의 승강부분은 바닥면과 최대한 단차가 없는 것이 바람직하고, 이 부분은 움직이는 디딤판과 확실하게 구별될 수 있도록 색으로 선을 그어 놓거나 바닥면과 다른 질감의 바닥재를 사용하는 것이 바람직하다.

표 3-39. 외국사례 - 에스컬레이터의 승강부분의 수평고정 핸드레일의 설치길이 (단위: mm)

AMERICA	ENGLAND	DEUTCH	FRANCE	JAPAN
x	x	x	1200	x

표 3-40. 외국사례 - 에스컬레이터 디딤판의 수평 매수 (단위: mm)

AMERICA	ENGLAND	DEUTCH	FRANCE	JAPAN
x	x	x	3	x

표 3-41. 에스컬레이터의 국내기준

	이동편의증진법	편의증진법
설치장소	주변 보도여건 및 승객동선을 고려하여 배치하여야 한다. 내부계단의 경우에는 설치할 수 있는 모든 계단에 상행 및 하행 에스컬레이터를 1개소 이상씩 설치하여야 한다. 내부계단에 에스컬레이터를 설치하는 경우에는 효율성을 높이기 위하여 2개 층에 걸쳐 연속 설치하여야 한다.	
유효폭 및 속도	800mm 이상 분당 30m 이내	
디딤판		휠체어 사용자가 승/하강할 수 있도록 에스컬레이터의 디딤판은 3매 이상 수평상태로 이용할 수 있게 하여야 한다. 디딤판 시작과 끝부분의 바닥판은 얇게 할 수 있다.
손잡이	양측면에는 디딤판과 같은 속도로 움직이는 이동손잡이를 설치하여야 한다. 양끝부분에는 수평이동손잡이를 1.2m 이상 설치하여야 한다. 수평이동손잡이 전면에는 1m 이상의 수평고정손잡이를 설치할 수 있다.	
점자표지판	수평고정손잡이에는 층수/위치 등을 나타내는 점자표지판을 부착하여야 한다.	

를 때의 정위치 입면도 및 평면도

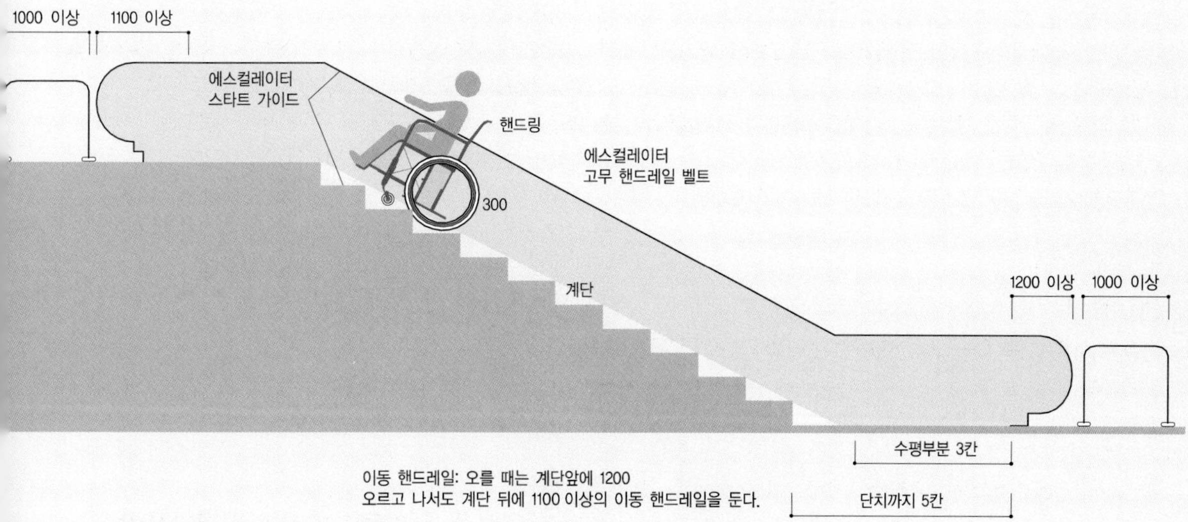

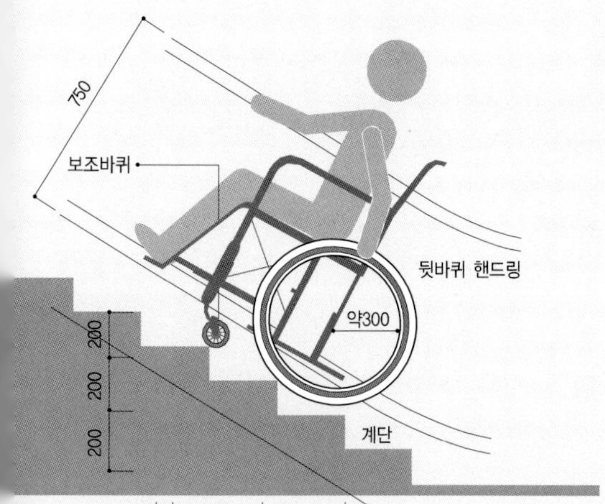

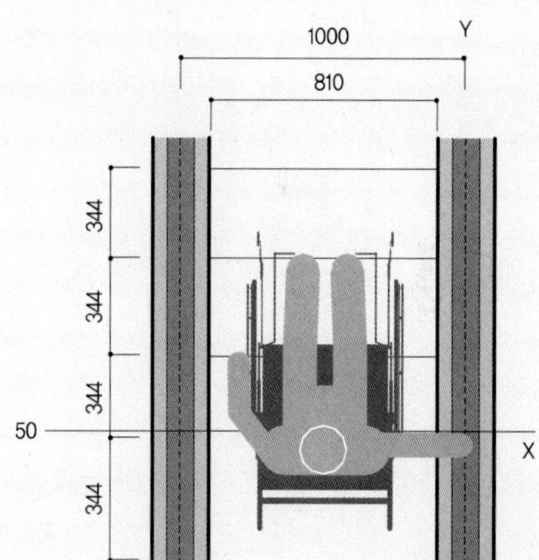

그림 3-48 에스컬레이터에서의 이동동작의 예

그림 3-49 에스컬레이터
핸드레일을 에스컬레이터까지 연장하여 이동동선의 연속성을 갖도록 한 경우와 에스컬레이터 전면부에 수평 핸드레일을 설치하여 에스컬레이터를 탈 때 수월하게 한 사례

그림 3-49 에스컬레이터
핸드레일을 에스컬레이터까지 연장하여 이동동선의 연속성을 갖도록 한 경우와 에스컬레이터 전면부에 수평 핸드레일을 설치하여 에스컬레이터를 탈 때 수월하게 한 사례

3-10 휠체어 리프트

3-10-1 일반사항

기준내용

- ● 휠체어 리프트의 설치는 기본적으로 단차해소를 위한 보조장치의 의미를 지닌다.
- ◓ 단차해소를 위한 방법으로써 엘리베이터, 계단, 경사로 등외에 리프트를 설치할 수 있다.
- ◐ 휠체어 리프트는 수직리프트나 경사리프트를 설치한다.

권장내용

- ● 건물의 실 면적이 100㎡가 넘는 층에서 특별한 기능의 공간은 있으나 엘리베이터를 설치할 만큼 충분한 공간의 여유가 없고 계단만이 유일한 수직이동의 수단이 될 경우 휠체어사용자를 위한 계단리프트를 설치해야 한다.

3-11 핸드레일

3-11-1 일반사항

기준내용

- ● 핸드레일은 장애인 등의 유도, 낙하방지, 이동동작의 보조 등을 위한 유효한 설비로서 형태, 크기, 재료, 설치위치 등을 용도에 적합하게 설치한다.

3-11-2 핸드레일의 크기와 간격

기준내용

- ● 핸드레일의 외경이나 폭은 32~38mm로 한다.
- ◓ 핸드레일을 벽에 설치할 경우, 벽과 손잡이의 간격은 50mm 이상으로 한다.

tip *핸드레일의 외경은 장애인이 몸을 확실히 지지할 수 있는 크기로, 손에 꽉 쥘 수 있도록 한다. 인체치수에 의한 20세 전후의 남자가 검지를 잡을 경우 생기는 원의 직경이 38mm, 여자는 36mm 정도이고, 10세 이상의 어린이의 그립의 크기는 32mm 정도이다. 따라서 장애인이나 정상인이 이용하는 모든 핸드레일의 직경은 32mm 이상, 38mm 이하로 한다.*

3-11-3 핸드레일 높이

기준내용

- ● 핸드레일의 높이는 800~850mm 이내로 하고, 이중으로 설치할 경우의 높이는 상단은 850mm, 하단은 650mm로 한다.

tip *핸드레일의 설치높이는 성인남자의 장지마디의 높이가 783 mm, 여자의 장지마디 높이가 735mm이므로, 자연스럽게 핸드레일에 지지할 수 있도록 이에 100mm를 더한 800~850mm로 한다.*

3-11-4 핸드레일의 단부

기준내용

- ● 핸드레일이 연속되지 않을 경우 핸드레일의 단부는 충돌시 위험하지 않도록 해야 한다.

tip *핸드레일의 단부는 넘어지거나 부딪혔을 경우 위험한 돌출물이 되지 않도록 핸드레일의 끝이 바닥을 향하거나 벽을 향하도록 처리해야 한다.*

3-11-5 표시

기준내용

- ● 핸드레일의 양 단부 및 연속하는 핸드레일의 굴절부분에는 점자표지판을 부착하는 것이 바람직하다.

tip *경사로나 복도에 설치하는 핸드레일은 굴절부분이나 양단부에 점자표지판을 부착함으로써 시각장애인에게 현재의 위치와 진행방향을 알려주는 것이 바람직하다.*

표 3-42. 휠체어 리프트의 국내기준

	이동편의증진법	편의증진법
승강장		계단 상부 및 하부 각 1개소에 탑승자 스스로 휠체어리프트를 사용할 수 있는 설비를 1.4m x 1.4m 이상의 승강장을 갖추어야 한다. 승강장에는 휠체어리프트 사용자의 이용편의를 위하여 시설관리자 등을 호출할 수 있는 벨을 설치하고, 작동설명서를 부착하여야 한다.
비상설비		운행중 돌발상황이 발생하는 경우 비상정지시킬 수 있고, 과속을 제한할 수 있는 장치를 설치하여야 한다.
경사 휠체어 리프트		휠체어받침판의 유효면적을 폭 0.76m 이상, 길이 1.05m 이상으로 하여야 하며, 휠체어 사용자가 탑승가능한 구조로 하여야 한다.
		운행중 휠체어가 구르거나 장애물과 접촉하는 경우 자동정지가 가능하도록 감지장치 설치하여야 한다.
		안전판이 열린 상태로 운행되지 아니하도록 내부 잠금장치를 갖추어야 한다.
		접어서 보관할 수 있도록 하되, 벽면으로부터 0.6m 이상 돌출되지 아니하도록 하여야 한다.
수직 휠체어리프트		유효바닥면적은 폭 0.9m 이상, 깊이 1.2m 이상

표 3-43. 외국사례 - 핸드레일의 외경 또는 폭 (단위: mm)

AMERICA	ENGLAND	DEUTCH	FRANCE	JAPAN
32~38	45~50	30~45	x	40(어린이용 30)

표 3-44. 외국사례 - 벽에 설치하는 핸드레일의 벽과의 간격 (단위: mm)

AMERICA	ENGLAND	DEUTCH	FRANCE	JAPAN
38	45	x	x	50~60

표 3-45. 외국사례 - 핸드레일의 설치높이와 이중 설치의 경우의 높이 (단위: mm)

AMERICA	ENGLAND	DEUTCH	FRANCE	JAPAN
760~865	900 : 경사부분 1000 : 수평부분	x	x	높이 800 상단 850 하단 650

표 3-46. 핸드레일의 국내기준

	이동편의증진법	편의증진법
설치장소	통로의 측면에는 손잡이를 연속하여 설치하여야 한다. 다만, 구조물/방화문 등의 설치에 소요되는 부분에 한하여 손잡이를 설치하지 아니할 수 있다.	
높이	800-900mm	
	2중으로 설치하는 경우에는 위쪽은 850mm 이내, 아래쪽은 650mm 이내	
지름	32-38mm	
벽과의 간격	50mm 내외	
점자표지판	양 끝부분 및 굴절부분에 부착	

수직 리프트의 예

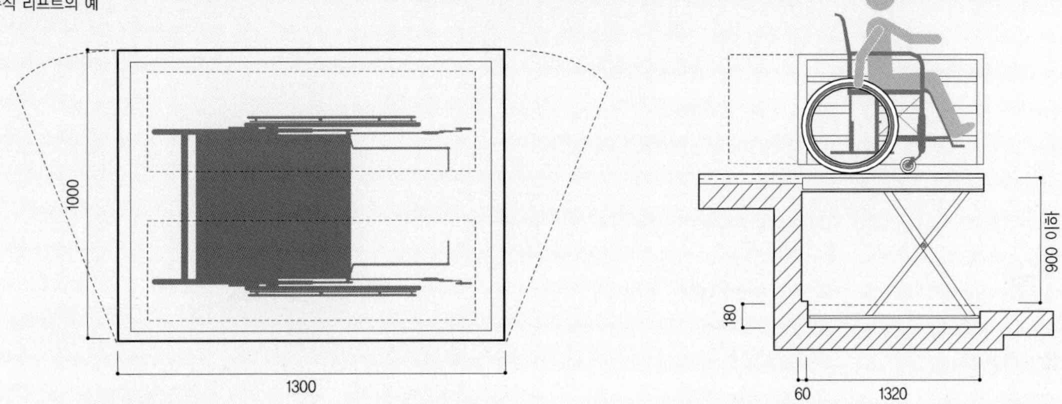

계단리프트의 설치 예

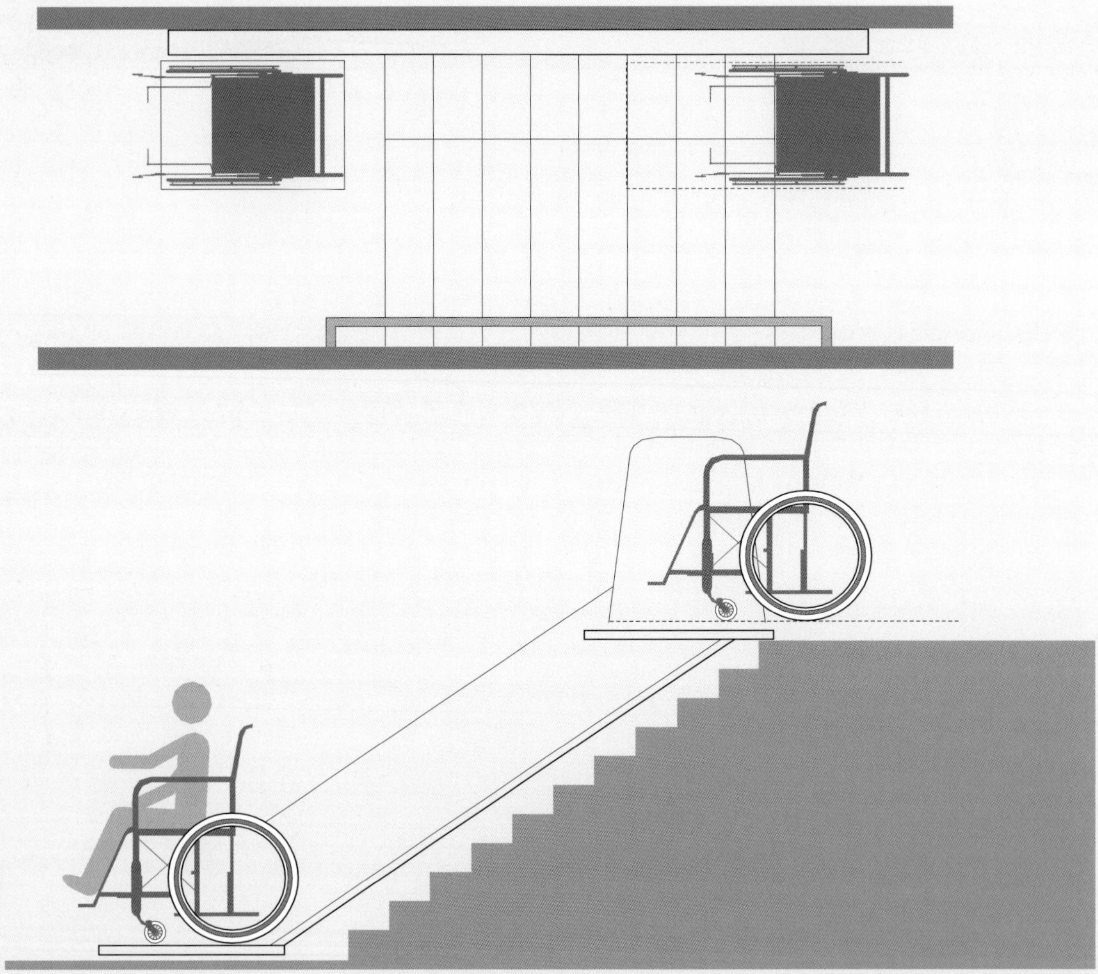

▌그림 3-50 휠체어 리프트의 설치 예

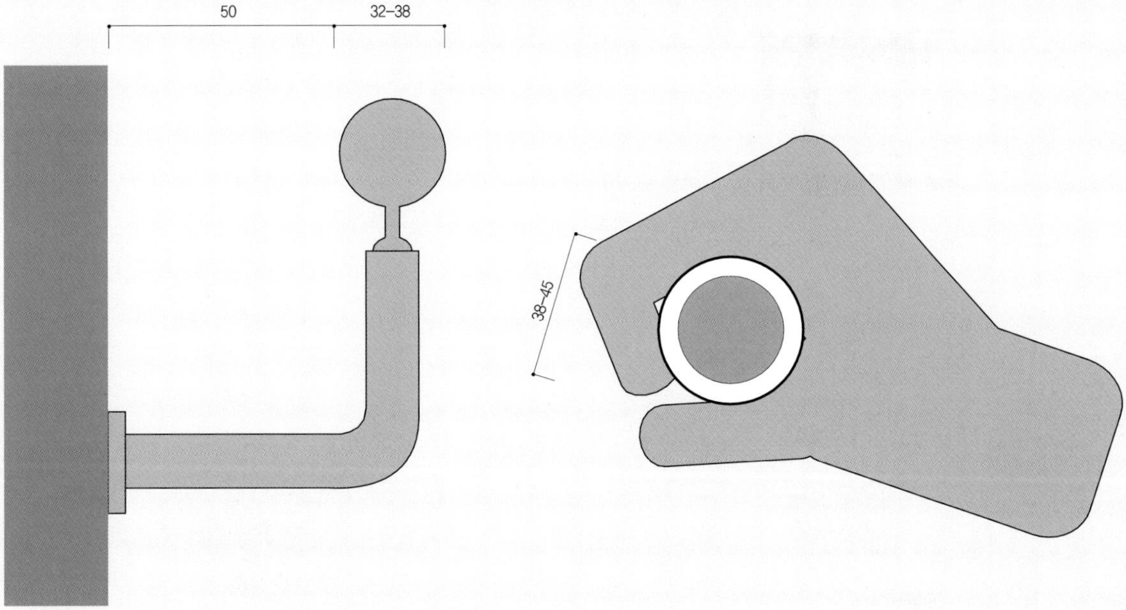

핸드레일 외경

그림 3-51(상) 핸드레일의 크기 및 설치 간격
그림 3-52(하) 핸드레일의 부착높이

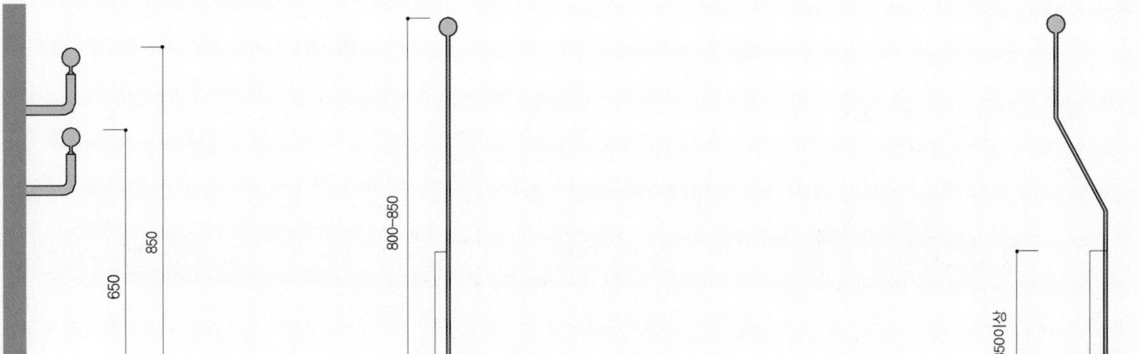

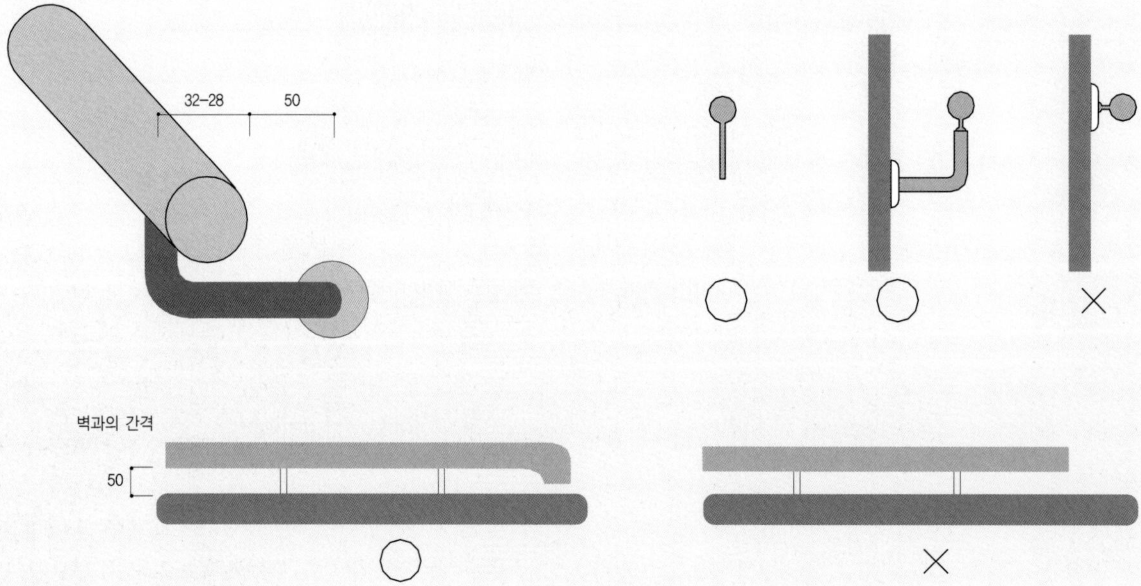

그림 3-53(상) 핸드레일의 단부
그림 3-54(하) 핸드레일의 점자표지판

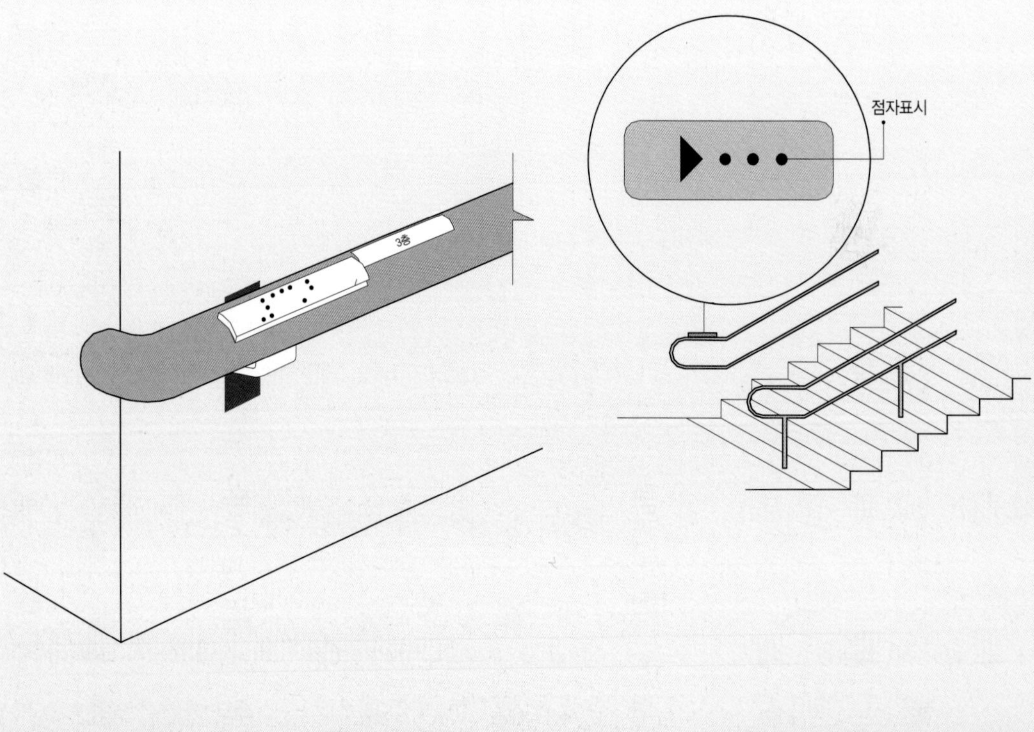

그림 3-55 건물내부의 단차 해결을 위한 리프트

▌그림 3-56 건물 내외부의 단차 해결을 위한 리프트

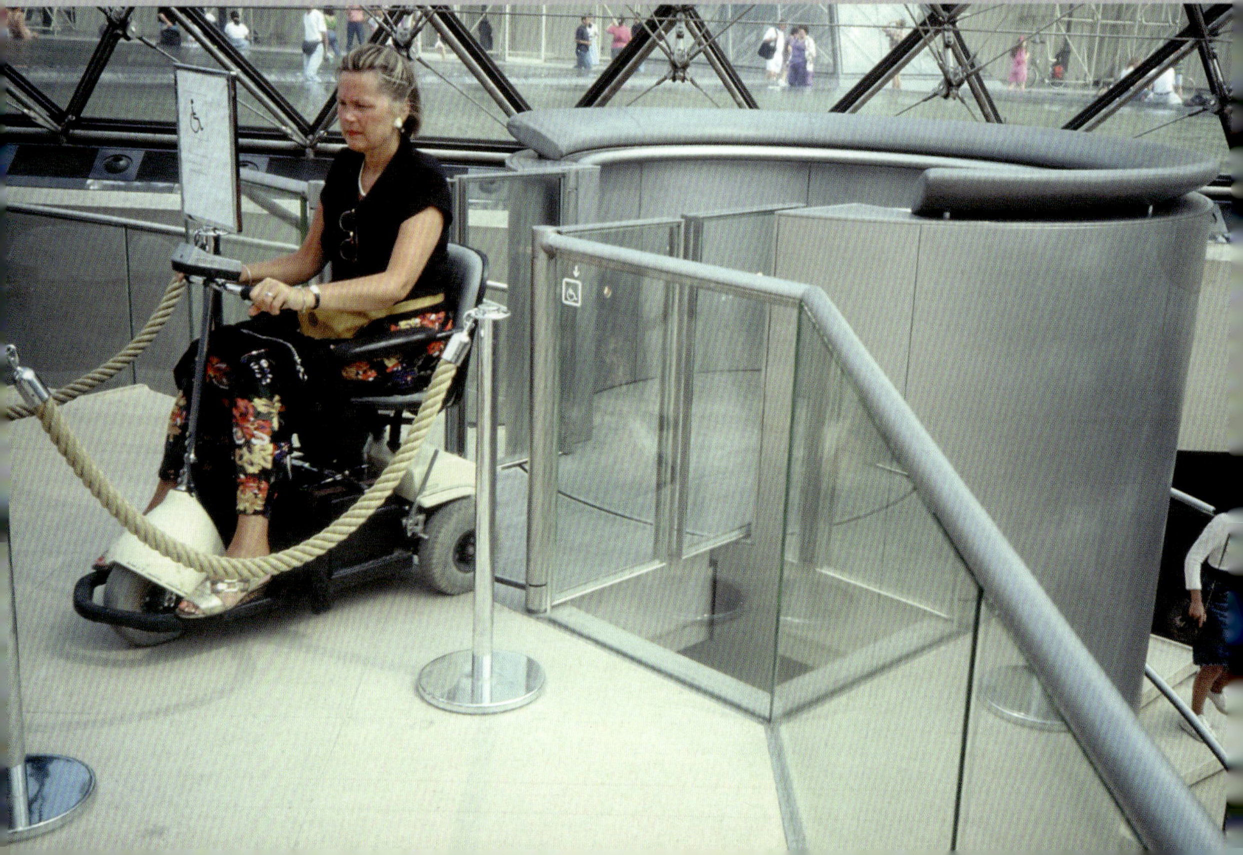

▎그림 3-56 건물 내외부의 단차 해결을 위한 리프트

▍그림 3-57 승용차의 리프트

▌그림 3-58 보도 및 접근로, 현관 입구 등의 핸드레일 설치

그림 3-58 보도 및 접근로, 현관 입구 등의 핸드레일 설치

그림 3-59 실내 통로의 핸드레일 설치 사례

핸드레일의 설치는 연속성이 중요하며 목적지에 도달하기까지 복도, 계단뿐만 아니라 방화문, 창문 등까지 핸드레일을 설치하는 것이 바람직하다.

그림 3-59 실내 통로의 핸드레일 설치 사례
핸드레일의 설치는 연속성이 중요하며 목적지에 도달하기까지 복도, 계단뿐만 아니라 방화문, 창문 등까지 핸드레일을 설치하는 것이 바람직하다.

그림 3-59 실내 통로의 핸드레일 설치 사례
핸드레일의 설치는 연속성이 중요하며 목적지에 도달하기까지 복도, 계단뿐만 아니라 방화문, 창문 등까지 핸드레일을 설치하는 것이 바람직하다.

▍그림 3-60 설치 부분별 핸드레일 설치 사례

▌그림 3-60 설치 부분별 핸드레일 설치 사례

▌그림 3-60 설치 부분별 핸드레일 설치 사례

3-12 출입문

유의사항

- ● 현관 도어 앞에는 2,000mm 이상의 수평면이 있어야 휠체어의 대기, 회전이 용이하다.
- ◓ 바깥여닫이문의 경우에는 도어폭+2,000mm의 수평면을 확보한다.
- ◐ 문의 유효폭은 900mm 이상으로 한다. 공공건물의 경우에는 1,000mm 이상이 바람직하다.
- ○ 출입구에서 휠체어끼리, 휠체어와 보행자가 교차할 수 없을 때에는 충분한 대기공간을 확보한다.
- ◒ 문에는 킥플레이트를 설치하고 유리문은 안전유리 또는 망입유리로 하는 것이 바람직하다.
- ◑ 현관문은 미닫이 형식의 자동문이 바람직하다. 자동문이 아닌 경우는 행거타입의 미세기문, 매립형 미세기문으로 하는 것이 좋다. 일반적으로 회전문은 휠체어 사용자 및 다른 장애인의 이용이 어렵다.
- ● 방풍실을 설치하였을 경우에는 자동문의 매트 간격을 충분히 넓게 확보하여 동시에 두 개의 문이 열리지 않도록 하고, 방풍실 내부에 핸드레일을 설치한다.
- ◓ 시각장애인의 유도를 위하여 점자블록을 설치한다.
- ◐ 눈 · 비가 올 경우를 대비하여 차양을 설치하도록 한다.
- ○ 현관문 내외부의 바닥레벨이 동일한 경우에는 빗물처리에 유의한다.
- ◒ 건물의 종류에 따라서는 외부용 휠체어와 실내용 휠체어를 바꿔 타고 보관할 수 있는 공간이 필요하다.
- ◑ 시각장애인을 위해 바닥, 핸드레일 등에 점자 표식을 한다.

표 3-47. 출입문 국내기준

	이동편의증진법	편의증진법	
유효폭	승강구 유효폭 900mm 이상	통과 유효폭 800mm 이상	
출입문 전면 활동공간		1200mm 이상 연속된 출입문의 경우 문 개폐에 소요되는 공간은 유효거리에 포함하지 않음	
출입문 옆 활동공간		자동문이 아닌 경우에 600mm 이상 활동공간 확보	
바닥면	승강구 계단의 바닥면은 미끄럽지 않은 재질을 사용	문턱이나 높이 차이를 두지 않아야 한다.	
출입문 형태		설치제외	회전문을 제외한 형태 설치
		미닫이문	가벼운 재질 문턱 또는 홈을 설치하지 않는다.
		여닫이문	도어체크 설치시, 문이 닫히는 속도 3초 이상
		자동문	문의 개방시간을 충분히 확보 개폐기 작동장치는 가급적 감지범위를 넓게 한다.
문손잡이		높이	중앙지점이 바닥면으로부터 800-900mm 사이에 위치
		형태	레버형이나 수평 또는 수직막대형
점자표지판		위치	공중이용의 사무실은 출입문 옆 벽면의 1500mm 높이에 방 이름을 표기하여 부착
점형블록		주출입구 300mm 전면에 점형블록을 설치하거나 바닥재의 질감 등을 달리해야 한다.	
기타설비		주출입문을 자동문으로 하였을 때, 문이 자동으로 작동하지 않을 때 시설관리자를 호출할 수 있는 벨을 문 옆에 설치할 수 있다.	

그림 3-61 현관문 디자인 사례
주변의 회색 벽과 확연하게 구분되는 빨간색을 사용하여 출입문을 쉽게 인지하도록 하였다.
그림 3-62 문의 식별성을 높이도록 타이포그래픽을 이용하여 디자인된 사례
장애인의 이용이 많은 경우에는 장애인 마크를 사용하기도 한다.

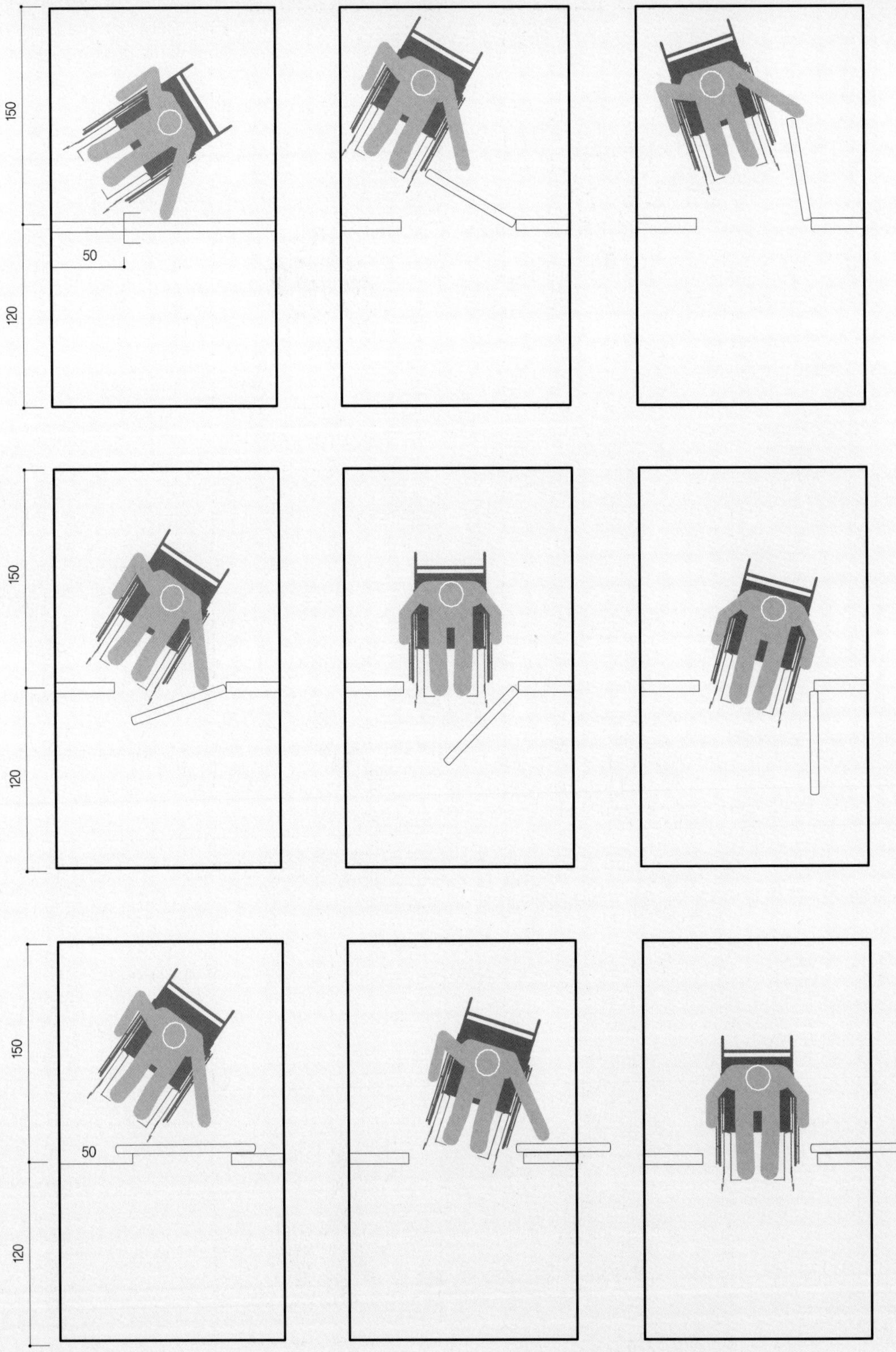

그림 3-63 휠체어 사용자의 출입문 사용 동작
자동으로 작동되지 않는 여닫이문의 경우, 휠체어 사용자는 문의 개폐방향에 따라 문을 여는 동작에 필요한 공간을 소요하기 때문에 출입문 전면 및 측면의 활동공간에 유의해야 한다. 출입문 전면 및 측면에 충분한 활동공간을 확보하도록 유의하여야 한다.

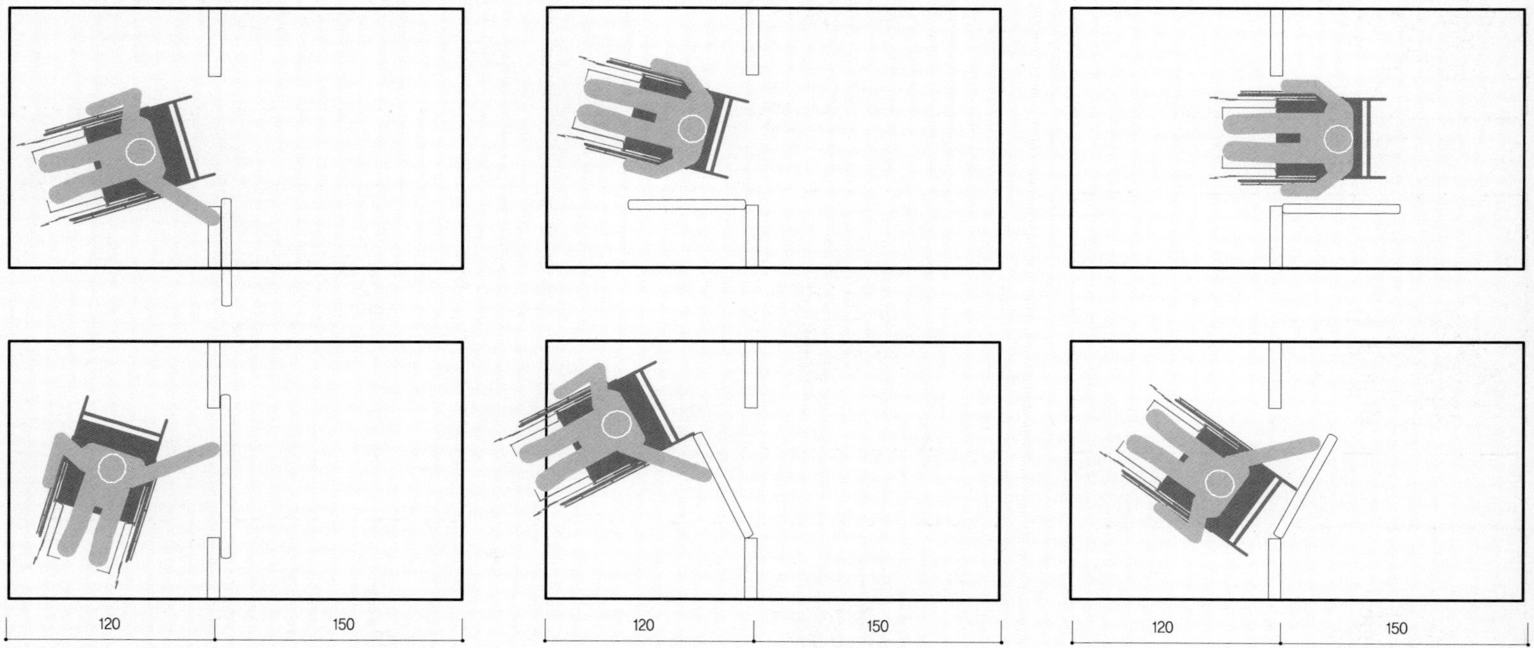
120
150
120
150
120
150

3-12-1 일반사항

기준내용

- 출입문의 유효폭은 850mm 이상이 바람직하다.
- 장애인용 출입문은 회전문을 제외한 다른 형식의 문을 설치한다.

권장사항

- 문지방 턱은 주택의 옥외 미세기문은 높이 19mm, 그 외 형태는 13mm를 넘지 않도록 한다. 접근로 상에 위치하는 문지방, 바닥레벨의 변화는 1 : 2를 넘지 않도록 한다.
- 문의 형식은 미닫이문이 좋고 자동식 미닫이문이 가장 바람직하다.
- 문의 형식은 미닫이문, 여닫이문, 자동문, 회전문 등이 있으며 회전문을 설치하는 경우에는 다른 형식을 문을 병행 설치하도록 한다.
- 미닫이문은 무겁지 않은 재질을 사용하고, 단차 문지방이나 홈은 설치하지 않도록 한다.
- 도어 전후의 바닥면에는 유도블록을 설치하거나 바닥 재질의 변화를 주어 실의 위치를 파악할 수 있도록 한다.
- 위험실은 도어 핸들에 요철을 주거나 거칠게 마감하여 주의를 환기시키고 점자로 표시한다.

3-12-2 유효폭

기준내용

- 출입문의 유효폭은 850mm 이상으로 한다.
- 자동문이 아닌 경우에는 출입문 옆에 300mm 이상의 여유공간을 확보한다.

tip 1 *휠체어 전면폭 650mm에 좌우 동작여유를 200mm씩 두어 850mm를 확보하도록 한다.*

tip 2 *문을 열기 위하여 필요한 공간의 확보를 위해 문 옆에 300 mm 이상의 여유공간을 확보한다.*

권장사항

- 문의 유효폭은 900mm 이상으로 하는 것이 바람직하다.

3-12-3 여닫이문

기준내용

- 문에 도어체크를 설치할 경우에는 닫힘 시간을 최소 3초 이상 확보한다.

권장사항

- 문의 반대측 상황을 알 수 있도록 하단에서 600mm의 높이에 200mm × 900mm 정도 크기의 유리창을 설치하는 것이 바람직하다.
- 문의 개폐방향은 복도에서 실내 측으로 열리도록 한다.

3-12-4 자동문

기준내용

- 자동문은 휠체어 사용자의 통행을 고려하여 문의 개방시간을 충분히 확보한다.
- 개폐기 작동장치는 시각장애인, 휠체어 사용자 등의 통행에 지장이 없도록 감지범위를 넓게 한다.

유의사항

- 사람의 출입이 많은 문의 유효폭은 최저 1,000mm 이상이 좋고 1,400mm 이상이 바람직하다.
- 문의 전면공간은 수평으로 1,000mm × 1,000mm 이상의 공간을 두는 것이 필요하다.
- 자동문의 개폐형식은 미닫이형이 좋다.
- 문지방
  ① 문 내외의 바닥단차를 없앤다.
  ② 문 개폐부의 바닥은 미끄럽지 않고 평탄하게 한다.
  ③ 미세기문의 바닥레일은 폭 20mm 이하, 깊이 30mm 이내로 한다.
- 문 재질
  ① 바닥위 350mm까지 킥플레이트를 부착한다.
  ② 하단으로부터 600~1,200mm 사이에는 창을 설치한다.
  ③ 개실의 경우에는 반투명으로 한다.

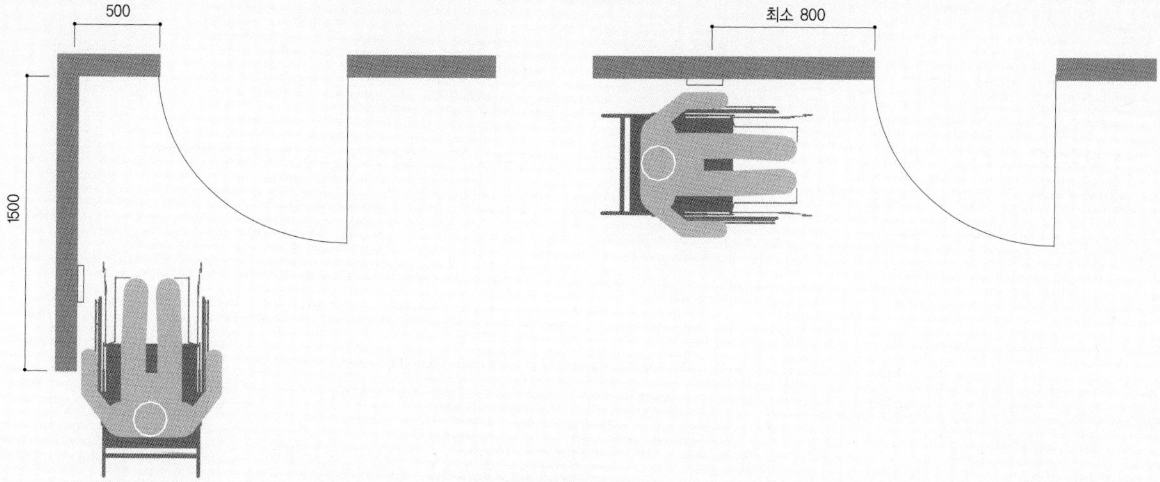

그림 3-64(상) 자동문의 작동버튼 위치
작동장치의 위치는 휠체어 사용자가 접근할 수 있도록 작동장치에서 모서리 벽까지는 1,500mm의 거리를 띄운다.

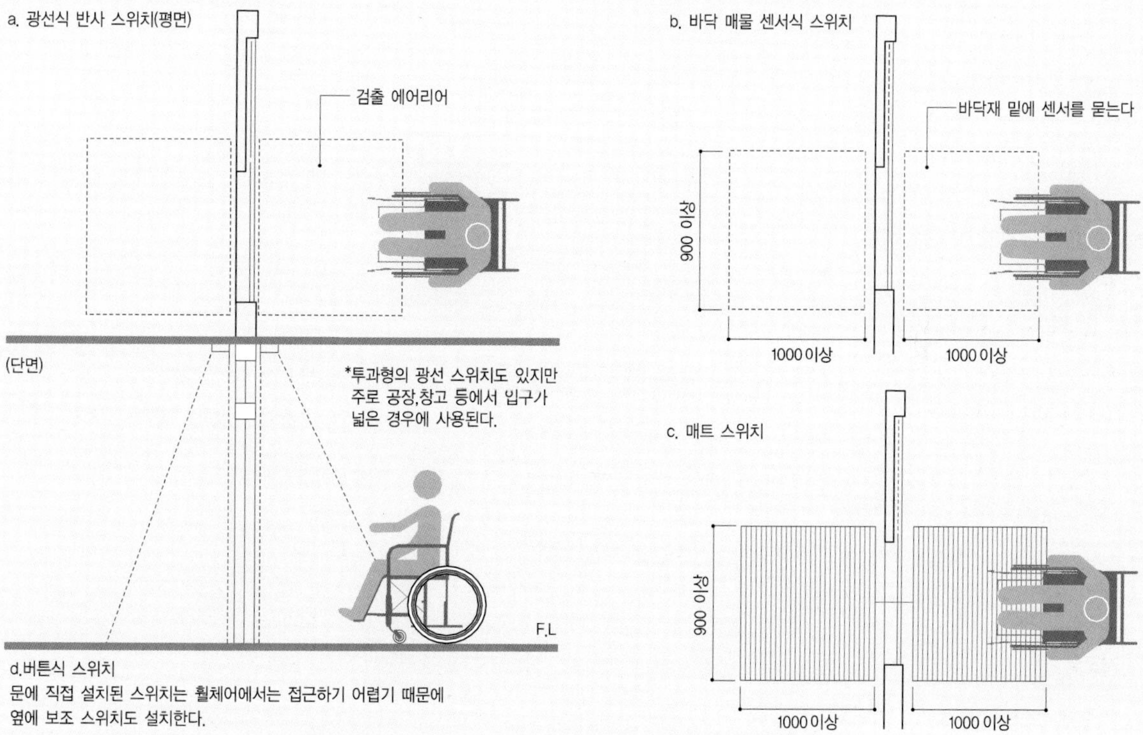

그림 3-65(하) 자동문의 종류 및 작동방법
자동문의 작동을 위한 인지범위는 문의 전후면 1000mm 내로 하고 휠체어 사용자가 통과하기에 충분한 문 개폐시간을 확보하여 문 사이에 끼이는 사고가 발생하지 않도록 한다.

그림 3-66 잡아당기는 여닫이 자동문 작동장치

열림장치를 휠체어 사용자가 사용할 수 있는 높이에 자동문과 거리를 띄워 설치하여 출입에 소요되는 공간을 최소화하고 편리하게 이용할 수 있도록 하였다.

그림 3-67 미닫이문의 문틀

미닫이문은 불가피하게 문턱 또는 홈이 설치되는 경우가 있을 수 있으나 휠체어 사용자가 불편을 느끼지 않도록 주의하여야 한다.
휠체어 사용자의 이용이 많은 경우라면 문턱이 돌출되지 않는 형식의 미닫이문을 사용하는 것도 효과적이다.

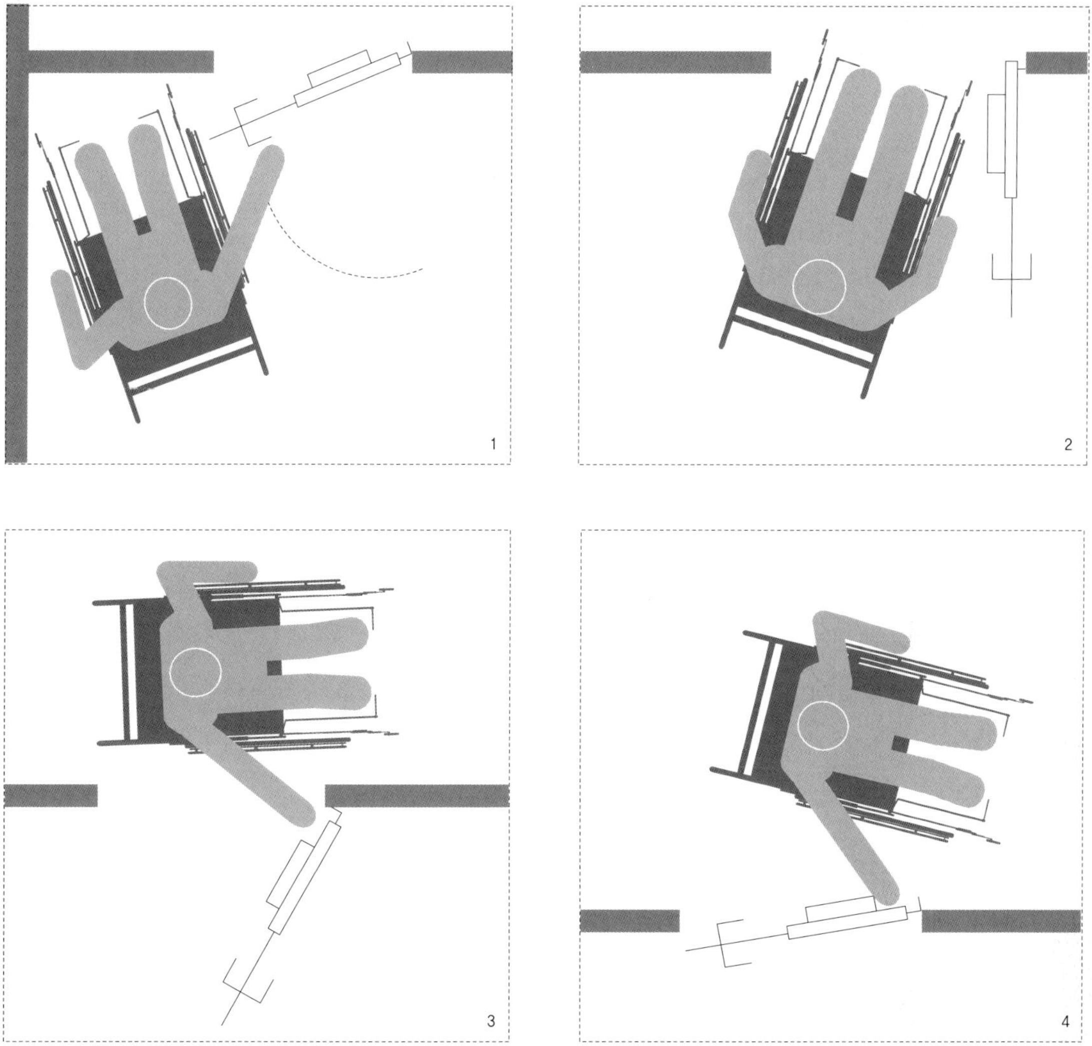

✏ 그림 3-68 여닫이문 안쪽에 부착된 보조손잡이 사용동작
화장실과 같이 좁은 공간의 출입문 경우, 출입문 안쪽의 주 손잡이 반대편에 가로로 긴 형태의 보조손잡이를 설치하면 안쪽에서 출입문을 닫을 때 보조손잡이를 사용할 수 있다.

표 3-48. 외국사례 - 출입문의 유효폭

AMERICA	ENGLAND	DEUTCH	FRANCE	JAPAN
815	800	850	800	850

표 3-49. 외국사례 - 연속된 출입문 사이의 유효거리

AMERICA	ENGLAND	DEUTCH	FRANCE	JAPAN
1200	x	x	x	x

표 3-50. 외국사례 - 문손잡이의 설치높이

AMERICA	ENGLAND	DEUTCH	FRANCE	JAPAN
x	x	x	〈 1300	850

3-12-5 회전문

장애인용 회전문은 넓은 공간을 확보하고 있으며, 충분히 여유 있게 천천히 진행되어야 하며, 병원 등에 설치되고 있다.

3-12-6 연속된 출입문

기준내용

- 연속된 출입문 사이의 유효거리는 1,200mm 이상으로 한다. 단 문의 개폐에 소요되는 공간은 유효거리 1,200mm에 포함시키지 않는다.

tip *휠체어 사용자는 연속된 출입문 사이에 1,200mm 이상의 공간이 확보되어 있어야 개폐를 위한 동작을 할 수 있다.*

3-12-7 문손잡이

기준내용

- 문손잡이는 바닥면에서 800~9,000mm 높이에 설치한다.
- 문손잡이의 형태는 레버형이나 긴 봉형이 바람직하다.

tip *손잡이는 정상인의 장지마디 높이(735~783mm)보다 약간 높은 위치에 놓이도록 하여 자연스럽게 문을 개폐할 수 있도록 한다.*

권장내용

- 문손잡이는 출입문과 명확하게 구별되도록 색상은 문과 마감색상과 시각적 대조를 이루는 것이 바람직하다.
- 문의 손잡이는 금속재 위에 나일론, 파우더 처리가 된 마감재를 사용하는 것이 다양한 색상을 선택할 수 있다. 특히 노인이나 관절염이 있는 사람에게는 나일론 등의 차갑지 않은 재질로 마감하여 온도 충격을 줄여준다.

3-12-8 출입문 문턱

권장내용

- 출입문 전후에는 불가결하게 문턱이 형성되는 경우가 있으나 휠체어 사용자와 노인 및 보행자에게 불편하므로 이를 해결하도록 한다.
- 외부 출입문 전후가 동일 레벨로 처리되는 경우에는 먼지와 외기, 빗물 등에 주의하고, 욕실 문 전후에서는 배수처리에 유의하도록 한다.

3-12-9 안전유리창

권장내용

- 휠체어 사용자나 어린이의 접근 확인이 용이하므로 충돌방지에 효과적
- 문손잡이 쪽에 설치되는 것이 중앙에 설치되는 것보다 유리
- 설치높이는 바닥 위 500~1,500m 이내로 한다.

3-12-10 킥플레이트

권장내용

- 휠체어의 발 받침대를 이용하여 문을 열 때 킥플레이트를 설치하여 문을 보호하고 개폐가 용이하도록 한다.
- 킥플레이트의 재질은 알루미늄, 플라스틱으로 하며 바닥재와 대조적인 색으로 한다.

3-12-11 기타 표시 및 설치물

(1) 도어체크

권장사항

- 도어체크는 급하게 문이 닫히는 것을 방지하는 것으로 휠체어 사용자나 목발 사용자가 여유 있게 문을 통과할 수 있도록 하며, 보통 닫히는 속도는 3초 이상 열려있을 정도의 속도가 되도록 한다.

(2) 열쇠구멍과 잠금보호장치

- 열쇠구멍은 문과 대조되거나 밝은 것으로 하여 쉽게 찾도록 한다.

(3) 점형블록 및 점자표시판

권장내용

- 쇼핑센터나 전철역 및 주거시설 등 시각장애인이 자주 이용하는 시설의 경우, 주출입문을 인식할 수 있도록 주출입구 전면 300mm에는 점형블록을 설치하거나 바닥재 질감을 달리하여 흰 지팡이나 발로 이를 인식할 수 있도록 한다.
- 공중이 이용하는 사무실이나 주거시설의 경우에는 시각장애인이 실의 용도를 알 수 있도록 출입문 벽면에는 1,500mm 높이에 방 이름을 표기하여 부착하여야 한다.

그림 3-69 유도블록이 부착된 출입문

주출입구까지 유도블록을 설치하고, 출입문 전면에는 300mm 정도에 유도블록을 설치하여 시각장애인이 출입문을 인식하도록 하였다.
원형유도블록은 다른 공간 또는 출입 등이 있으므로 정지할 것, 선형블록은 계속 진행할 것을 의미한다.

그림 3-70 장애인의 편리한 이용을 고려한 각종 문의 손잡이
장애인은 악력이 약하므로 쉽게 잡을 수 있는 레버형의 손잡이가 좋다.

그림 3-71 문의 크기가 다른 쌍여닫이문
크기가 다른 쌍여닫이문을 주출입문으로 하고, 작은 문은 오른쪽 사진과 같이 손이나 팔로 밀어서 열 수 있는 형태를 취하면 출입문을 개폐하기 쉽고 출입문 유효폭을 넓힐 수 있다. 쌍여닫이문의 경우에도 한쪽은 800mm 이상의 유효폭을 확보하도록 한다.

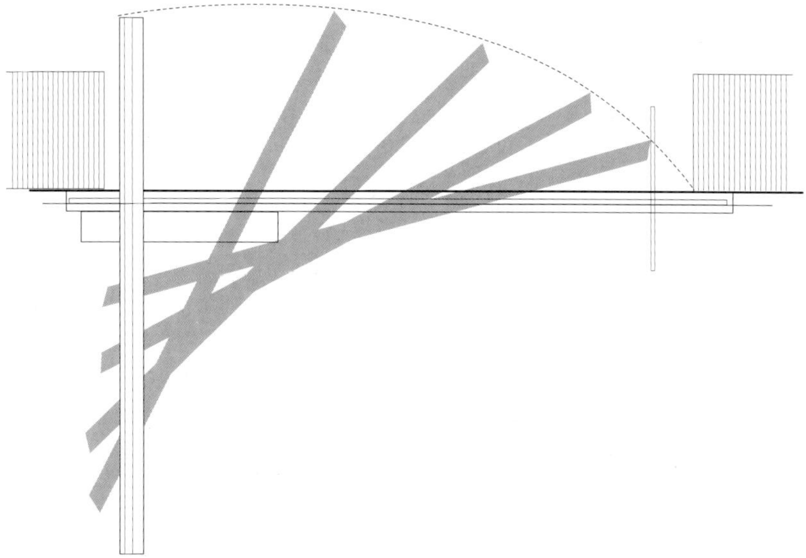

그림 3-72 경첩을 이용하여 출입문 유효폭을 확보할 수 있는 문
① 힌지를 출입문의 1/4 정도의 위치에 설치하여 문을 열었을 때 유효폭이 넓게 확보되도록 한 사례
② 아래 좌측은 내부, 우측은 외부의 모습이다. 위의 손잡이는 문의 개폐를 위한 레버형 손잡이, 아래는 쉽게 사용하도록 긴 레버형으로 변경된 잠금 장치이다.

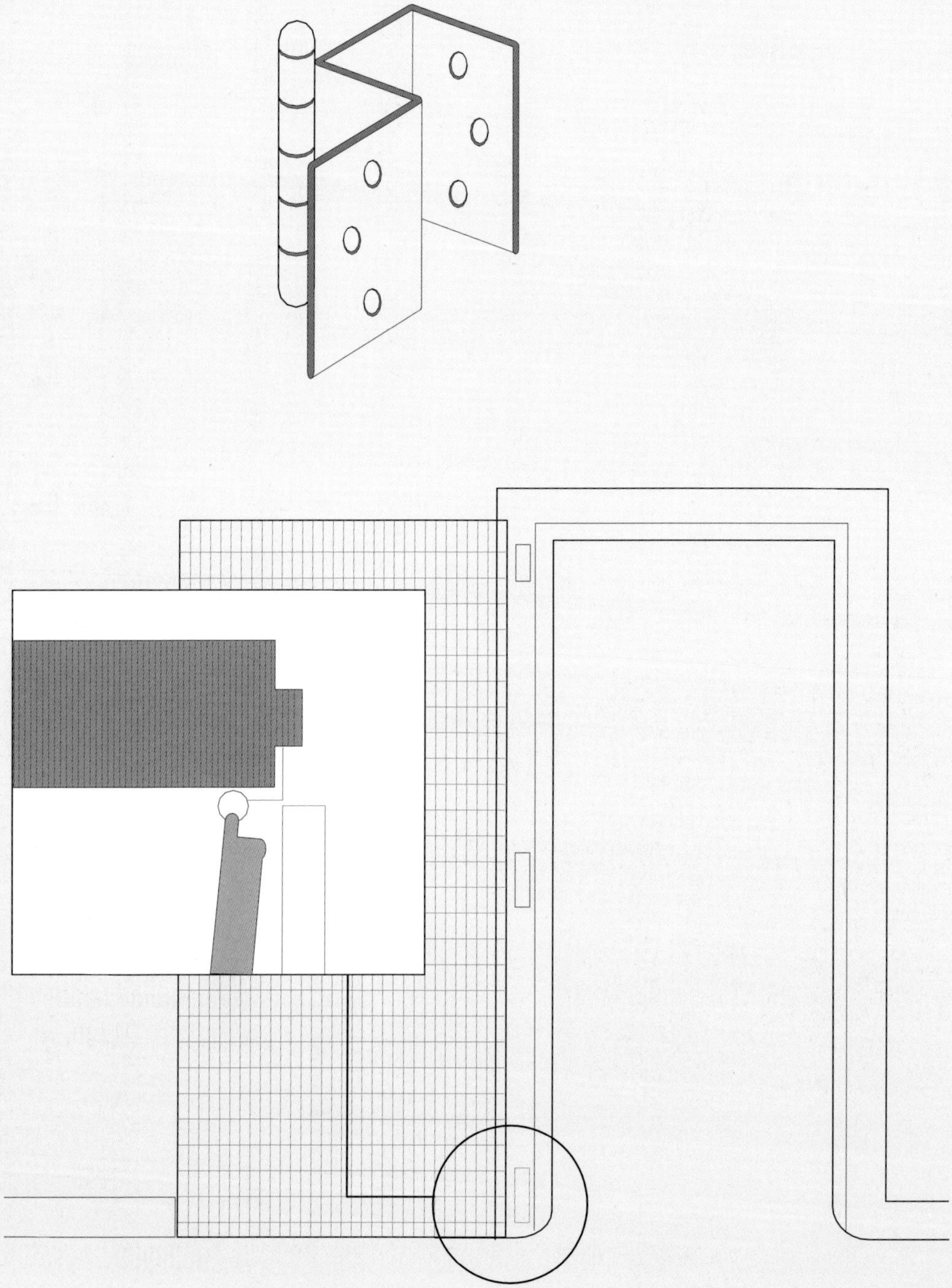

그림 3-72 경첩을 이용하여 출입문 유효폭을 확보할 수 있는 문
④ 뒤로 젖혀지는 경첩을 이용하여 유효폭을 확보한 사례

그림 3-72 경첩을 이용하여 출입문 유효폭을 확보할 수 있는 문
⑤ 문이 접어지도록 하여 유효폭을 확보한 사례
⑥ 세장으로 구성된 미닫이문

그림 3-73 문틀을 이용한 유리문
출입문의 유효폭은 문틀이나 가구와 같은 부속물을 제외한 실질 폭 800mm 이상으로 한다.
그림 3-74 기차역의 출입문
기차역 등 많은 사람이 이용하는 시설의 주출입문은 1,000mm 이상의 유효폭을 확보하는 것이 바람직하다.

그림 3-75 일반인은 물론 장애인의 사용도 불편하지 않도록 한 회전문 사례
휠체어사용자가 이용할 수 있는 회전문은 회전시 필요한 설비부분을 제외하고 1,200mm의 유효폭이 확보되어야 하며, 회전문이 작동하지 않을 경우를 대비하여 보조출입문을 설치하도록 한다.

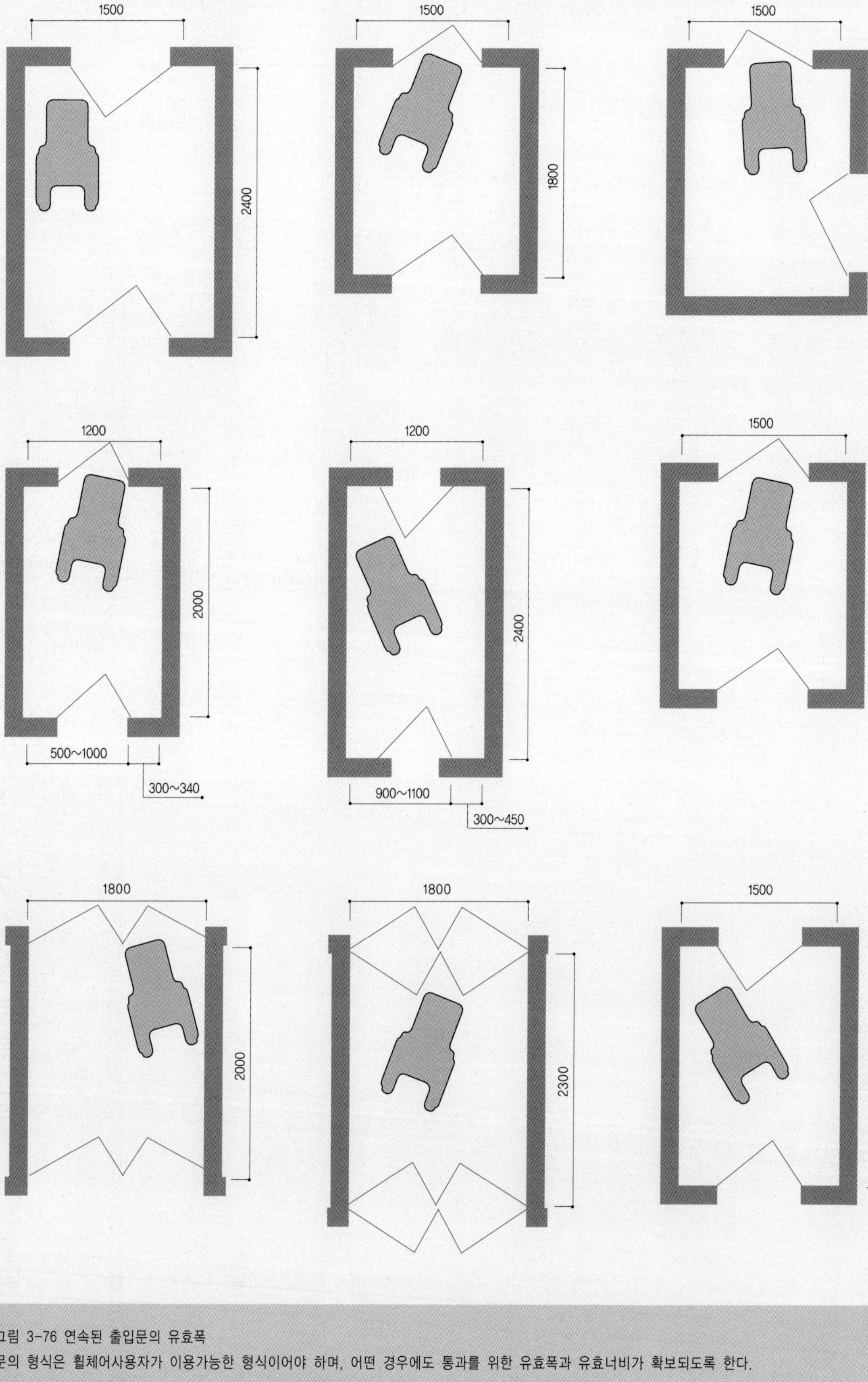

그림 3-76 연속된 출입문의 유효폭

문의 형식은 휠체어사용자가 이용가능한 형식이어야 하며, 어떤 경우에도 통과를 위한 유효폭과 유효너비가 확보되도록 한다.

그림 3-77(상) 장애인용 회전문
장애인용 회전문은 넓은 공간을 확보하고 있으며, 충분히 여유있게 천천히 진행되어야 하며, 병원 등에 설치되고 있다.
그림 3-78(하) 장애인용 회전문
연속된 출입문 간의 거리를 넓게 하고, 바깥쪽은 밖여닫이문으로, 안쪽은 자동문으로 계획함으로써 휠체어 사용자가 편리하게 이용할 수 있다.

그림 3-79 휠체어 사용자가 편리하게 이용할 수 있는 문
① 우측에는 휠체어에 앉은 상태에서 개폐를 조작할 수 있는 스위치가 있는 문.
② 휠체어에 앉은 상태에서 조작하기 용이하도록 높이가 조절된 엘리베이터 조작판

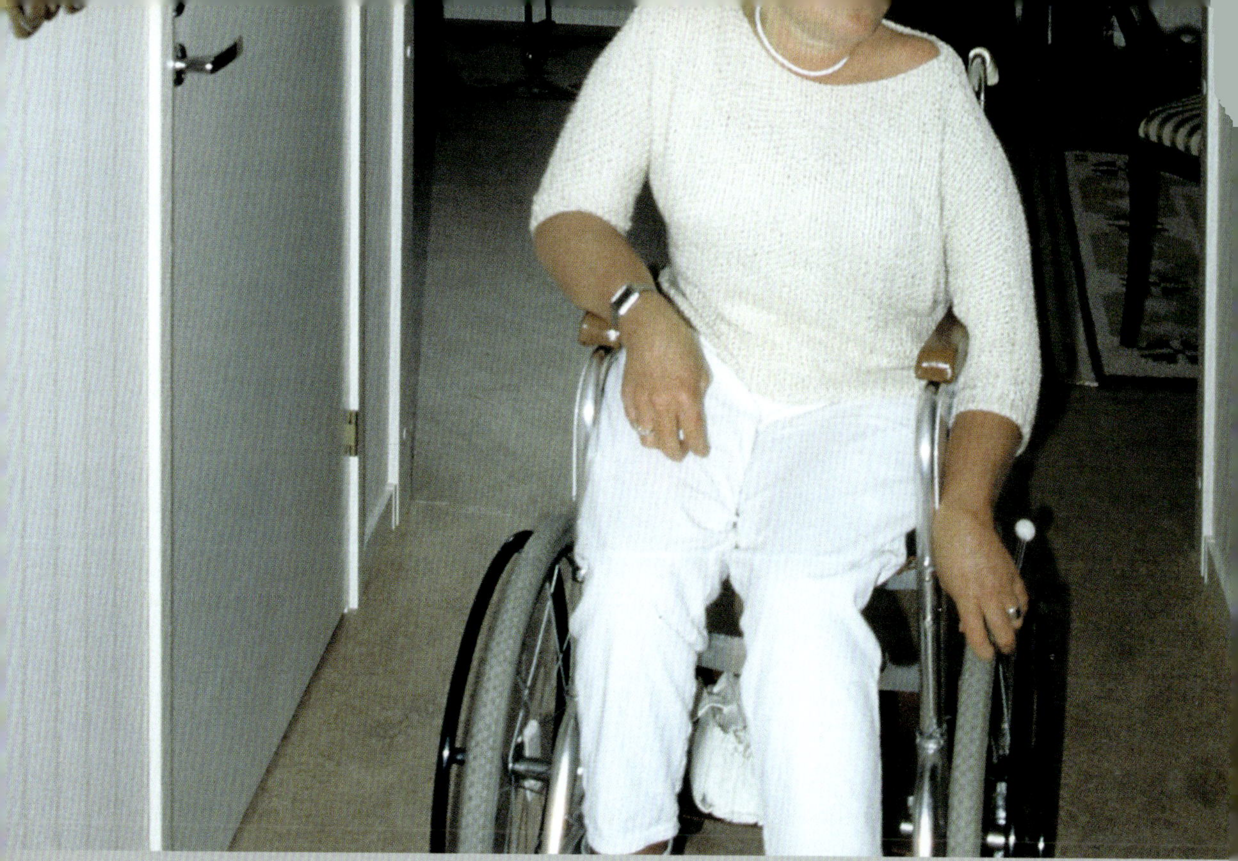

그림 3-80 휠체어 사용자가 편리하게 이용할 수 있는 문
자동여닫이문은 통행자에게 방해가 되지 않도록 개폐방향을 결정하여야 한다. 대부분은 피난경로의 진행방향으로 열리도록 하는 것이 좋다.

그림 3-81 문손잡이의 종류
기본적으로 문의 손잡이는 악력이 세지 않아도 쉽게 사용할 수 있는 형태로 하며, 손잡이의 형태로 개폐방향을 알 수 있는 것이 좋다.

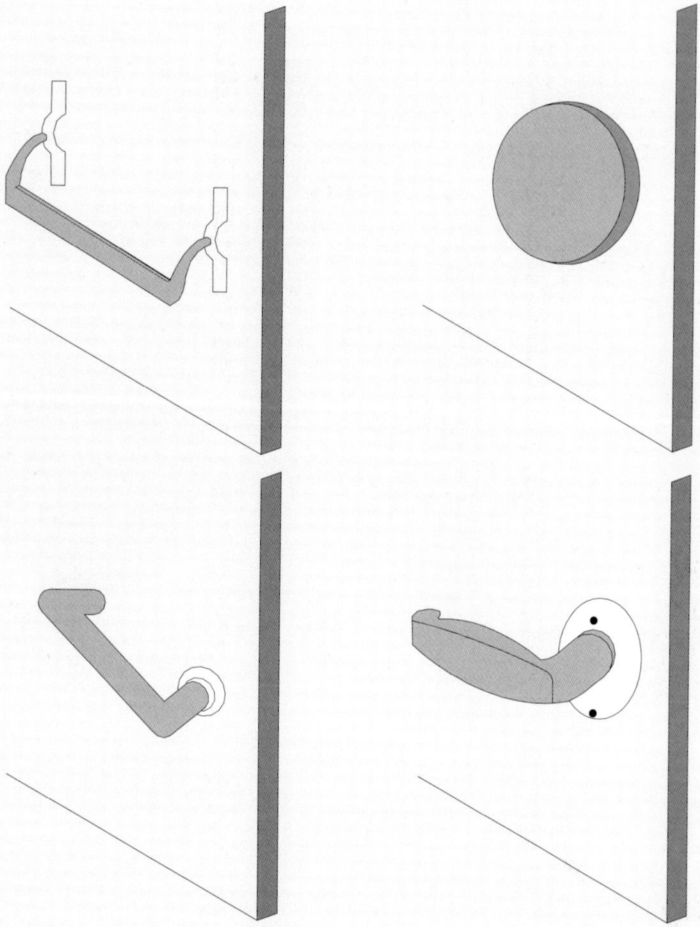

그림 3-82 각종 잠금장치와 손잡이

UNSEREM
efon: 069/27106-0

그림 3-82 각종 잠금장치와 손잡이

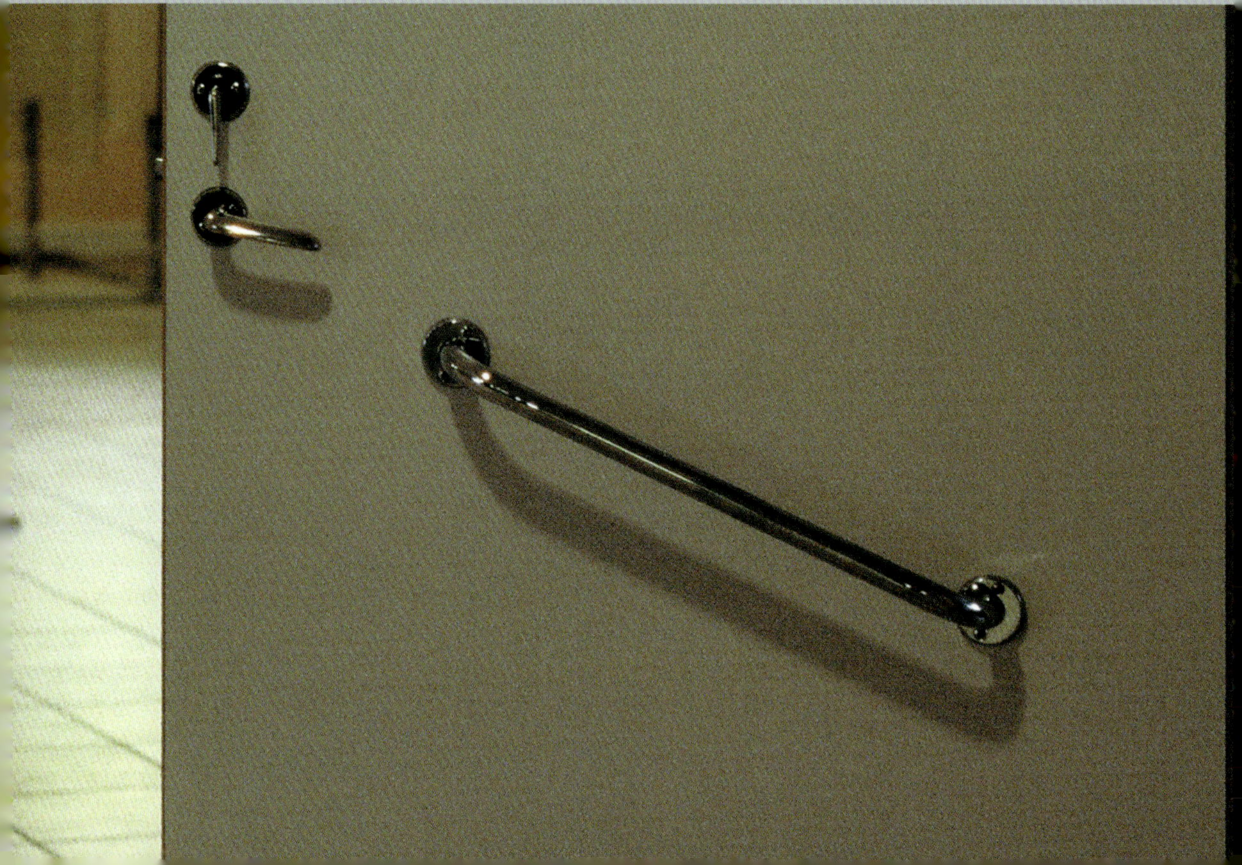

그림 3-83 악력이 약한 경우에는 쉽게 잡을 수 있는 문손잡이

그림 3-83 악력이 약한 경우에는 쉽게 잡을 수 있는 문손잡이

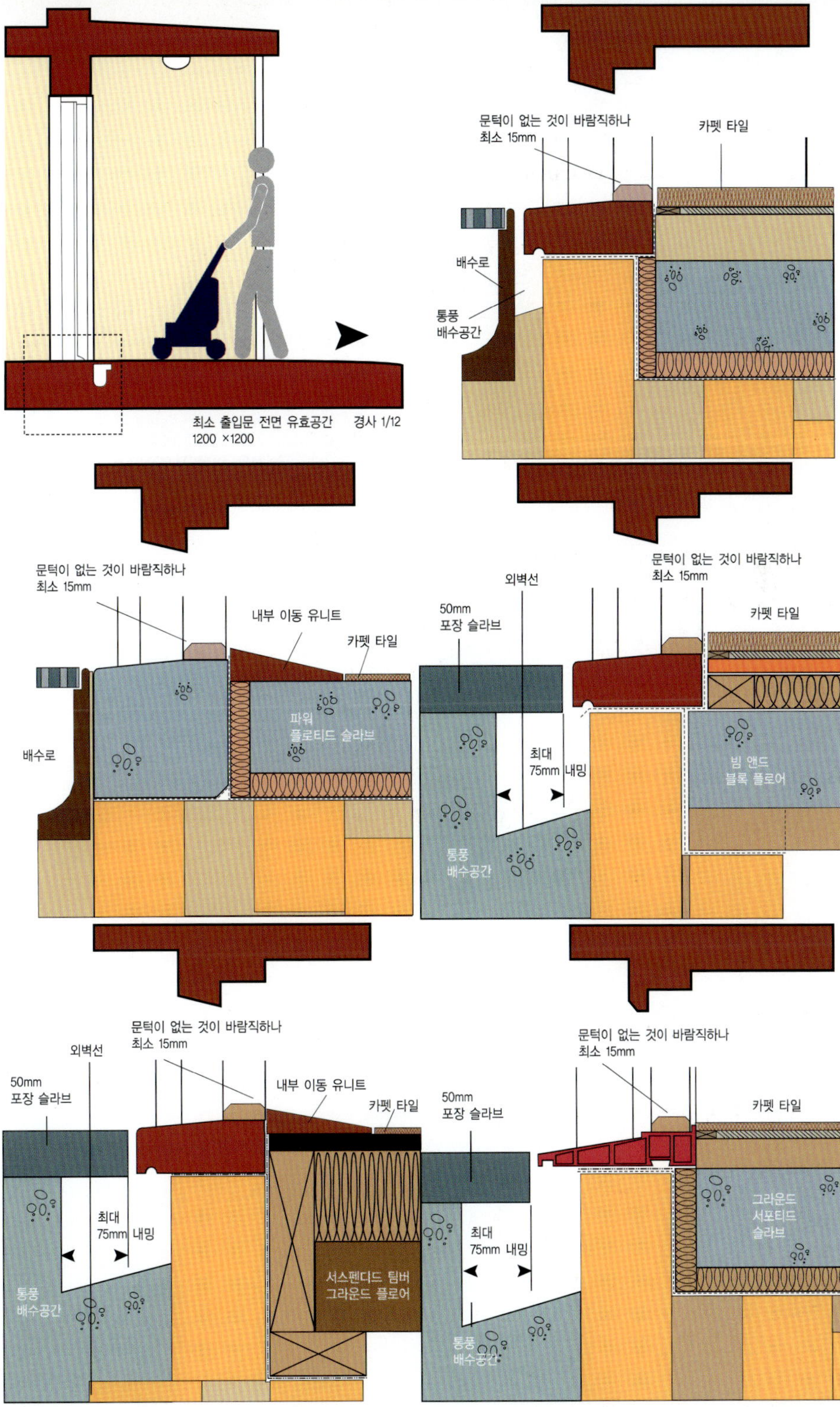

그림 3-84 주출입문의 문턱 제거방법

주출입문 전면에 적절한 배수구를 설치하고 주변에 문턱을 경사지게 하여 문턱의 단차를 제거하였다.

그림 3-85 출입문 전면 배수구 설치
주출입문 및 욕실은 물이 실내로 들어오는 것을 방지하기 위하여 출입문 전면에 배수구를 설치한다.

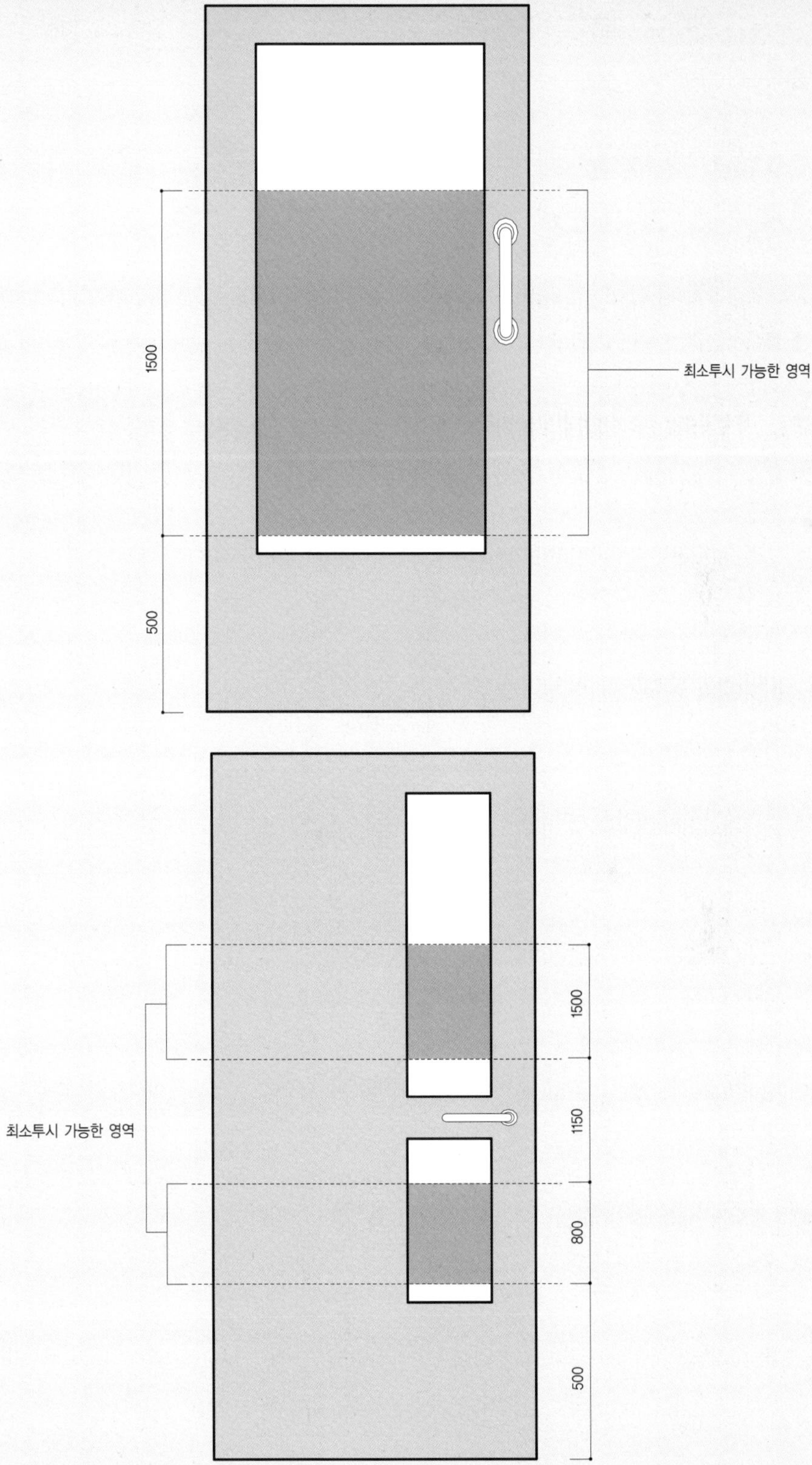

▌그림 3-86 안전 유리창의 설치 치수

그림 3-87 투시 가능한 문
투시가능한 문은 반대편의 이용자의 눈높이를 고려하여 투시가능영역을 설정한다.

그림 3-87 투시 가능한 문
투시가능한 문은 반대편의 이용자의 눈높이를 고려하여 투시가능영역을 설정한다.

그림 3-88 킥플레이트가 부착된 출입문
공항 화장실 출입문은 카트 이용을 고려하여 킥플레이트의 높이를 높였으며, 벽 보호를 위한 보호대를 설치하였다.

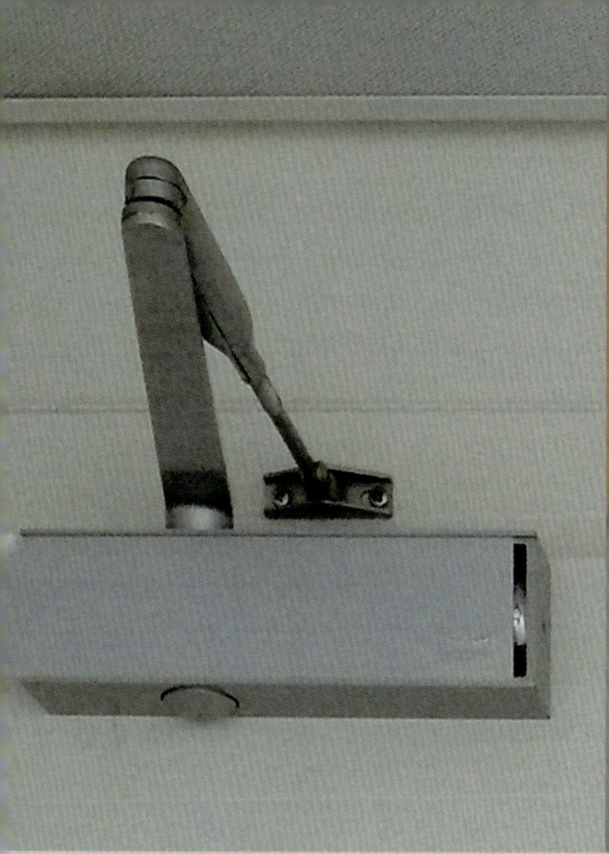

▌그림 3-89 출입문의 도어체크 개폐시간 3초 이상이 되도록 한다.

그림 3-90 유도블록이 부착된 출입문 대지경계선으로부터 주출입구 까지 유도블록을 설치하고,
출입문 전면에는 300mm정도에 유도블록을 설치하여 시각장애인이 출입문을 인식하도록 하였다.

그림 3-91 출입문 전후에 설치된 점자블록
선형블록은 진행, 점형블록은 정지 위치를 의미한다. PVC계열의 유도블록 외에 사용재료의 특성에 따라 금속 또는 석재 유도블록을 사용하여 디자인 완성도를 높이도록 하는 것이 좋다.

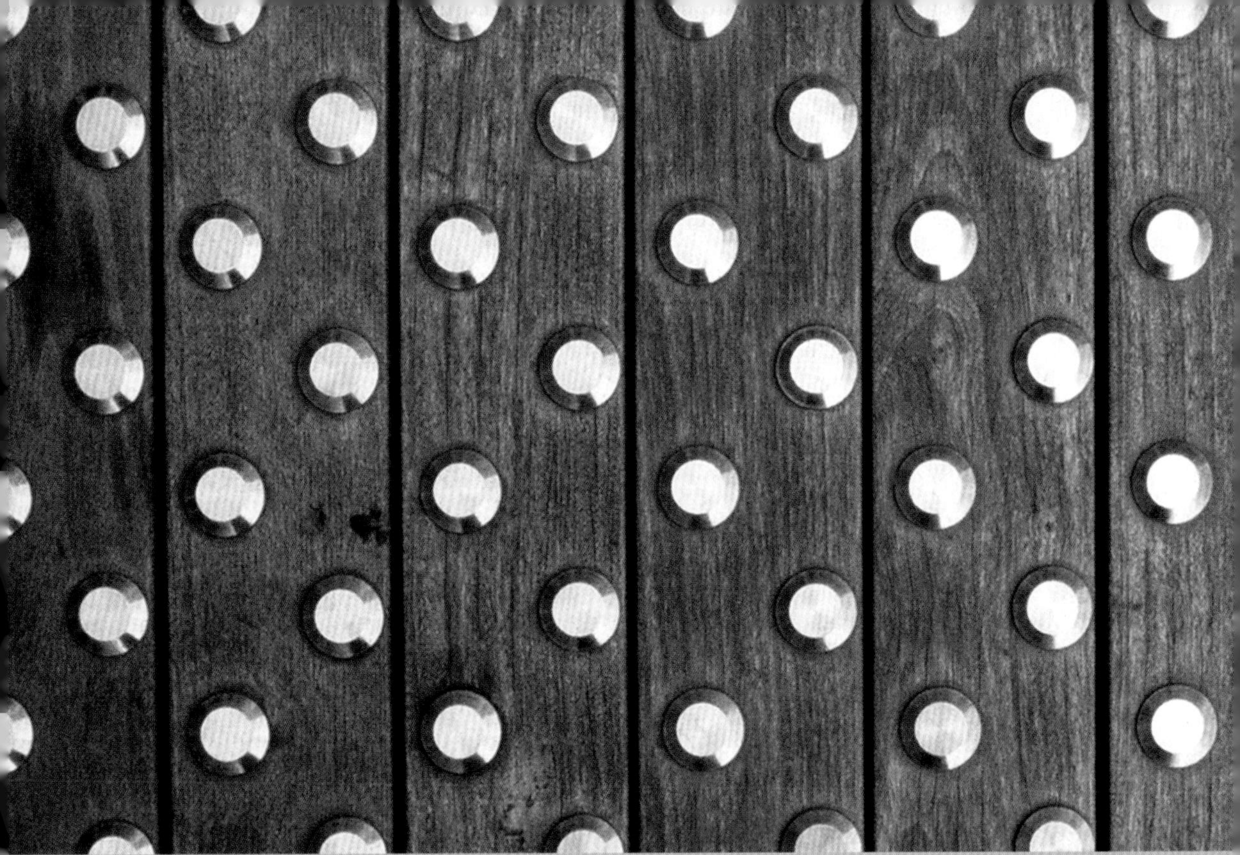

그림 3-91 출입문 전후에 설치된 점자블록
선형블록은 진행, 점형블록은 정지 위치를 의미한다.

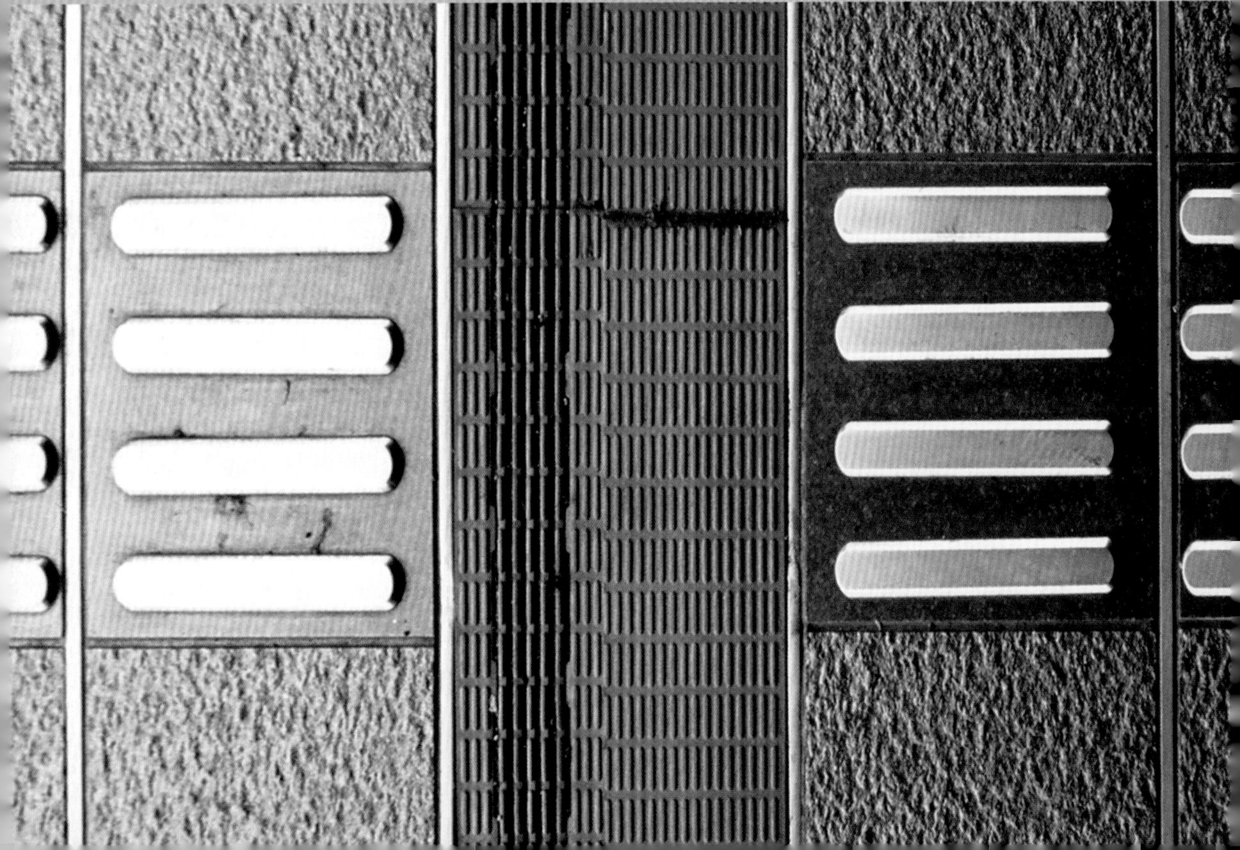

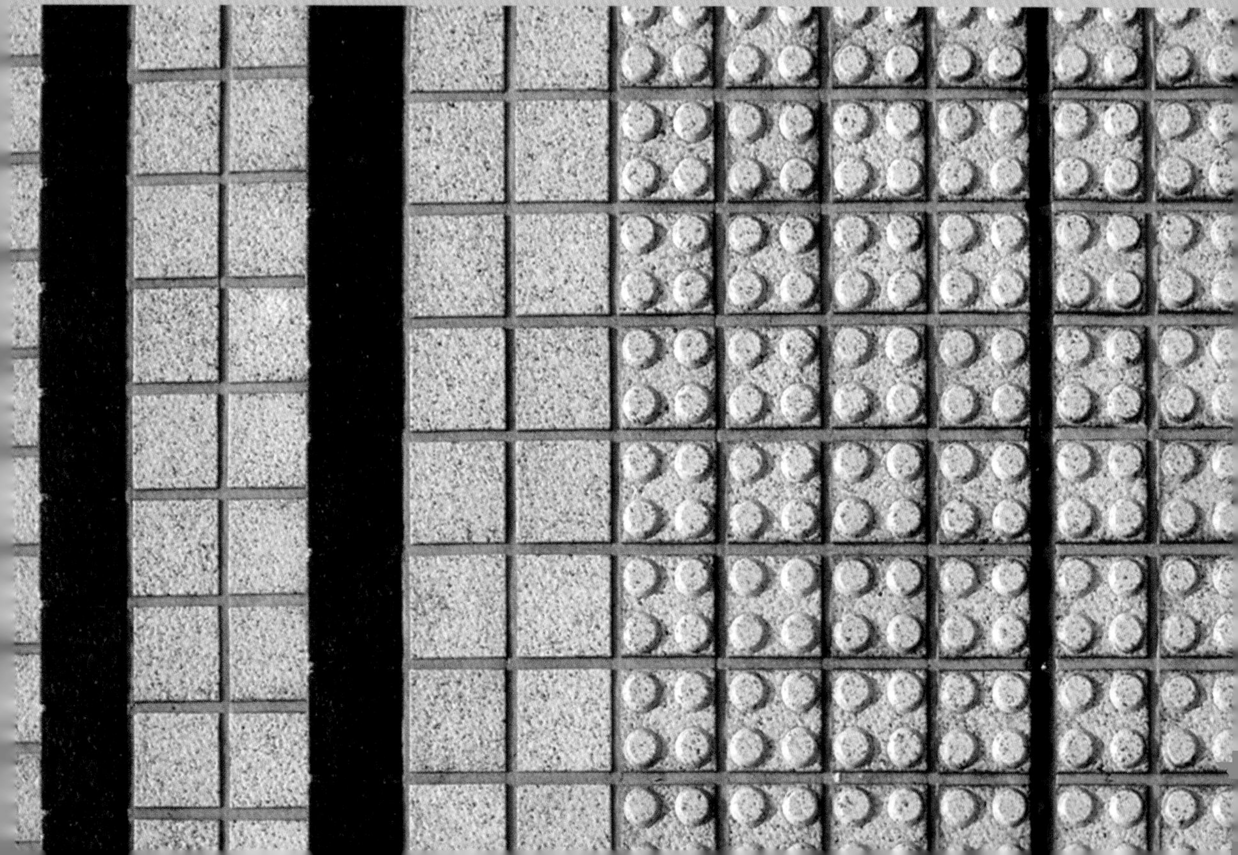

3-13 식수대

유의사항

- ● 휠체어 사용자의 이용을 고려하여 음료수대 밑으로 무릎이 들어가도록 한다.
- ◓ 수도꼭지 및 컨트롤은 유닛의 바로 앞에 설치한다.
- ◐ 컨트롤은 손 또는 발, 어느 쪽으로도 사용할 수 있도록 한다.
- ○ 식수대의 하부에는 높이 650mm 정도의 공간을 확보한다.
- ◒ 분출구의 높이는 700~800mm 정도로 한다.

3-13-1 일반사항

- ● 식수대는 휠체어 사용자 등이 이용하기 쉬운 위치에 설치한다.
- ◓ 통로에 설치되는 식수대는 **돌출물**의 규정에 따른다.

3-13-2 분출구의 높이

기준내용

- ● 분출구의 높이는 700~800mm 정도로 한다.

tip *휠체어 사용자의 팔꿈치 높이는 남자 727mm, 여자 671 mm 정도이므로 그보다 100mm 정도 높은 위치가 좋다.*

권장사항

- ● 식수대의 형식은 휠체어 사용자의 무릎이 들어갈 수 있도록 식수대의 하부에서 높이 650mm의 공간을 확보할 수 있는 것으로 한다.

3-13-3 조작기

기준내용

- ● 식수대의 조작기는 상지장애인 등의 사용이 용이하도록 광감지식, 버튼 또는 레버식으로 하는 것이 바람직하다.

권장사항

- ● 사용 초기에 물이 세게 나오지 않도록 조작기를 조절해 놓는 것이 필요하다.

3-13-4 유효바닥면적

권장사항

- ● 휠체어 사용자의 이용을 고려하여 식수대 전면에 750mm×1,200mm의 유효바닥면적을 확보한다.

표 3-51. 외국사례 - 식수대 분출구의 높이

AMERICA	ENGLAND	DEUTCH	FRANCE	JAPAN
〈 915	x	x	x	760

표 3-52. 외국사례 - 식수대 전면에 확보해야 하는 유효바닥면적

AMERICA	ENGLAND	DEUTCH	FRANCE	JAPAN
760mm x 1200mm	x	x	x	900mm x 1500mm

그림 3-92 알코브형태의 음수대
복도에 설치된 음수대를 시각장애인 및 휠체어 사용자를 포함하여 모든 사람이 이용할 수 있도록 하나는 낮추어 설치하였다. 이는 보행하는 사람에 영향을 받지 않도록 알코브 형태로 구성하였으며, 음수대 하부에는 휠체어 사용자의 발 및 무릎이 들어갈 수 있는 공간을 확보하고자 벽에 부착한 형태로 하였다.

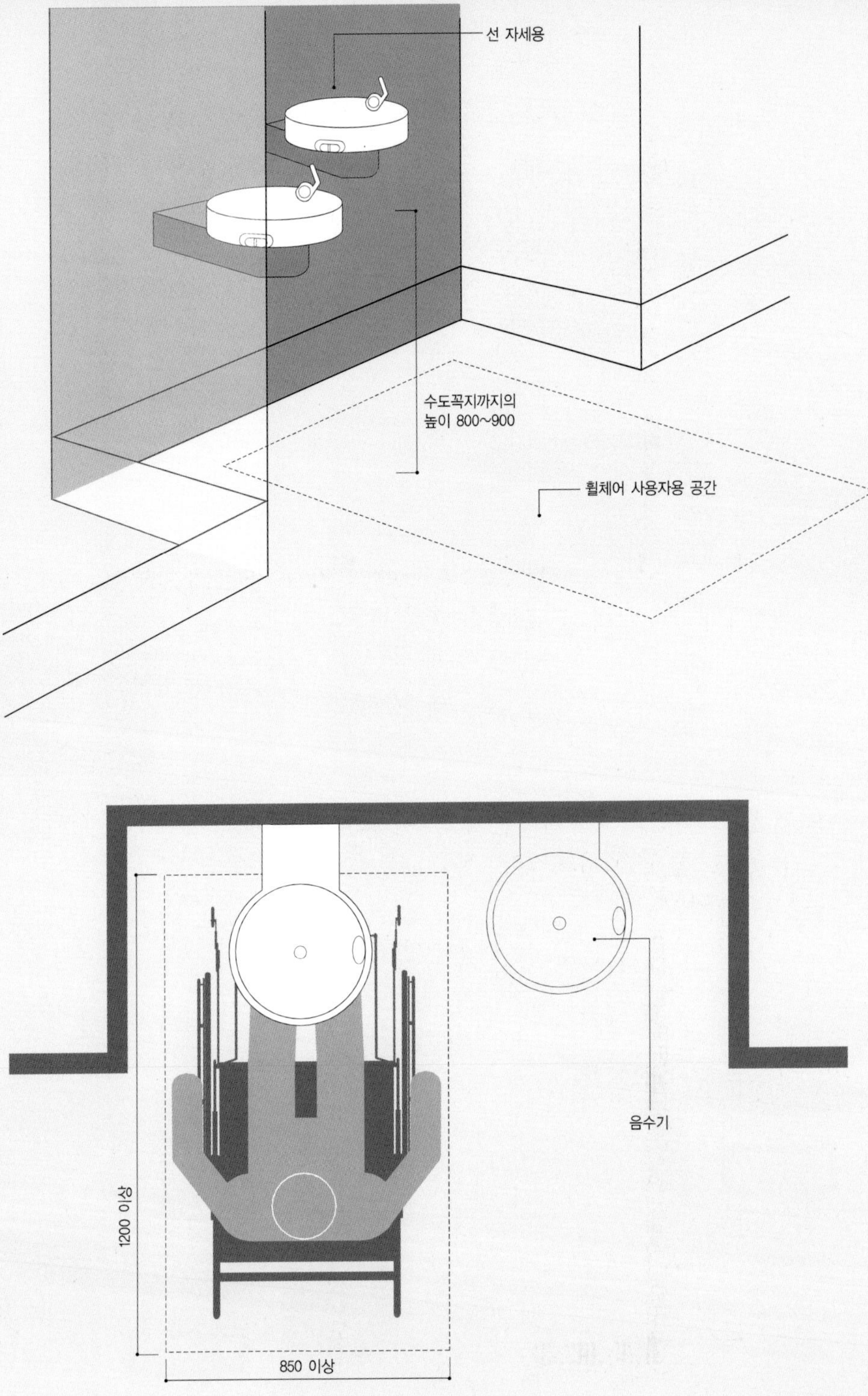

그림 3-93 음료대 설치 치수
휠체어 사용자용 음수대의 분출구 높이는 700~800mm로 하고 하부에는 무릎 유효공간인 바닥 위 650mm를 확보한다.
음수대 전면에는 바닥유효공간을 확보한다.

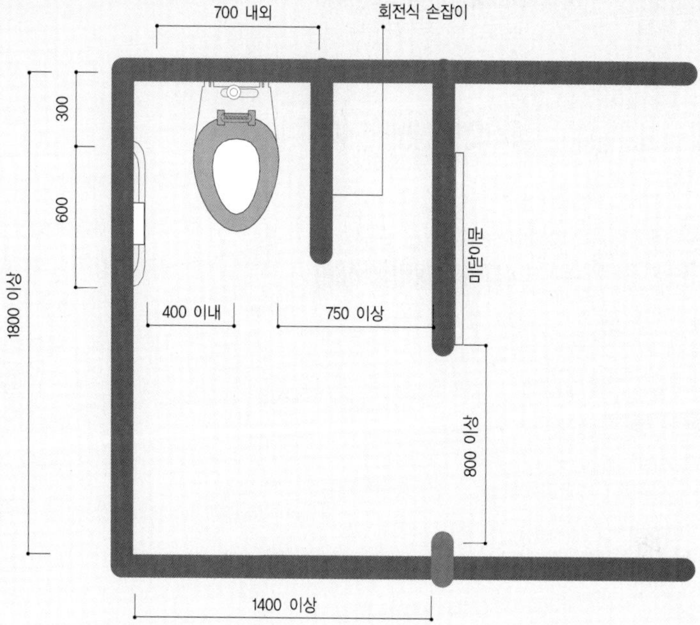

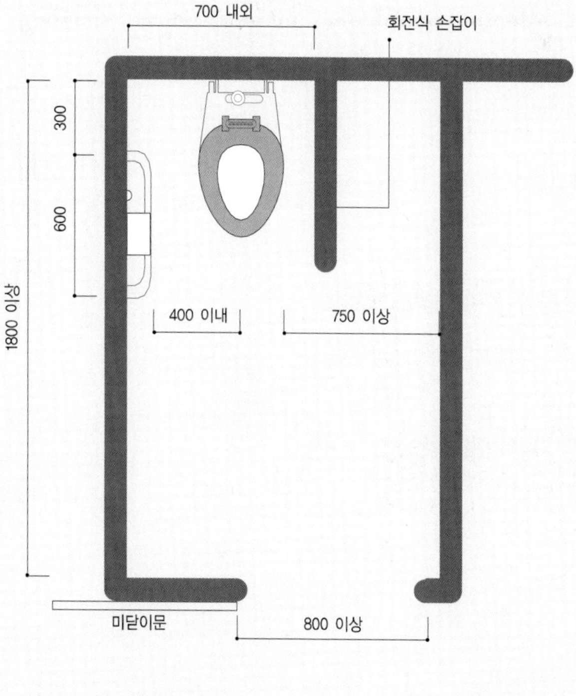

그림 3-94 장애인용 화장실 각부 치수 (국내기준 - 신축시)

대변기를 중심으로 400mm 이내에 손잡이가 설치하고, 대변기 측면에는 750mm 이상의 활동공간을 두도록 하였다. 손잡이는 벽에서 300mm의 간격을 두고 800mm길이로 벽측에 설치한다. 반대편에 설치하는 손잡이는 700mm의 간격을 두고 회전식으로 설치한다. 화장실 부스의 최소 유효폭은 1400(폭)×1800(길이)mm로 하고 출입문은 미닫이식을 권장한다.

3-14 화장실

유의사항

● 로비나 계단실 부근과 복도에서 출입이 용이한 곳에 배치한다.

◓ 장애인용 화장실은 출입구 근처, 출입이 용이한 곳에 장애인 전용부스를 두는 것이 바람직하지만, 소규모 화장실에서는 남녀 공용으로 설치할 수 있다.

기준내용

● 장애인용 화장실은 출입구 가까운 곳에 설치한다.

◓ 장애인용 화장실 출입문의 유효폭은 850mm 이상이 되도록 한다.

◐ 장애인용 화장실 부스는 2,000mm × 2,000mm, 1,000mm × 1,800mm, 800mm × 1,200mm의 크기에서 건물의 성격과 용도에 따라 선택한다.

(2,000mm × 2,000mm 부스는 휠체어 사용자를 고려한 경우의 크기로서 휠체어 사용자가 전면으로 접근한 후 부스 내에서 방향을 바꾸어 대변기 측면에서 옮겨 앉을 수 있는 공간이다. 그러므로 대변기 전면에는 휠체어 회전을 위한 1,400 × 1,400 이상의 공간을 확보하고, 대변기 측면에서 옮겨 앉을 수 있도록 활동공간 750폭을 확보한다.

1,000mm × 1,800mm 부스와 800mm×1,200mm 부스는 전면으로 접근한 후 장애인이 신체방향을 바꾸어 대변기의 전면으로 옮겨 앉는 공간이다.)

권장사항

● 장애인의 이용이 많은 시설에서는 남녀별로 독립하여 설치하는 것이 바람직하다.

대변기를 중심으로 400mm 이내에 손잡이를 설치하고, 대변기 측면에는 750mm 이상의 활동공간을 두도록 하였다.

손잡이는 벽에서 300mm의 간격을 두고 800mm 길이로 벽측에 설치한다. 반대편에 설치하는 손잡이는 700mm의 간격을 두고 회전식으로 설치한다.

화장실 부스의 최소 유효폭은 1,400(폭)mm×1,800(길이)mm로 하고 출입문은 미닫이식을 권장한다.

3-14-1 출입구

기준내용

● 장애인용 화장실 출입문의 유효폭은 850mm 이상으로 한다.

◓ 부스의 문은 미닫이문이 바람직하다. 그러나 여닫이문으로 할 경우에는 바깥열림으로 계획한다.

◐ 아코디언도어를 사용할 경우에는 문을 열었을 때의 유효폭에 주의하고, 문 안쪽에 커튼을 달고 잠금장치에 주의한다.

○ 장애인용 화장실 부스에는 단차가 없도록 한다.

◒ 문의 잠금장치는 상지 장애인도 사용하기 용이한 것으로 한다.

◕ 장애인용 화장실 출입문은 비상시에 외부에서 열 수 있도록 한다.

권장사항

● 화장실 통로 및 출입구에는 단차 등의 장애물이 없도록 고려한다.

◓ 출입문은 자동식 미닫이문이 바람직하며, 내부에서 닫으면 자동으로 잠기면서 외부에는 사용 중의 표시가 되는 것이 바람직하다.

◐ 수동식 문으로 설치해야 하는 경우에는 상부 힌지형의 미닫이문이나 아코디언도어가 바람직하다.

잠금장치는 쉽게 조작할 수 있는 것으로 하고, 비상시에는 외부에서 열 수 있도록 한다.

○ 문손잡이는 레버식으로 하는 것이 좋다.

3-14-2 표시

기준내용

● 장애인을 위한 화장실의 입구에는 장애인 심벌마크와 남녀별 구분표시 및 점자표지판을 부착한다.

◓ 사용 중 표시는 잠금장치와 동시에 작동하는 것으로 하고, 외부에서 눈에 띄기 쉬운 위치에 설치한다.

tip *장애인용 화장실은 장애인만 사용하는 것이 아니라 고령자나 임산부, 어린이를 동반한 부모 등, 공간이 필요한 모든 사람이 이용할 수 있도록 표식을 부착하는 것이 바람직하다.*

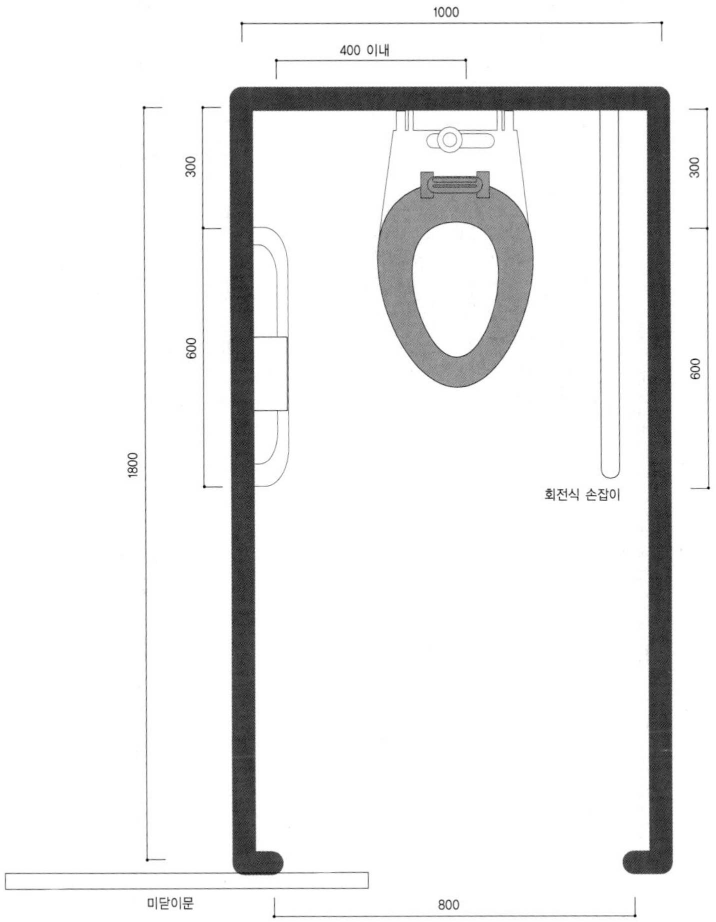

✏ 그림 3-95 장애인용 화장실 각부 치수(국내기준 - 기존건물)
기존건물에서 장애인화장실의 유효폭 확보가 어려운 경우에도 화장실 부스의 유효폭은 1,000(폭)mm×1,400(길이)mm 이상이 되도록 권장한다.

표 3-53. 외국사례 - 장애인을 위한 화장실 부스의 크기

AMERICA	ENGLAND	DEUTCH	FRANCE	JAPAN
1420mm x 1675mm	x	x	x	2000mm x 2000mm
915mm x 1750mm	x	x	x	2000mm x 1600mm

표 3-54. 장애인 등의 이용이 가능한 화장실의 국내기준 (일반사항)

	이동편의증진법	편의증진법
설치장소	장애인 등의 접근이 가능한 통로에 연결하여 설치	
		장애인용 변기와 세면대는 출입구(문)와 가까운 위치에 설치
재질과 마감	화장실의 바닥면에는 높이 차이를 두어서는 안되며, 바닥표면은 물에 젖어도 미끄러지지 아니하는 재질로 마감	
	화장실의 300mm 전면에는 점형블록을 설치하거나 시각장애인이 감지할 수 있도록 바닥재의 질감 등을 달리한다.	
기타 설비	출입구(문) 옆 벽면에는 남자용과 여자용을 구별할 수 있는 점자표지판을 부착	출입구(문)옆 벽면의 1500mm 높이에는 남자용과 여자용을 구별할 수 있는 점자표지판을 부착
	세정장치/수도꼭지 등은 광감지식/누름버튼식/레버식 등 사용하기 쉬운 형태로 설치	

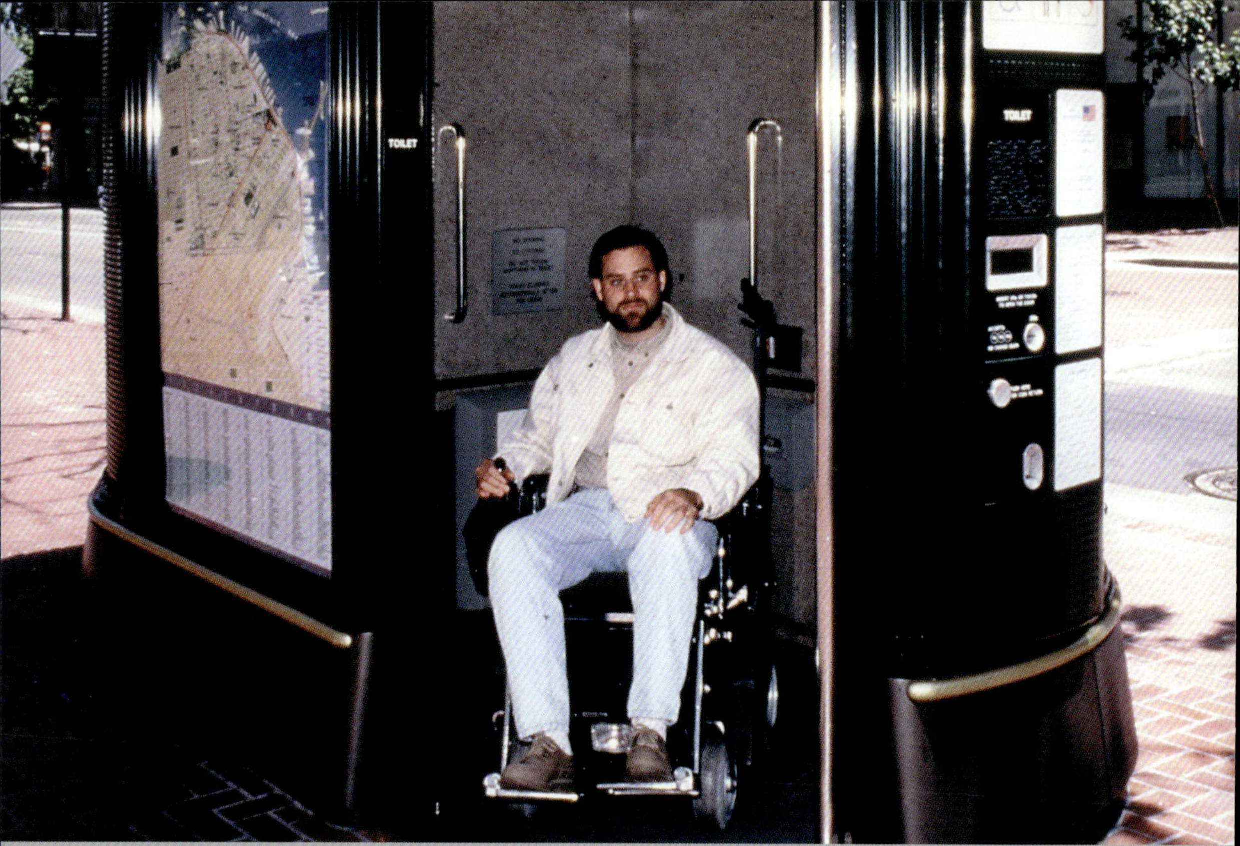

그림 3-96 장애인용 화장실 부스
외부공간에 독립형으로 설치되어 있는 장애인용 화장실 부스

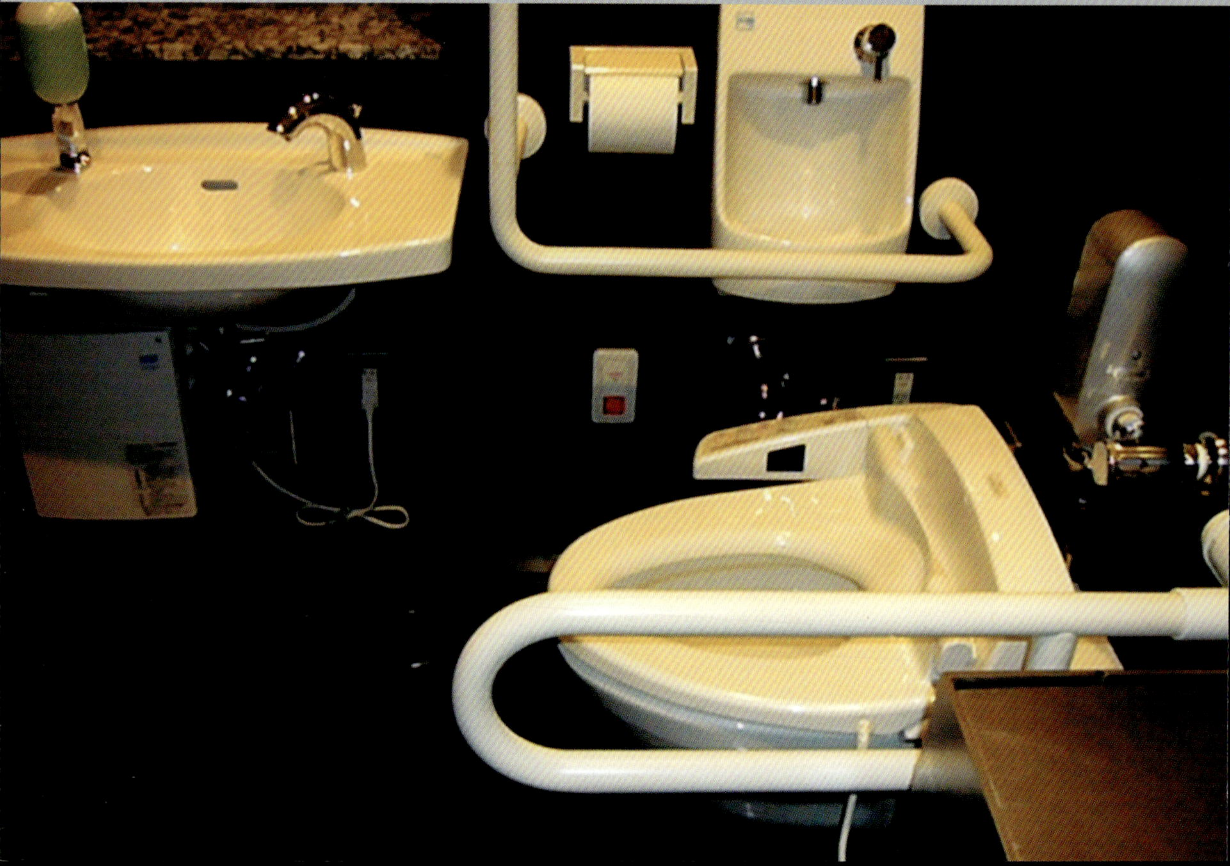

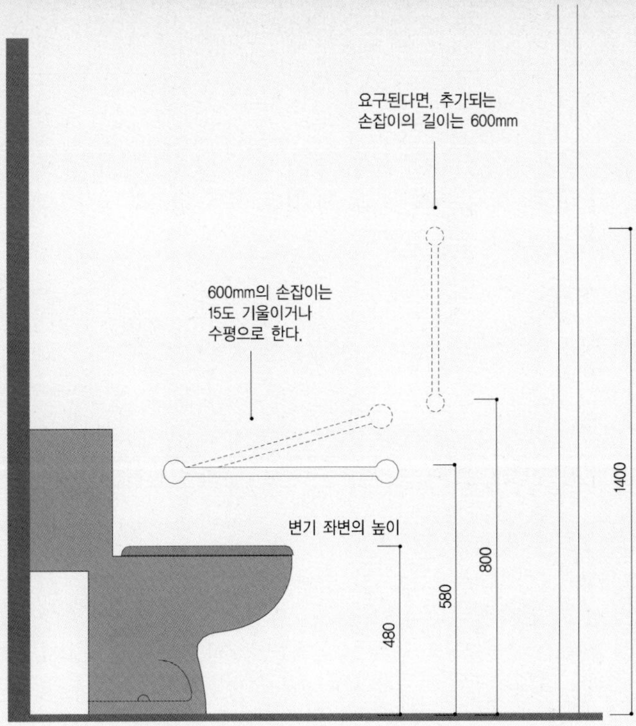

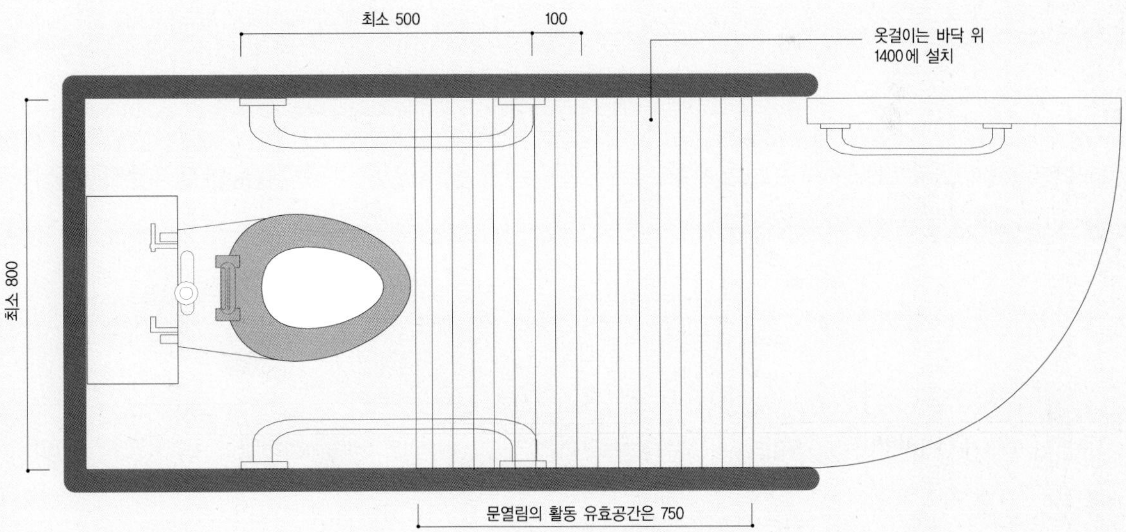

그림 3-97 보행 장애인용 화장실 부스의 각부 치수(영국기준)
문은 밖으로 열리도록 하여 대변기 전면에 활동공간 750mm를 확보한다. 부스 폭은 800mm로서 대변기는 중심에 위치시킨다.

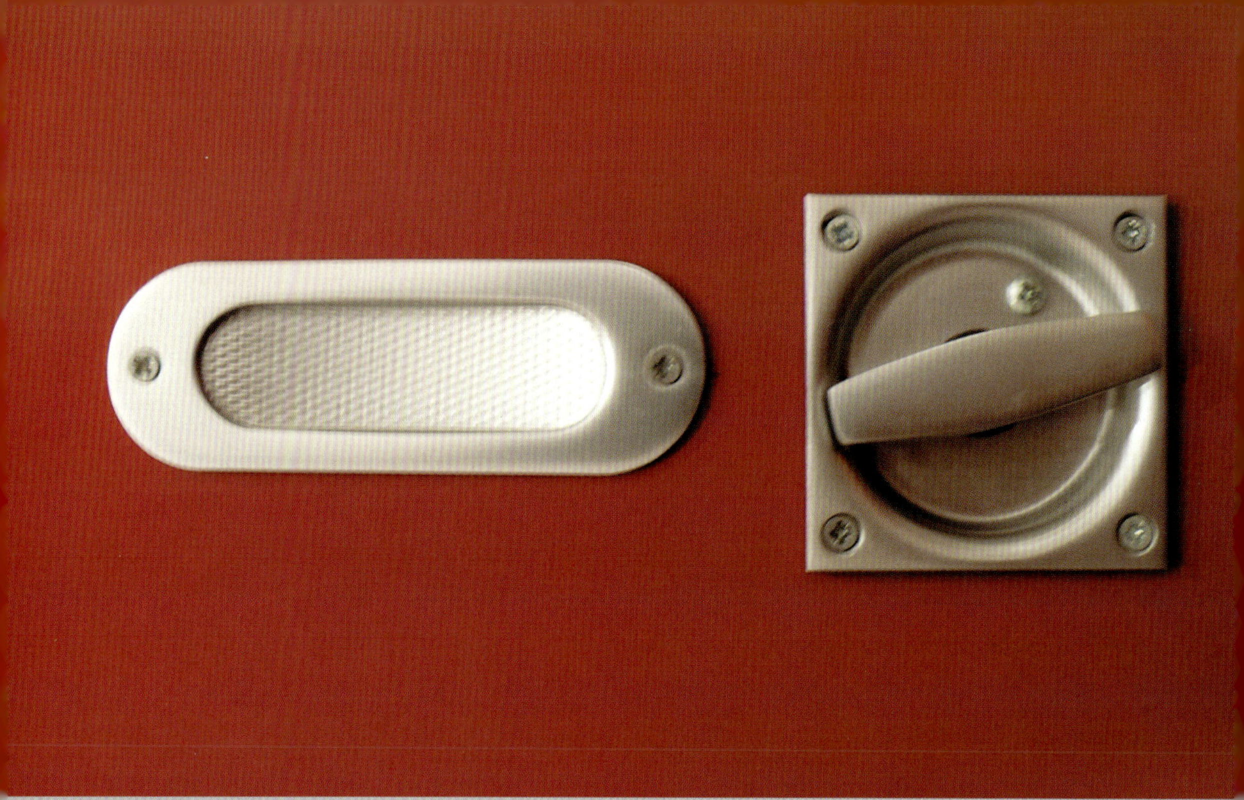

그림 3-98 출입문 단차 제거
화장실 문틀의 단차를 짧은 경사로를 부착하여 휠체어 사용자도 이동할 수 있도록 하였다.
그림 3-99 장애인용 화장실 출입문의 잠금장치
잠금장치와 손잡이는 눈에 쉽게 띄고 작동하기 용이한 것으로 한다.

그림 3-100 미닫이문 설치
출입문은 미닫이문으로 설치하고 손잡이를 세로로 세워 개폐가 용이하도록 하였다.

그림 3-101 내부문의 수평 보조손잡이
화장실 내부에 수평 보조손잡이를 설치하여, 휠체어 사용자가 화장실 내부로 진입한 후 편리한 위치에서 손잡이를 잡아 문을 닫을 수 있도록 하여 출입문 개폐에 따른 휠체어 활동공간의 축소를 최소화하였다.

그림 3-102 장애인용 대변기 칸막이
주변 대변기 칸막이에 비해 면적을 넓게 하여 배치하고, 내부에는 보행 장애인이 이용할 수 있도록 대변기 주변에 수평손잡이를 부착한다.

그림 3-103 장애인용 화장실 안내표시
출입문은 주변 벽과 대조를 이루는 색상으로 하거나 문틀을 이용하여 구분되기 쉽게 하는 것이 좋다. 또한 화장실 사용여부를 쉽고 명확하게 알 수 있는 안내표시를 하도록 한다.

3-15 변기

3-15-1 대변기

(1) 일반사항

기준내용

- ● 변기는 양변기로 하고, 바닥부착형 또는 벽걸이형으로 한다.
- ◓ 바닥부착형은 휠체어의 접근이 용이하도록 변기 전면의 트랩부분에 휠체어의 발판이 닿지 않는 형태로 한다.

(2) 대변기

기준내용

- ● 변기의 높이는 휠체어 좌면과 동일한 높이 400~450mm로 한다.
- ◓ 변기는 전면 접근이 가능한 위치에 설치한다.
- ◐ 휠체어 사용자가 대변기 측면에서 이승하기 위해서는 좌우 한쪽에 750mm 이상의 활동공간을 확보하도록 한다.

tip *휠체어 사용자가 변기로 옮겨 앉을 때 휠체어 좌면과 변좌 사이에 높이 차이가 없어야 이승동작이 용이하다.*

(3) 대변기용 핸드레일

기준내용

- ● 대변기 주변에 부착되는 손잡이는 휠체어와 대변기 사이를 이동할 때에 몸을 지탱할 수 있도록 수평 또는 L자형, 수직형, 사선형 핸드레일을 설치한다.
- ◓ 전면 접근형 부스에 설치되는 핸드레일은 변기 양쪽에 수직 및 수평으로 설치한다.
- ◐ 수평 핸드레일은 휠체어의 팔걸이와 동일한 650~700mm의 높이에 설치한다.
- ○ 휠체어 사용자의 측면 이승이 가능하도록 계획된 화장실 부스(2,000mm×2,000mm) 내에 설치되는 수평 핸드레일은 좌우 수평 핸드레일의 설치간격을 700mm 정도로 하고, 한쪽은 회전식으로 한다.
- ◒ 수평 핸드레일의 지지대가 바닥에 부착되는 경우에는 휠체어의 이동에 방해되지 않도록 한다.
- ◑ 수직 핸드레일은 600~1,500mm의 범위 내에 설치한다.
- ● 수직 핸드레일은 벽에 고정한다. 부득이하게 바닥에 고정해야 할 경우에는 하단부가 휠체어의 이동에 방해되지 않도록 한다.

tip *수평 핸드레일의 설치 높이는 휠체어 사용자의 팔꿈치 높이와 관계가 있다. 휠체어 사용자의 팔꿈치 높이가 702~721mm이므로 이보다 50mm 정도 낮은 높이에서 팔꿈치를 지지하며 몸을 지탱할 수 있도록 하면서 휠체어 팔걸이와 수평 핸드레일의 높이가 결정된다.*

권장사항

- ● 수평 핸드레일은 하단 600mm, 상단 800mm의 2단 형식으로 설치하는 것이 바람직하다.

(4) 기타 설치물

기준내용

- ● 세정장치는 레버식, 누름버튼, 광감지식 등 조작하기 쉬운 것으로 한다.
- ◓ 세정장치, 비상호출 버튼, 휴지걸이 등은 변기나 휠체어에 앉은 상태에서 닿을 수 있는 위치에 설치하는 것이 바람직하다.
- ◐ 휠체어 사용자의 측면 이승이 가능하도록 계획된 화장실 부스(2,000mm×2,000mm) 내에는 천장에 부착된 사다리 형태의 핸드레일이 바람직하며, 대변기 전면에 설치하여 사용자가 적당한 높이를 선택할 수 있도록 하는 것이 좋다.

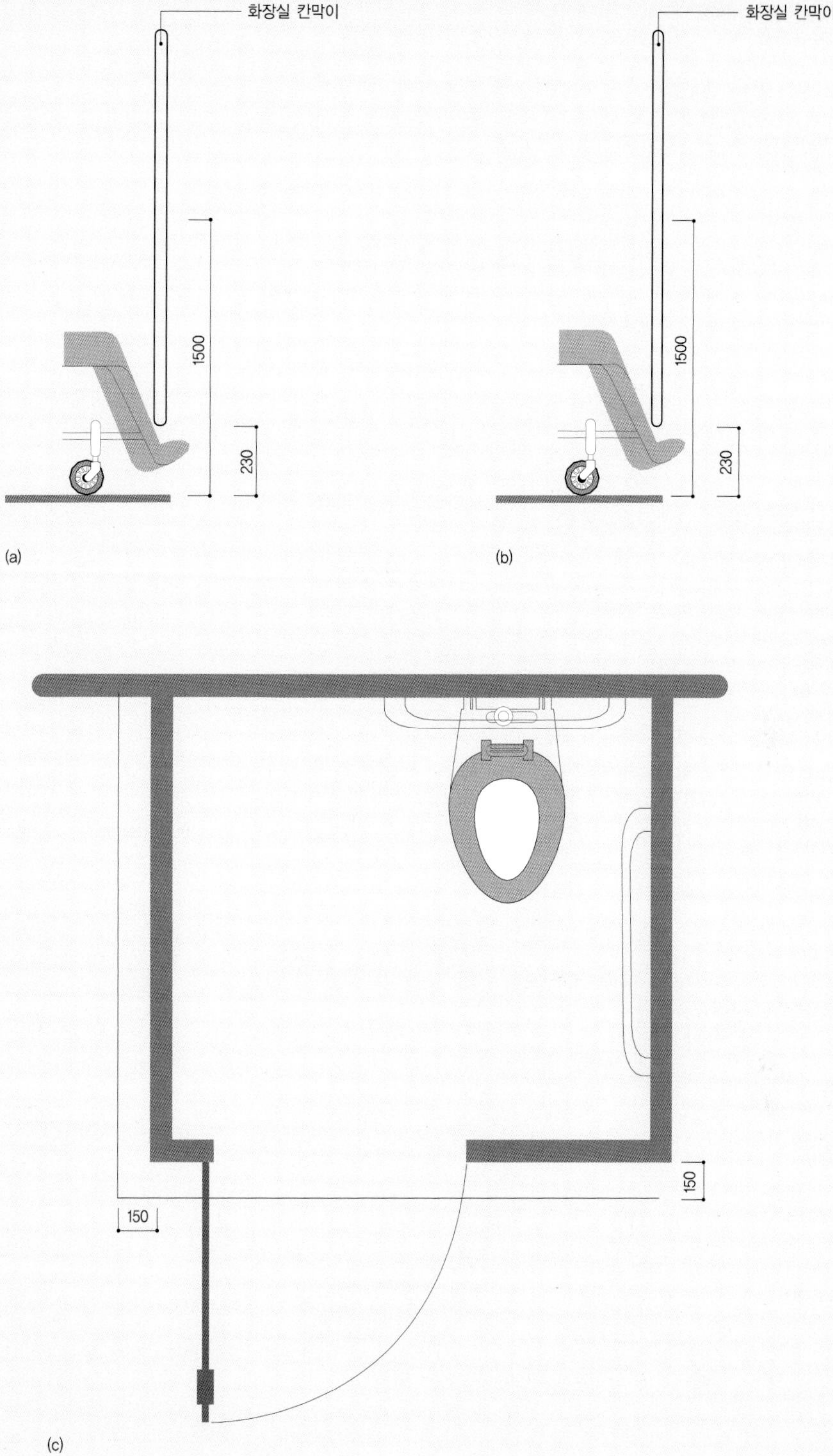

그림 3-104 대변기 칸막이의 발 유효공간

대변기 칸막이를 발 유효높이 230mm 이상을 확보하면, c와 같이 칸막이를 넘어서 110~150mm의 공간을 더 확보한 결과를 가져오므로 좁은 공간에서 휠체어 사용자용 화장실을 계획할 때 유효하다. 특히 이 경우는 기존 건물에 휠체어 사용자용 대변기 칸막이만 계획할 때 유용하다.

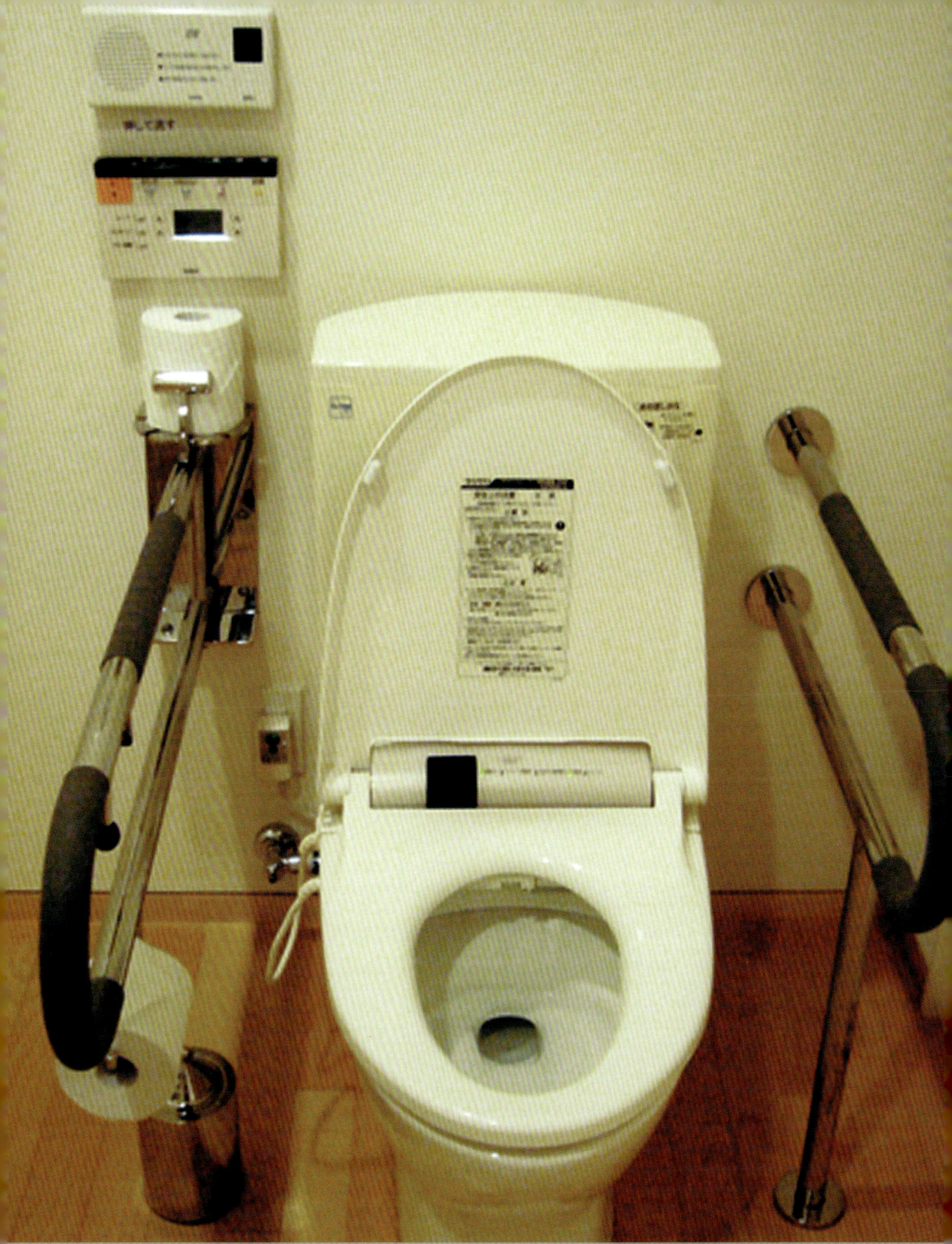

그림 3-105 바닥부착형 손잡이
변기 주변에 측면으로 회전할 수 있는 바닥부착형 손잡이를 설치하고, 사용자가 조절하여 이용할 수 있도록 하였다.

그림 3-106 아래로 내리는 핸드레일
충분한 수평지지력을 확보하기 위하여 핸드레일을 내리면 지지대가 세워지도록 한다.

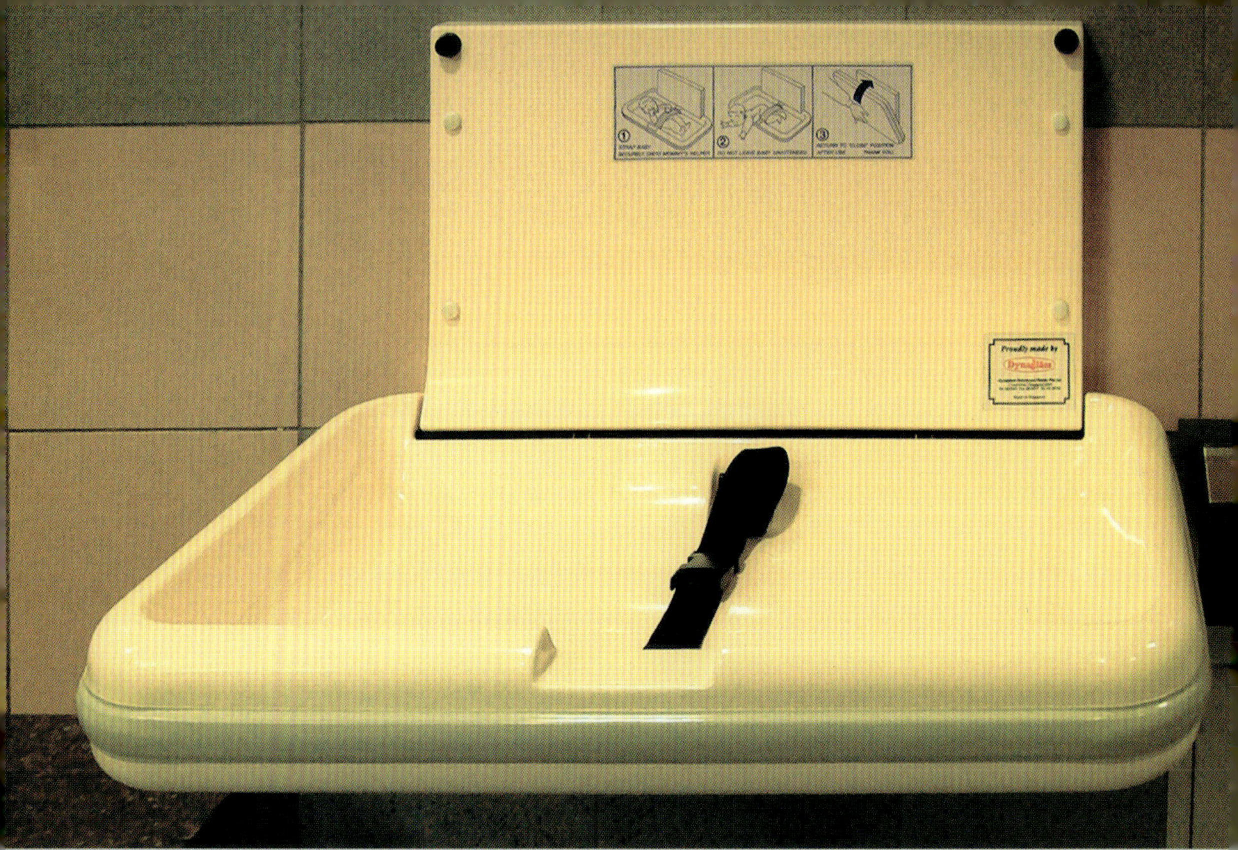

그림 3-107 대변기 주변의 설치물
세정장치, 휴지걸이, 비데 등은 변좌에 앉은 상태로 이용하기 편리한 위치에 설치되도록 하며, 다목적 이용을 위해서는 베이비시트나 기저귀갈이대도 설치하도록 한다.

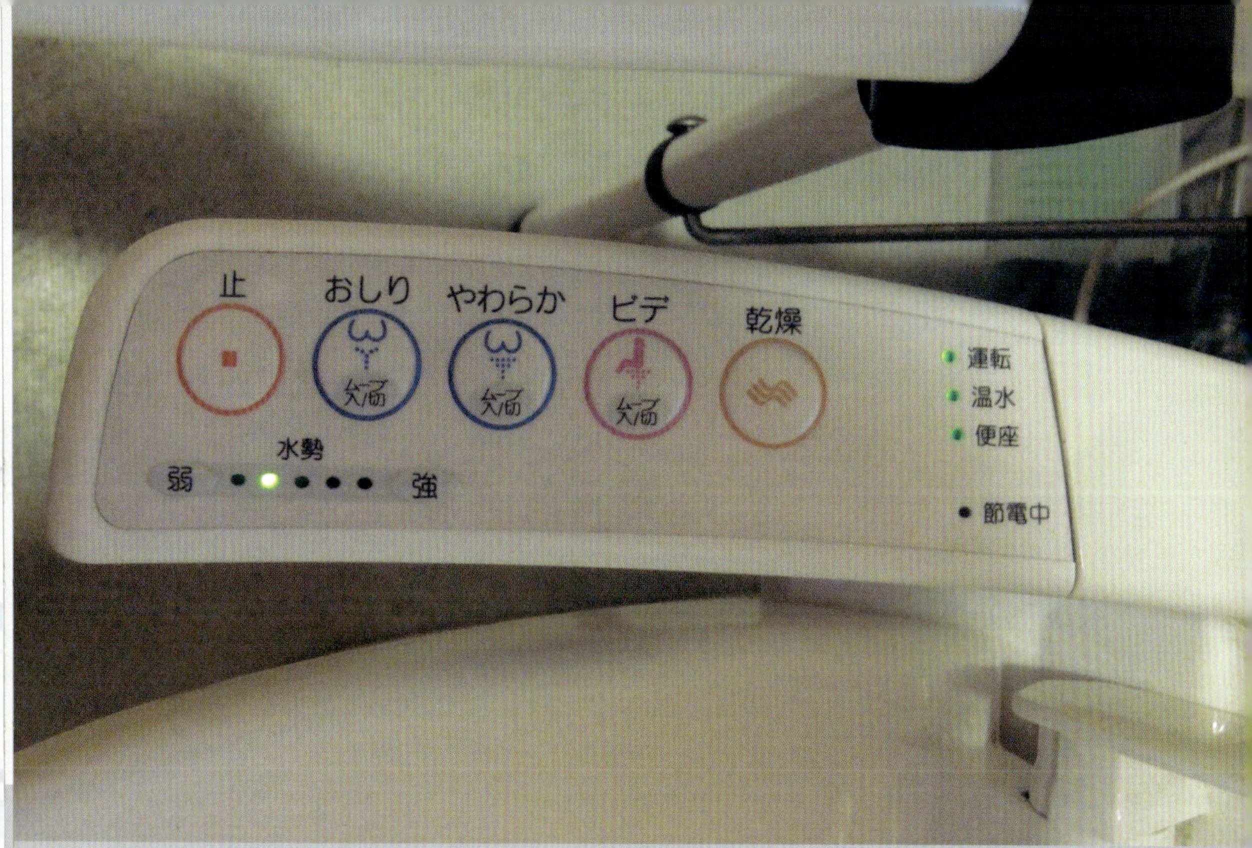
止
おしり
やわらか
ビデ
乾燥
水勢
弱
強
運転
温水
便座
節電中

TOTO

그림 3-113 아래로 내리는 핸드레일

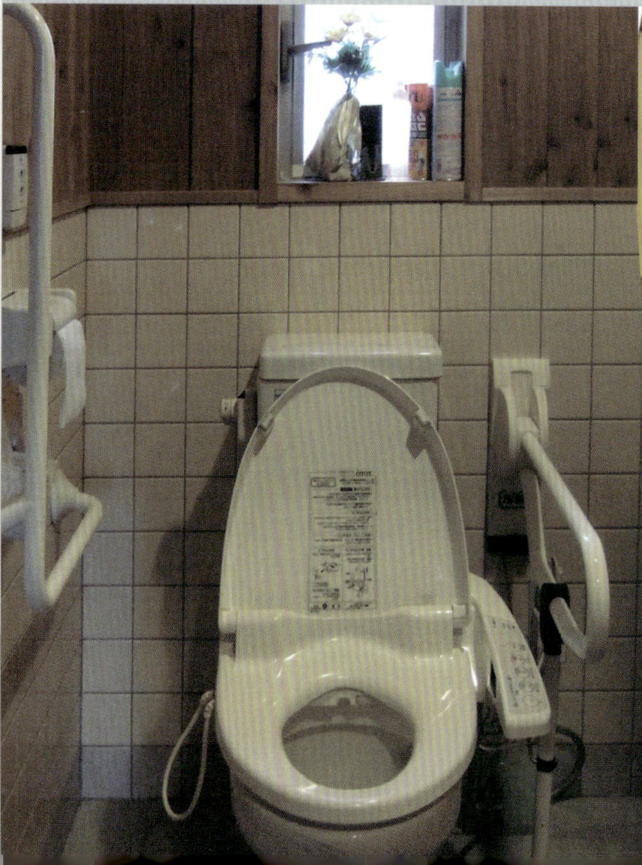

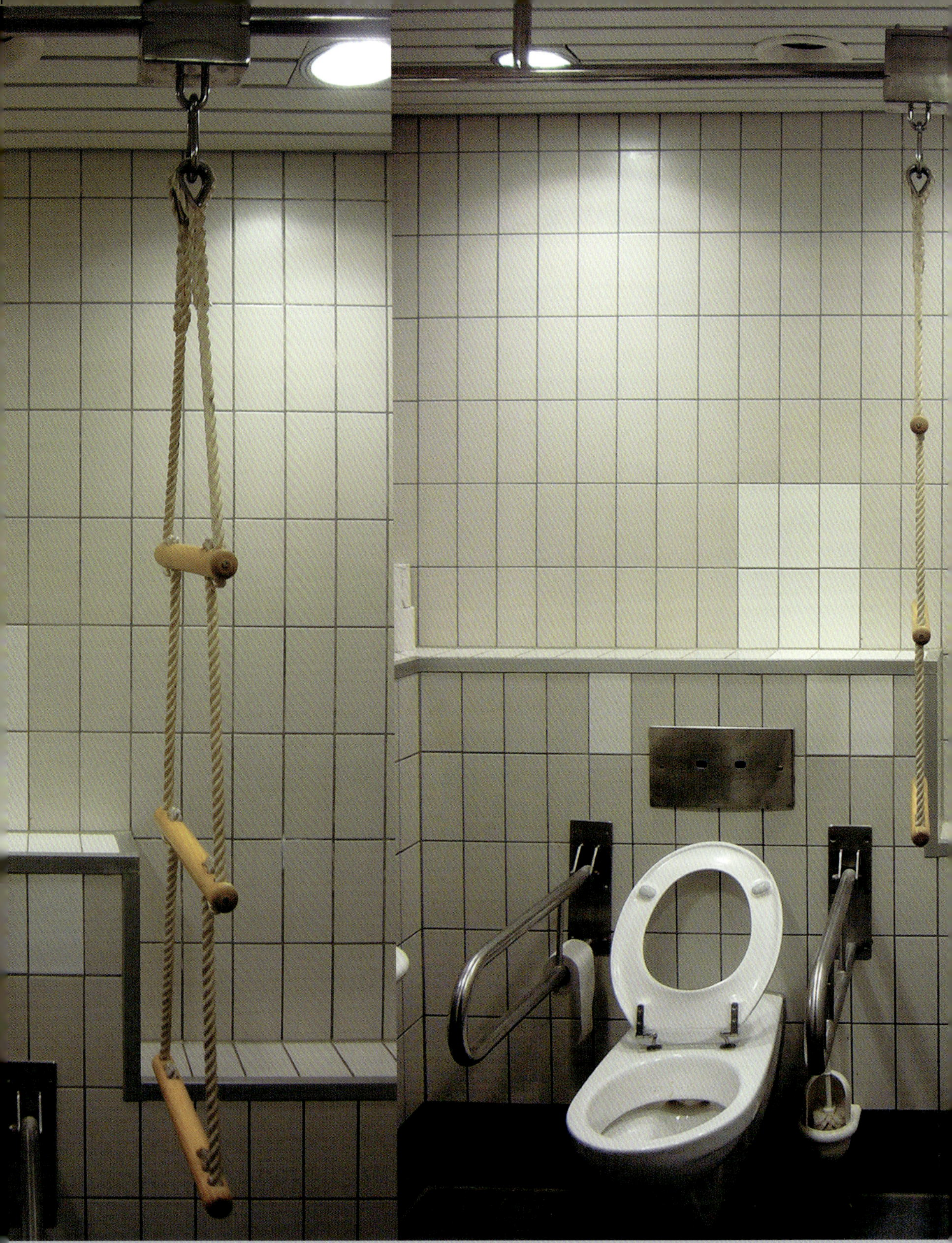

그림 3-114 사다리 형태 손잡이 설치 예
변기가 중앙에 설치되어 가동형 핸드레일이 설치되어 몸을 지지하는데 무리가 있을 때에는 천장에 고정하고 사용자가 위치조정 할 수 있는 사다리 형태의 손잡이를 설치하는 것이 바람직하다.

그림 3-115 천장에 고정되고 방향을 자유로이 변경할 수 있는 형태의 손잡이 바닥에 핸드레일 등의 고정물을 설치할 여유공간이 없을 때 효과적이다 변기 후면에 설치된 누름식 세정장치, 손바닥으로 쉽게 누를 수 있어 편리하다.

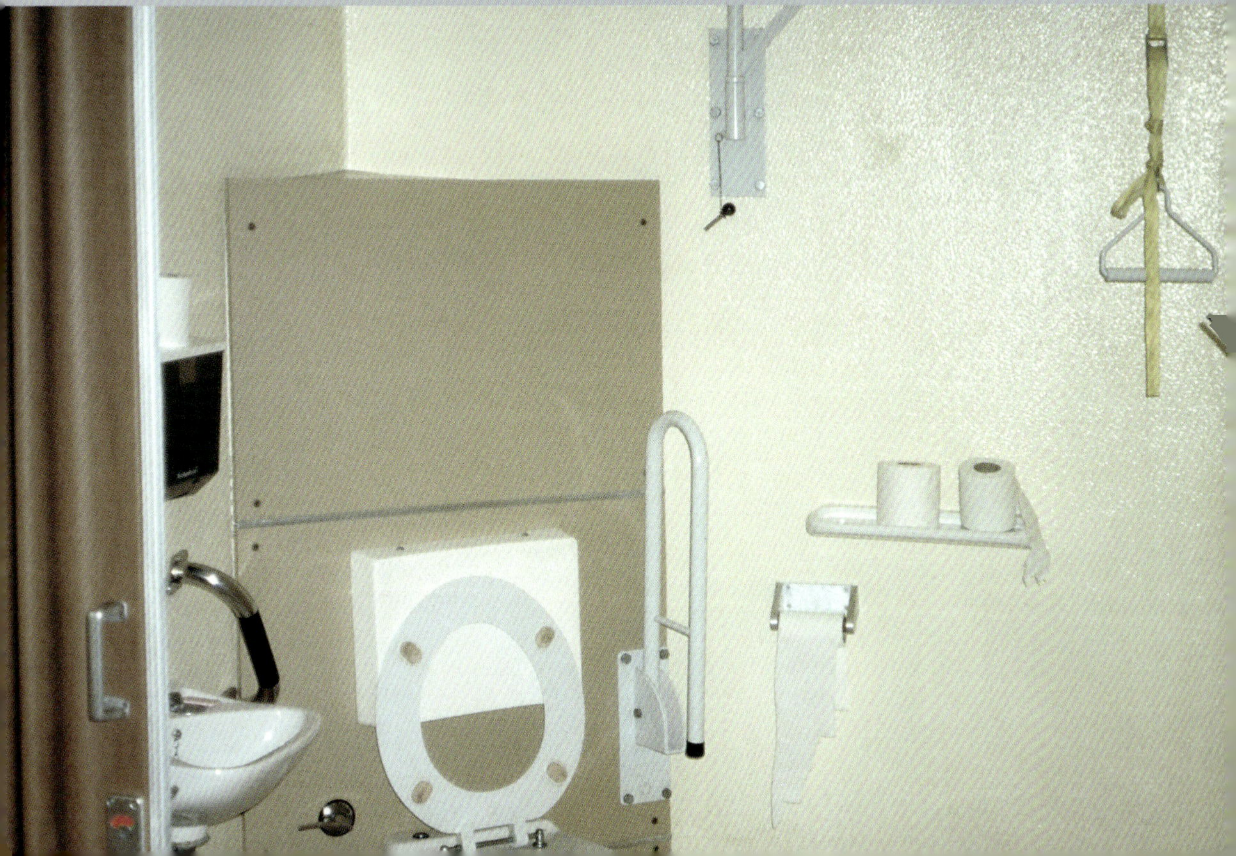

그림 3-116 대변기 설치 사례
많은 사람들이 이용하는 공공화장실에서 벽면 양쪽에 고정 핸드레일을 설치하는 경우에는 진행방향으로 접근하여 변좌에 앉을 수 있도록 전면에 충분한 유효공간을 확보하는 것이 좋다. 좌우에 수평핸드레일을 설치하는 경우 한쪽은 고정형으로, 한쪽은 접이식으로 설치할 수 있다.

그림 3-116 대변기 설치 사례
한쪽은 벽면에 고정하고, 한쪽 핸드레일은 접이식으로 설치한 경우에는 측면이동으로 변좌에 앉기 용이하다. 사용자가 고정된 경우에는 팔운동이 용이한 방향에 따라 핸드레일을 고정하도록 한다.

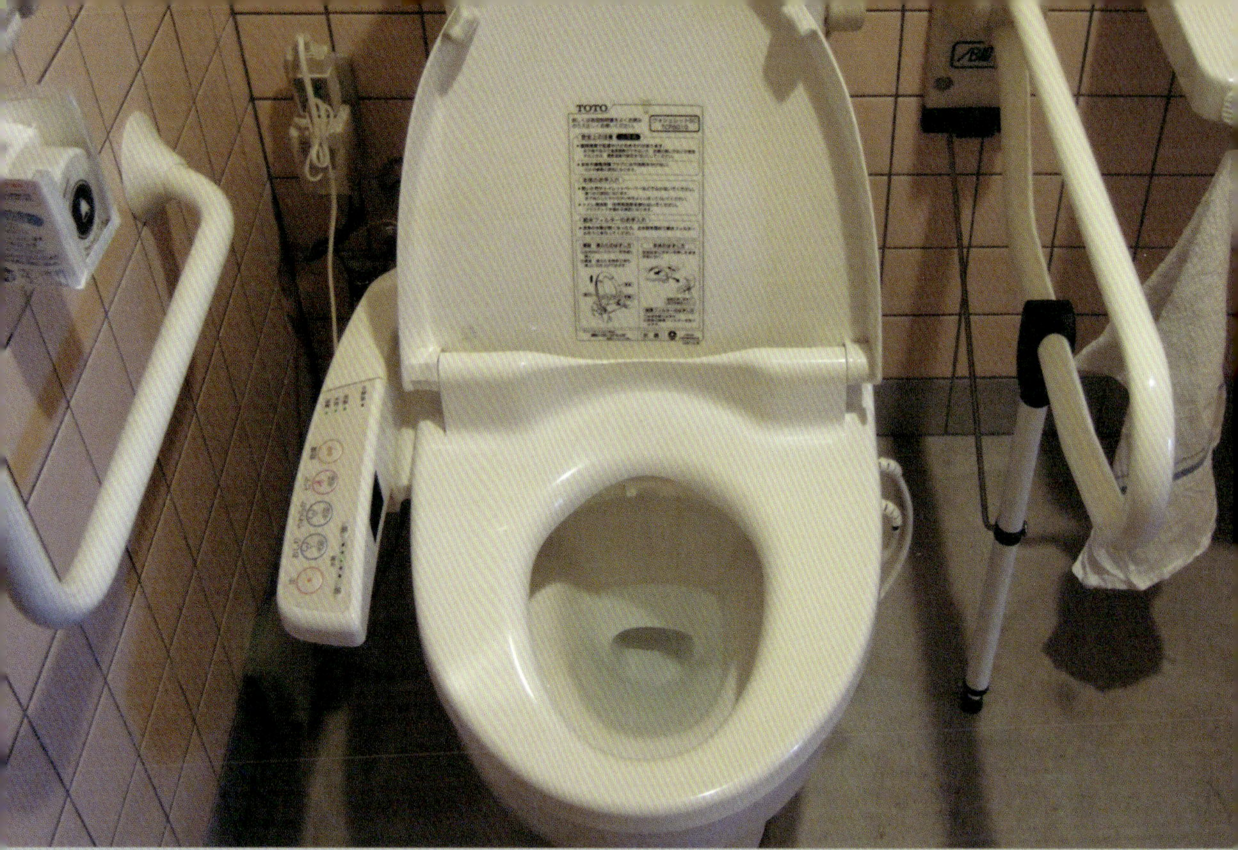

그림 3-116 대변기 설치 사례

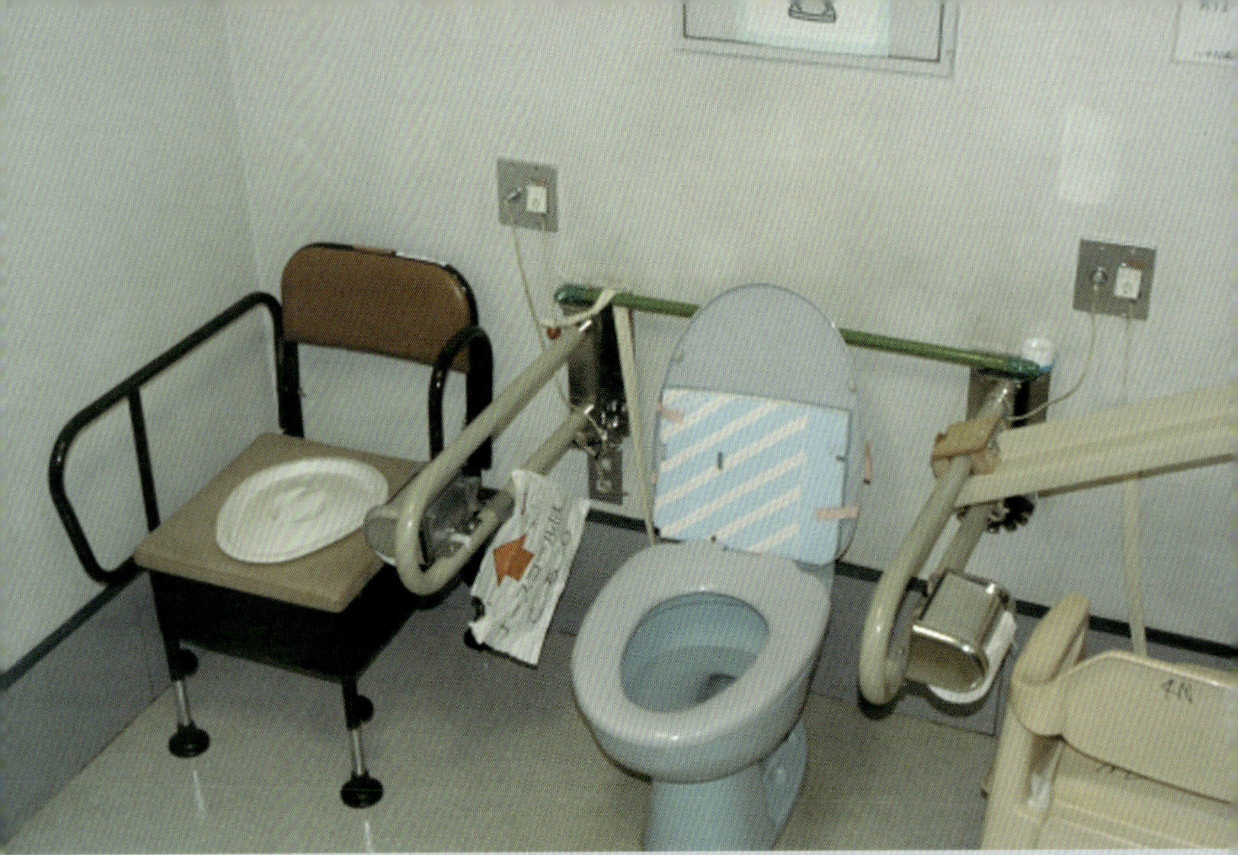

▌그림 3-116 대변기 설치 사례

▌그림 3-116 대변기 설치 사례

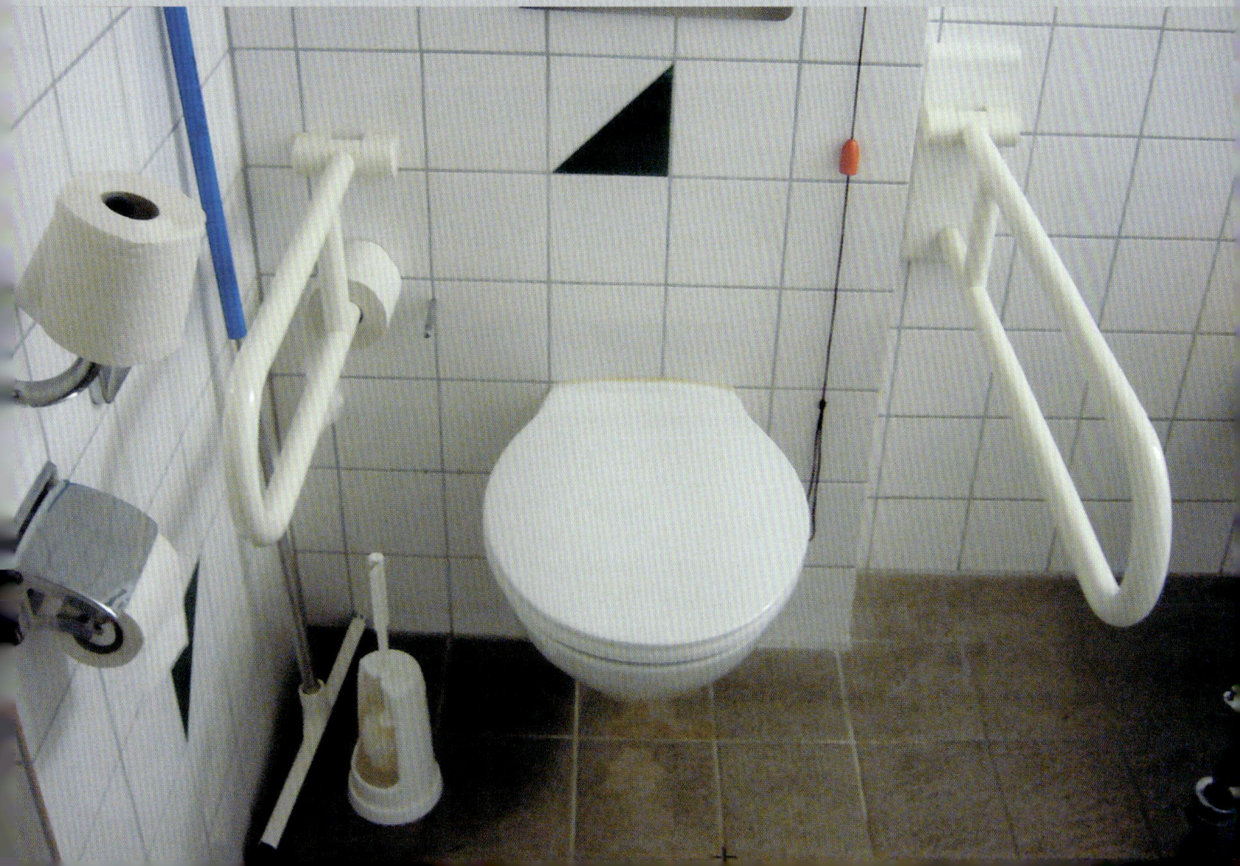

▍그림 3-116 대변기 설치 사례

표 3-55. 외국사례 - 장애인 화장실 출입문의 유효폭 (단위: mm)

AMERICA	ENGLAND	DEUTCH	FRANCE	JAPAN
815	1000	850 ~ 1100	x	850

표 3-56. 변기 높이 규정에 대한 외국사례 (단위: mm)

AMERICA	ENGLAND	DEUTCH	FRANCE	JAPAN
x	〈 450	500	470 ~ 520	400 ~ 450

표 3-57. 이승동작을 위한 변기 측면의 여유폭 규정에 대한 외국사례 (단위: mm)

AMERICA	ENGLAND	DEUTCH	FRANCE	JAPAN
x	x	800	x	x

표 3-59. 수평핸드레일의 설치높이에 대한 외국규정 사례

AMERICA	ENGLAND	DEUTCH	FRANCE	JAPAN
840 ~ 915	750	x	x	650 ~ 700

표 3-60. 수직핸드레일의 설치범위에 대한 외국규정 사례

AMERICA	ENGLAND	DEUTCH	FRANCE	JAPAN
x	800 ~ 1400	x	x	700 ~ 1400

표 3-61. 소변기 좌우에 설치하는 핸드레일의 간격과 높이에 대한 외국규정 사례

	AMERICA	ENGLAND	DEUTCH	FRANCE	JAPAN
간격	x	x	x	x	x
높이	x	x	x	x	x

표 3-62. 소변기 전면 핸드레일의 설치높이에 대한 외국규정 사례

AMERICA	ENGLAND	DEUTCH	FRANCE	JAPAN
x	x	x	x	800

표 3-63. 소변기 국내기준

	이동편의증진법	편의증진법
구조		소변기는 바닥부착형
손잡이		소변기의 양옆에는 수평 및 수직손잡이를 설치
		수평 손잡이의 높이는 바닥면으로부터 800mm 이상 900mm 이하, 길이는 벽면으로 부터 550mm 내외, 좌우 손잡이의 간격은 600mm 내외
		수직 손잡이의 높이는 바닥면으로부터 1100mm 이상 1200mm 이하, 돌출폭은 벽면으로부터 250mm 내외로 하여야 하며, 하단부가 휠체어의 이동에 방해가 되지 않게 한다.

그림 3-118 소변기 종류
소변기를 바닥형과 벽 부착형을 설치하여 모든 사람이 이용할 수 있도록 하였다. 또한, 세정방식은 센서를 통한 자동세정방식을 이용하였다.

그림 3-119 소변기 종류
소변기를 바닥형과 벽 부착형을 설치하여 모든 사람이 이용할 수 있도록 하였다. 또한, 세정방식은 센서를 통한 자동세정방식을 이용하였다.

그림 3-120 손잡이가 부착된 소변기
장애인이 접근하기 쉬운 소변기에 수직손잡이를 설치하여 보행 장애인이 몸을 지탱할 수 있도록 하였다.

3-16 세면대

유의사항

● 휠체어 사용자의 이용을 고려한 세면대를 1개 이상 설치한다.

◓ 장애인의 이용이 많은 화장실의 세면대는 휠체어 사용자와 보행 곤란자의 이용을 구분하여 별도로 설치하는 것이 좋다.

◐ 세면대의 설치에 한계가 있는 경우에는 클러치 사용자의 세면대는 일반용과 동일하게 하여도 무방하다.

3-16-1 휠체어 사용자를 위한 세면대

기준내용

● 휠체어 사용자의 이용을 고려한 세면대를 1개 이상 설치한다.

◓ 세면대의 구조는 휠체어 사용자가 이용할 수 있는 구조로 한다.

◐ 휠체어 사용자가 세면대로 접근하여 이용하기 위하여 세면대 전면에 활동공간(유효바닥면적)을 확보한다.

○ 일반 세면대는 휠체어 사용자에게 높기 때문에 다른 세면대에 비해 낮은 높이에 위치하도록 해야 하며, 세면대의 높이를 조정할 수 있도록 하면 편리하다. 세면대의 상단 높이는 바닥면으로부터 850mm, 하단 높이는 650mm 이상으로 한다.

권장사항

● 세면대 주변에는 가능하면 휠체어 사용자의 방향전환에 필요한 공간을 확보하는 것이 바람직하다.

◓ 세면기 하부에는 휠체어 사용자의 무릎이 들어갈 수 있을 정도의 높이를 확보한다.

◐ 세면기 하부는 휠체어 사용에 방해가 되지 않도록 짧은 트랩으로 하는 것이 바람직하다.

○ 세면기는 유효높이 확보가 용이하도록 벽 부착형이 좋다.

tip 1 *세면대 하단의 유효높이는 휠체어 사용자의 무릎치수인 577mm, 530mm에 여유치수를 더한 650 정도가 바람직하다.*

tip 2 *세면대 하부를 개방하여 무릎이 들어갈 수 있는 충분한 공간을 가져야 한다. 세면대의 배수관이 휠체어 사용자의 무릎공간을 제한하지 않도록 하고, 무릎 등이 직접 닿지 않도록 판 등을 덧대어 봉인하는 것이 바람직하다. 또한 세면대 아래 표면은 날카롭거나 거칠지 않은 것으로 해야 한다.*

3-16-2 지팡이, 클러치 사용자를 위한 세면대

기준내용

● 세면기를 짚고 일어서는 경우가 있으므로 카운터 식으로 설치하거나 세면기 옆에 핸드레일을 설치하는 것이 바람직하다.

◓ 세면기의 높이는 일반용과 유사하게 해도 무방하다.

3-16-3 핸드레일

기준내용

● 클러치 사용자 등의 하지장애인이 이용하기 용이하도록 세면대의 좌우에는 기댈 수 있는 핸드레일을 설치한다.

◓ 핸드레일의 설치 높이는 세면대 상단보다 50mm 정도 높게 한다.

◐ 핸드레일의 간격은 600mm로 하고, 세면대 전면에서 250 ~ 300mm 정도 돌출시킨다.

tip 1 *측면을 벽면에 부착한 카운터형의 세면대는 견고하므로 별도의 핸드레일을 설치하지 않아도 된다.*

tip 2 *세면대 위로 돌출하는 핸드레일은 성인 남녀의 손바닥 두께 32mm, 29mm 정도에 여유를 고려하여 50mm 정도로 한다.*

3-16-4 수도꼭지

기준내용

● 수도꼭지는 상지장애인이 쉽게 조작할 수 있도록 자동인지식, 레버식, 레버식 겸 페달식 등으로 한다.

tip *장애인 이용을 위해서는 자동감지식 수도꼭지가 바람직하지만 여의치 않을 때에는 레버식을 설치하여 조작이 용이하도록 하고, 페달식을 병행 설치하는 것도 바람직하다.*

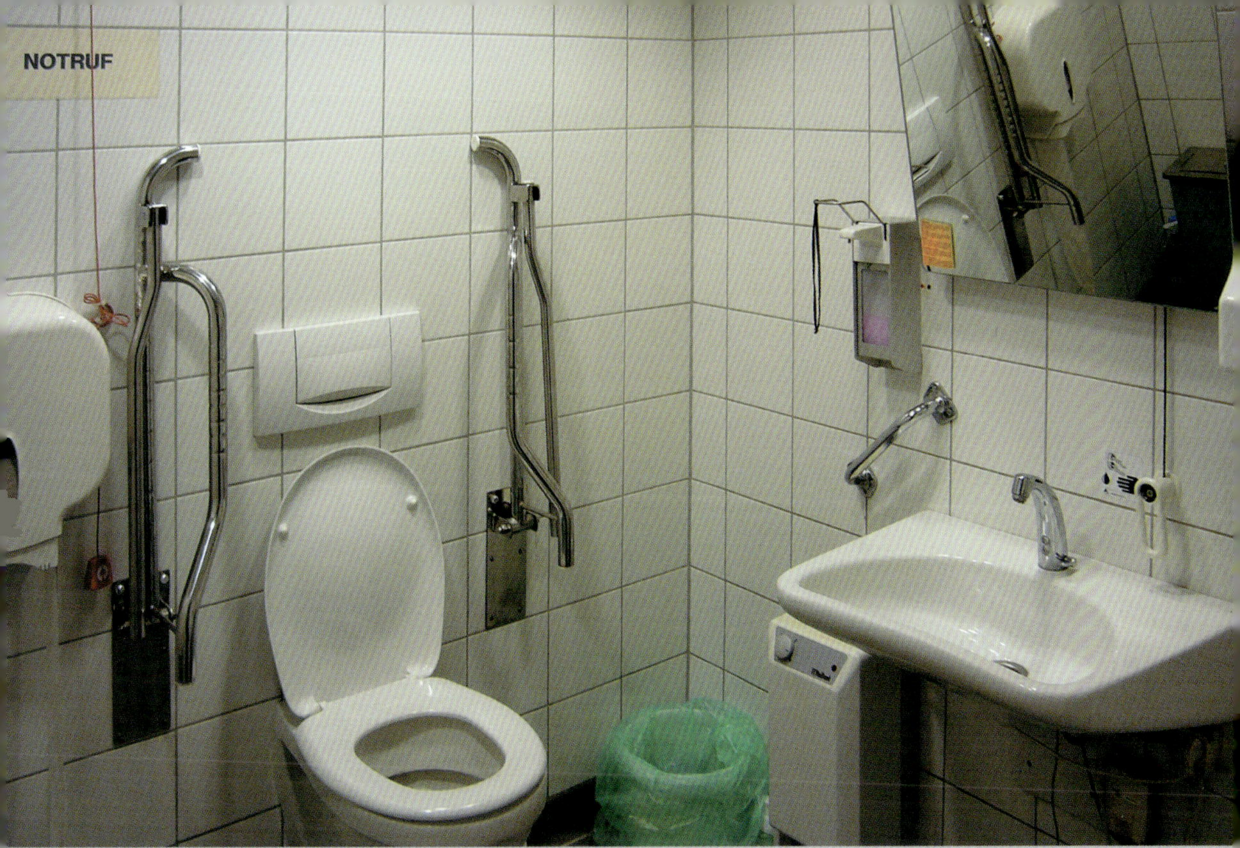

그림 3-121 내부장애인용 세면대
장애인용 화장실 내 세면대 측면에 내부장애인을 위한 설비를 설치하였다.
이는 손잡이 윗부분에 설치하여 휠체어 사용자의 활동공간에 배치하지 않아 유용하다.

그림 3-122 장애인의 편리한 이용을 고려한 각종 세면대

그림 3-122 장애인의 편리한 이용을 고려한 각종 세면대

▌그림 3-122 장애인의 편리한 이용을 고려한 각종 세면대

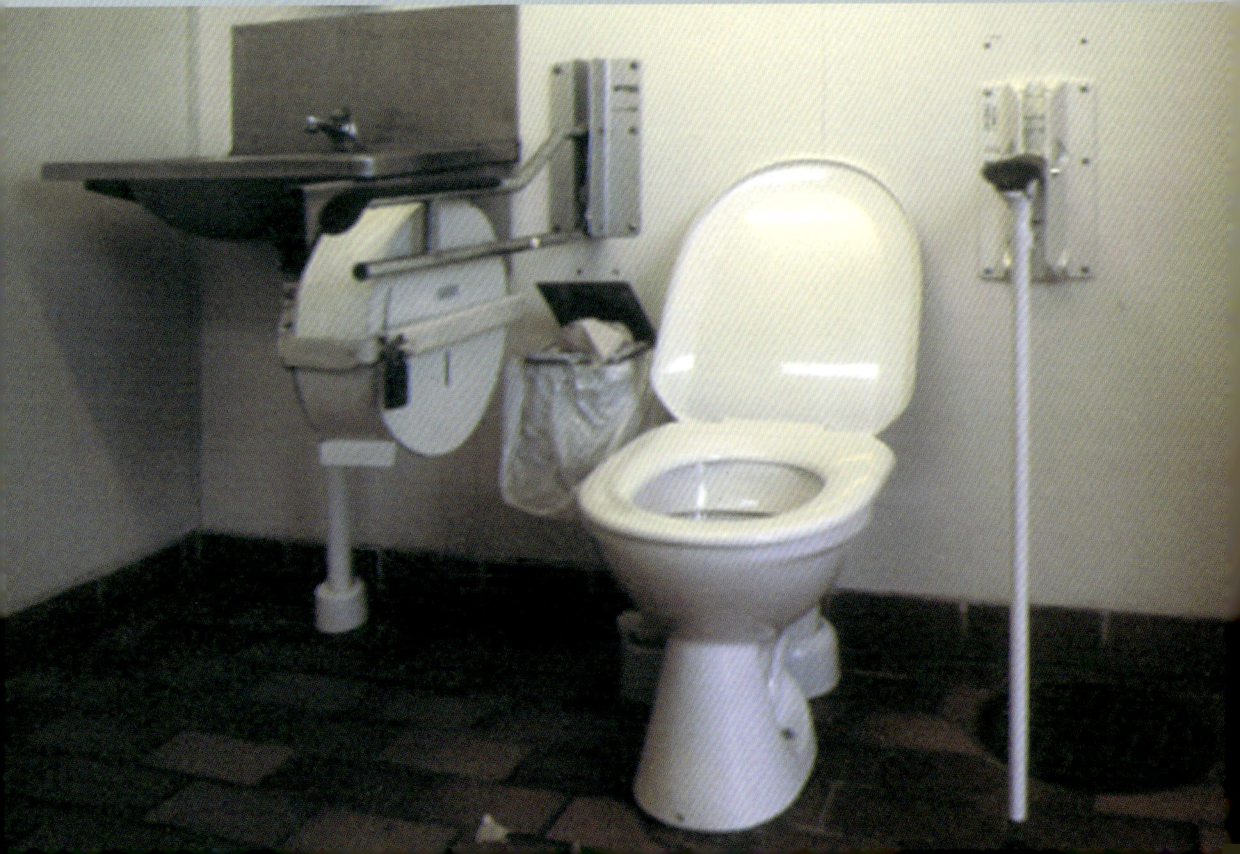

그림 3-122 장애인의 편리한 이용을 고려한 각종 세면대

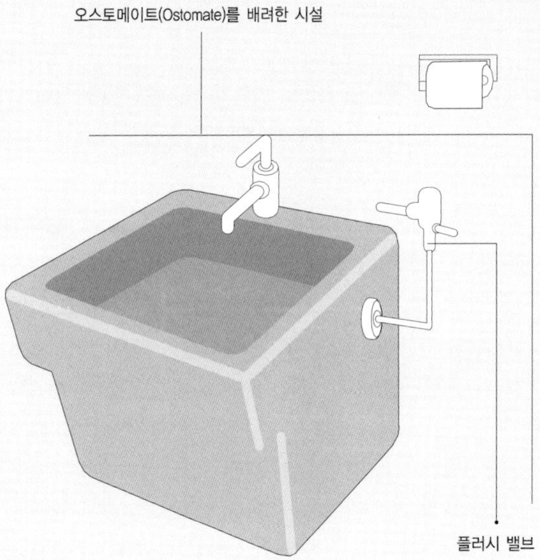

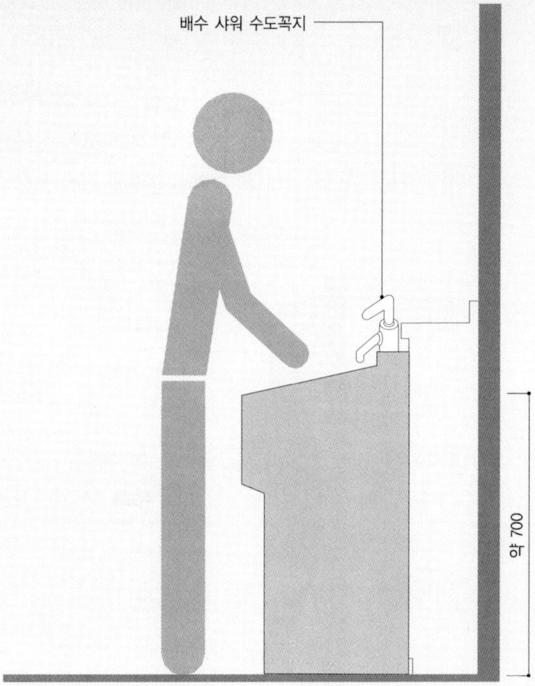

그림 3-124(상) 내부 장애인용 세면대의 각부 치수 (일본)
내부 장애인용 세면대의 높이는 700mm 정도로 하여 인공항문 패키지를 바로 세면대로 놓을 수 있도록 하여야 한다. 세면대 주변에 선반을 설치하고 그 높이는 950mm 정도가 적절하다. 환풍기는 세면대 위 또는 측면에 부착한다.

그림 3-125(하) 세면대 배수관 봉입
세면대의 배수관은 휠체어 사용자의 무릎이 닿지 않도록 배수관 자체를 봉입하거나, 세면대 하부를 오른쪽 그림과 같이 판을 대어 봉입한다.

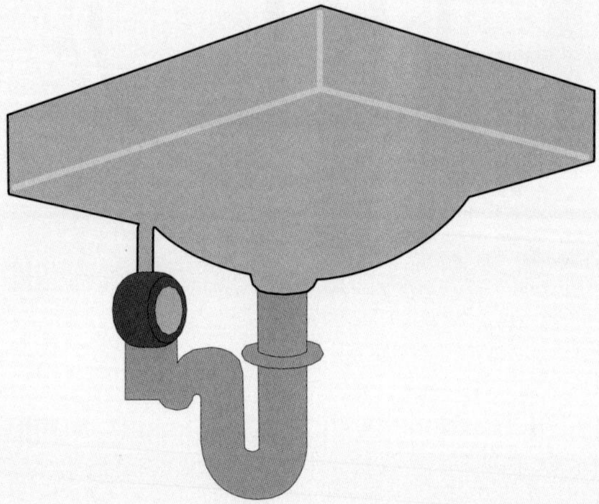

그림 3-126 높이 조절이 가능한 세면대
높이 조절이 가능한 세면대를 사용하면, 모든 사람들이 자신에게 적절한 높이를 설정하여 사용할 수 있으므로 편리하다. 이때에는 작동이 편리하게 계획해야 한다.

그림 3-127 손잡이가 부착된 세면대
카운터식 세면대가 아닌 경우에는 보행 장애인을 위하여 핸드레일을 설치하는 것이 바람직하다.

그림 3-128 경사진 거울이 부착된 세면대
휠체어 사용자는 시선이 낮기 때문에 경사진 거울을 이용하면 얼굴을 볼 수 있을 뿐만 아니라 뒤에서 일어나는 것을 더 많이 볼 수 있어서 편리하다.

▎그림 3-129 휠체어 사용자와 목발사용자를 고려하여 설치된 세면대

그림 3-130 장애인의 편리한 이용을 고려한 각종 세면대
① 카운터형 세면대를 공통으로 설치하고, 장애인의 사용을 위하여 핸드레일을 추가 설치한 사례
② 휠체어 사용자를 위한 유효바닥면적을 충분히 확보하기 위하여 소형 세면대를 설치한 사례
수전은 자동센서 작동으로 하는 것이 좋다.

▌그림 3-130 장애인의 편리한 이용을 고려한 각종 세면대

표 3-67. 외국사례 - 샤워부스에 확보해야 하는 유효바닥면적

AMERICA	ENGLAND	DEUTCH	FRANCE	JAPAN
915mm x 915mm 760mm x 1525mm	x	x	800mm x 1600mm x	x

표 3-66. 샤워실 및 탈의실 세부기준

	편의증진법
설치장소	장애인 등의 접근이 가능한 통로에 연결하여 설치
출입문 형태	미닫이문 또는 접이문으로 할 수 있다.
활동공간	욕조의 전면에는 휠체어를 탄 채 접근이 가능한 활동공간을 확보
욕조의 높이	바닥면으로부터 400-450mm 이하
바닥	욕실의 바닥면높이는 탈의실의 바닥면과 동일하게 할 수 있다. 바닥면의 기울기는 1/30 이하로 하여야 한다. 욕실 및 욕조의 바닥표면은 물에 젖어도 미끄러지지 않는 재질로 마감
핸드레일	욕조 주위에는 수평 및 수직 핸드레일을 설치할 수 있다.
작동장치	수도꼭지는 광감지식/누름버튼식/레버식 등 사용하기 쉬운 형태로 설치 냉/온수의 구분은 점자로 표시할 수 있다. 샤워기는 앉은 채 손이 도달할 수 있는 위치에 레버식 등 사용하기 쉬운 형태로 설치
좌대 등	욕조에는 휠체어에서 옮겨 앉을 수 있는 좌대를 욕조와 동일한 높이로 설치
비상장치	욕실 내에서의 비상사태에 대비하여 욕조로부터 손이 쉽게 닿는 위치에 비상용 벨을 설치하여야 한다.

표 3-68. 외국사례 - 샤워, 탈의실에 설치되는 의자의 좌면 높이

AMERICA	ENGLAND	DEUTCH	FRANCE	JAPAN
x	x	x	x	400mm ~ 450mm

표 3-69. 외국사례 - 카운터, 작업대의 상단높이

AMERICA	ENGLAND	DEUTCH	FRANCE	JAPAN
710 ~ 865	x	x	x	700 ~ 800

표 3-70. 외국사례 - 카운터, 작업대 하부공간의 최소 높이와 깊이

	AMERICA	ENGLAND	DEUTCH	FRANCE	JAPAN
높이 깊이	685 485	x	x	x	650 450

3-17 욕 실

유의사항

- ● 욕실은 최소한 보행 장애인이 이용할 수 있도록 해야 한다.
- ◓ 장애인 등이 접근할 수 있는 통로에 연결하여 사용할 수 있도록 한다.
- ◐ 욕실 한쪽 가장자리에 휠체어를 둘 수 있는 공간과 보조자의 활동공간을 확보하는 것이 바람직하다.
- ○ 욕조는 휠체어 사용자가 옮겨 앉을 수 있는 대를 설치하며, 높이는 450mm 정도로 한다.
- ◒ 욕실 바닥 재료는 잘 미끄러지지 않는 것으로 하고, 배수구는 휠체어 캐스터가 걸리지 않도록 유의한다.
- ◕ 수도꼭지는 싱글 레버식이나 온도조절장치가 있는 것으로 한다.
- ● 비상사태를 대비하여 비상용 버튼을 설치한다.
- ◓ 핸드레일을 설치한다.

3-17-1 일반사항

기준내용

- ● 장애인 이용을 위한 욕실은 욕실의 형태, 부착물, 수도꼭지, 여유공간 등을 배려한다.
- ◓ 휠체어 사용자의 이용을 고려하여 탈의실, 씻는 곳, 욕조로 이동 등의 일련의 동작을 원활하게 할 수 있도록 배려한다.

3-17-2 출입구 및 출입문

기준내용

- ● 출입문의 형태는 장애인이 사용할 수 있는 화장실의 기준을 따른다.

권장사항

- ● 욕실 출입문은 상부 힌지 미닫이문 또는 접이문이 바람직하다.

3-17-3 욕실 바닥

기준내용

- ● 욕실 바닥은 탈의실 바닥면과 동일한 높이로 한다.
- ◓ 바닥배수 경사는 바닥의 단차가 최소가 되도록 한다.(1/30 이하)
- ◐ 욕실 및 욕조는 물에 젖었을 때 미끄러지지 않는 재료로 마감하거나 미끄럼 방지제 등을 부착한다.

권장내용

- ● 배수구는 휠체어의 캐스터가 걸리지 않도록 유의한다.

3-17-4 욕조

기준내용

- ● 욕실 바닥에서 욕조까지의 높이는 휠체어 좌면높이인 400~450mm로 한다.
- ◓ 욕조의 깊이는 550mm로 한다.
- ◐ 욕조 주변에는 욕조 의자 유무에 따라 휠체어가 접근할 수 있도록 바닥 유효공간을 확보한다.

권장사항

- ● 욕실에서 욕조로 들어가기 쉽게 좌대를 설치하는 것이 바람직하다.
- ◓ 욕조의 깊이는 누워서 완전히 몸이 잠길 수 있는 깊이로 한다.

tip 1 *욕조 전면에는 휠체어 사용자가 휠체어를 타고 욕조까지 접근할 수 있는 공간을 확보한다.*
또한 욕조에 들어가기 위해서 욕조 의자를 두어 옮겨 앉은 자세로 들어갈 수 있도록 하는 것이 좋다.
욕조만 설치된 경우에는 욕조와 수직방향으로 접근한 후 몸의 방향을 전환하여 들어가야 하므로 휠체어를 측면에 바닥 유효공간(700mm×1,200mm)을 확보해 두어야 한다.

tip 2 *좌대는 욕조로 이동하는데 중간역할을 하는 것으로 고정식과 이동식이 있다.*
고정식은 욕조의 수도 반대편에 욕조를 연장한 형태로 설치되는 것이며, 이동식은 욕조의 중간에 걸쳐서 사용할 수 있도록 설치된 의자형태이다. 욕조의 상하를 이동하는 리프트나 호이스트 등을 설치하면 좌대를 설치하지 않아도 된다.

3-17-5 핸드레일 및 기타 설치물

기준내용

- ● 욕조로 이동할 때 보행 장애인이 몸을 지지할 수 있는 핸드레일을 설치한다.
- ◓ 욕조 및 욕실의 각종 장치는 세면대의 기준을 따른다.
- ◐ 욕실 내 비상장치는 비상사태에 대비하여 욕조로부터 손이 쉽게 닿는 위치에 비상용 벨을 설치한다.

tip *휠체어 사용자의 경우, 휠체어 좌면높이와 욕조의 높이가 동일하면 몸의 높이 조절이 적기 때문에 수평 손잡이가 유용하다. 그러나 서있는 상태에서 욕조 내로 이동해야 하는 경우에는 수직 손잡이가 유효하다. 수직 손잡이 높이는 800~900mm 정도가 바람직하다.*

그림 3-131 욕조 입욕 시 이용하기 위한 공간
휠체어 사용자의 욕조 사용을 위해서는 욕조 좌우면에 옮겨 앉을 수 있는 공간 또는 의자를 확보한다.
좌우면의 선택은 신체의 마비정도에 따라 결정한다.

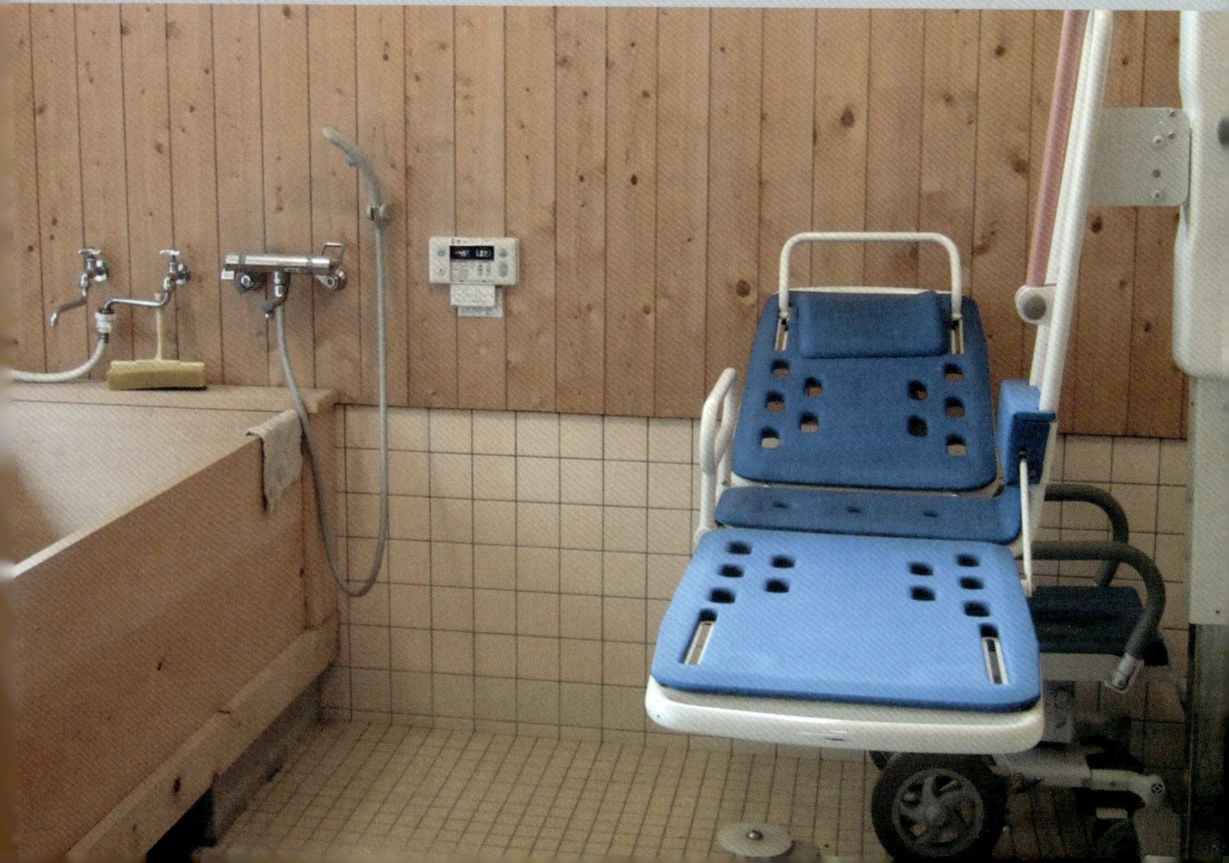

그림 3-131 욕조 입욕 시 이용하기 위한 공간
휠체어 사용자의 욕조 사용을 위해서는 욕조 좌우면에 옮겨 앉을 수 있는 공간 또는 의자를 확보한다.
좌우면의 선택은 신체의 마비정도에 따라 결정한다.

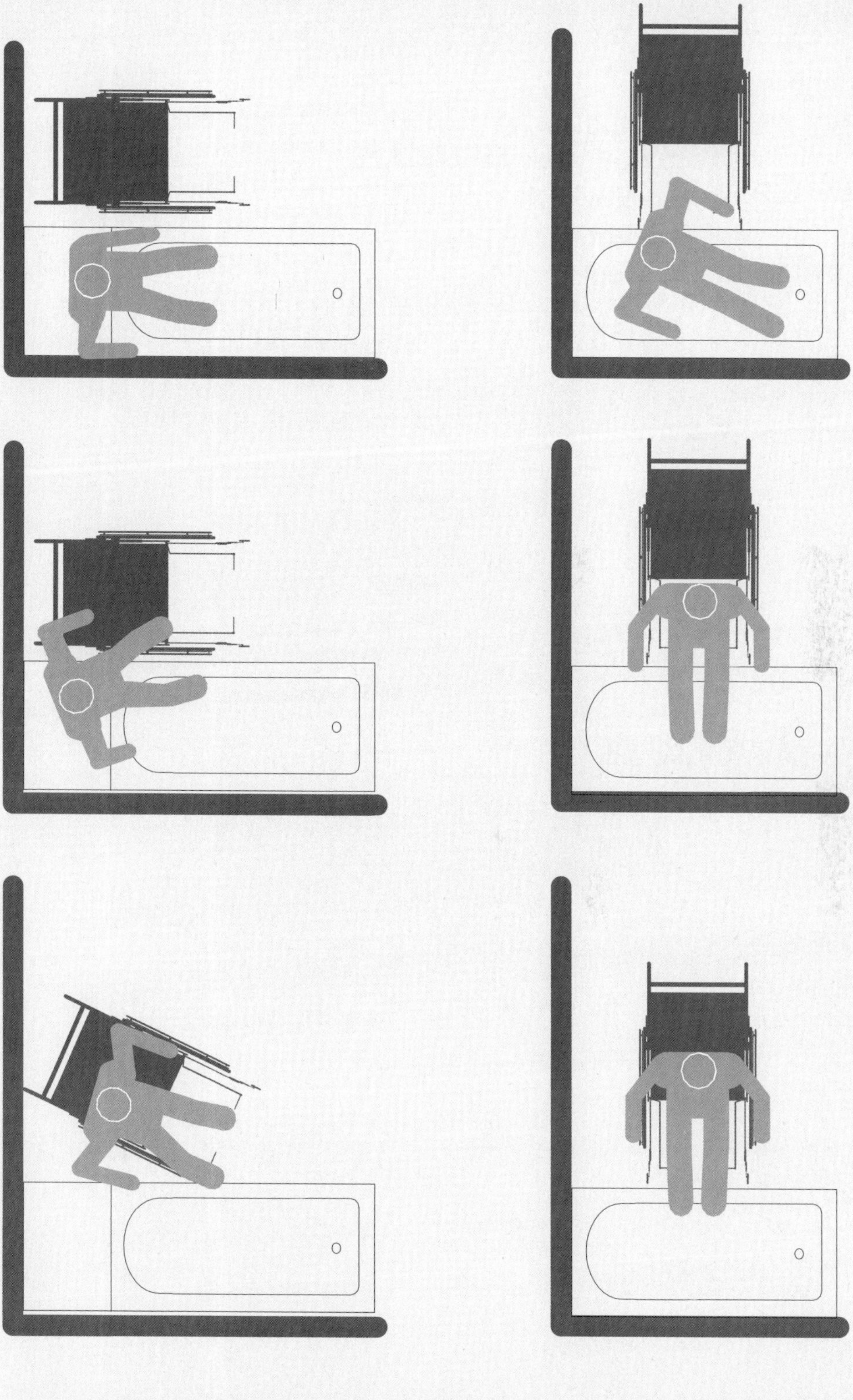

그림 3-132 욕조 사용 행위
휠체어 사용자는 욕조로 진입하는데 옮겨 앉을 수 있는 좌석이나 공간이 마련된 경우에는 여기에 몸을 옮겨 욕조로 옮겨가는 반면, 욕조만 설치된 경우에는 욕조 전면에서 욕조와 수직방향으로 접근한 후 몸의 방향을 전환하여 이동하게 된다. 따라서 욕조 머리부분에 의자나 욕조를 연장한 부분을 형성하면 보다 편리하게 이승할 수 있다.

3-18 샤워실

3-18-1 일반사항

기준내용

- 장애인의 이용이 많은 시설에서는 휠체어용 샤워부스를 설치하고, 샤워용 휠체어 또는 샤워용 의자를 구비하도록 한다.
- 샤워실 또는 탈의실에 들어가기 위한 통로와 출입구는 단차 및 돌출물이 없도록 한다.

권장사항

- 휠체어용 샤워부스는 휠체어가 회전할 수 있는 유효공간을 확보하는 것이 바람직하다.

3-18-2 출입구

기준내용

- 샤워실의 출입구폭은 850mm 이상으로 한다.

권장사항

- 출입문의 형식은 상부 매단 미닫이문이 바람직하며, 샤워부스는 커튼처리 하는 것이 바람직하다.

3-18-3 샤워부스의 크기

기준내용

- 샤워부스의 유효바닥 면적은
  900mm×900mm 또는 750mm×1,500mm가 되도록 한다.

3-18-4 핸드레일

기준내용

- 부스 내부에는 기본적으로 수평 핸드레일을 설치하고, 필요에 따라 수직 핸드레일을 추가한다.

3-18-5 바닥재료

기준내용

- 바닥면은 물에 젖어도 미끄러지지 않는 재료로 한다.

3-18-6 샤워기 및 수도꼭지

기준내용

- 샤워기 및 수도꼭지는 온수조절이 용이한 레버식 등 조작이 간편한 것으로 한다.

권장사항

- 샤워꼭지는 샤워용 휠체어 또는 샤워용 의자에 앉은 채 손이 닿을 수 있는 위치에 설치하고, 샤워헤드는 높이를 달리하여 상하 2개소에 설치하는 것이 바람직하다.

3-18-7 샤워 및 탈의실 의자

기준내용

- 샤워실 및 탈의실에는 휠체어 좌면과 동일한 높이의 의자를 설치한다.
- 의자는 기본적으로 벤치형으로 하고, 샤워기 주변에 설치되는 경우에는 벽면에 부착되는 접이형이 바람직하다.

tip *샤워실 및 탈의실에 설치하는 벤치의 높이는 휠체어 좌면과 같은 높이 400~450mm로 한다.*

그림 3-133 손잡이가 부착된 욕조
욕조 주변에 옮겨 앉을 수 있는 공간(의자)을 확보하고, 주변에 수평 손잡이 및 수직 손잡이를 설치하여 욕조로 들어가는 것을 도와준다.

그림 3-134 호이스트가 설치된 욕조
욕조 측면에 수직 이동이 가능한 호이스트를 배치하고 욕조로 들어갈 때에 이용한다.

그림 3-135 샤워실에 설치된 의자와 핸드레일

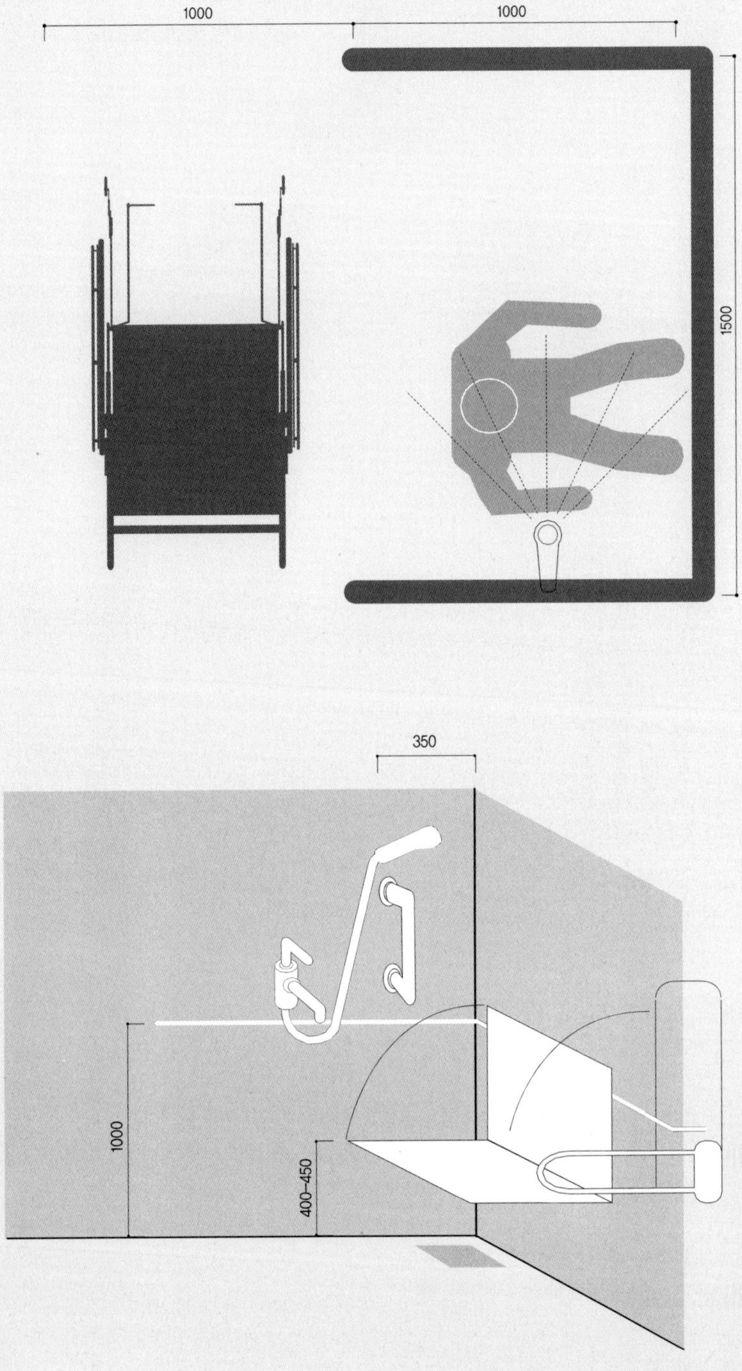

그림 3-136 샤워부스의 각부 치수

샤워부스 크기는 국내 기준 900mm × 900mm 또는 750mm × 1,500mm 이상으로 한다. 샤워 부스 전면에는 휠체어를 놓아둘 수 있는 공간 (1,000mm 정도)을 확보하면 편리하다. 의자의 높이는 400-450mm 정도로 하고, 수도꼭지는 바닥 위 1,000mm 이내로 한다.

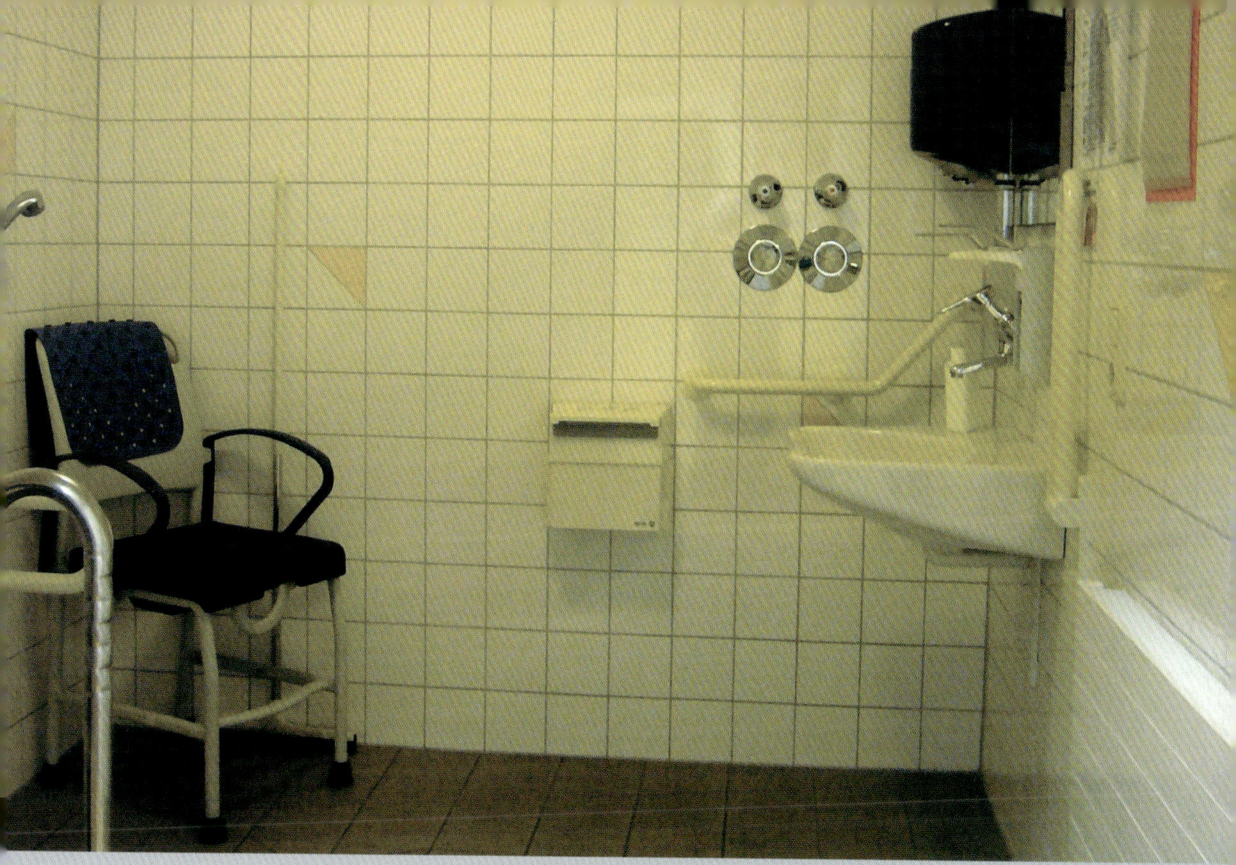

▌그림 3-137 샤워부스에 고정식 의자를 설치하는 대신 이동용 샤워의자를 사용하는 사례

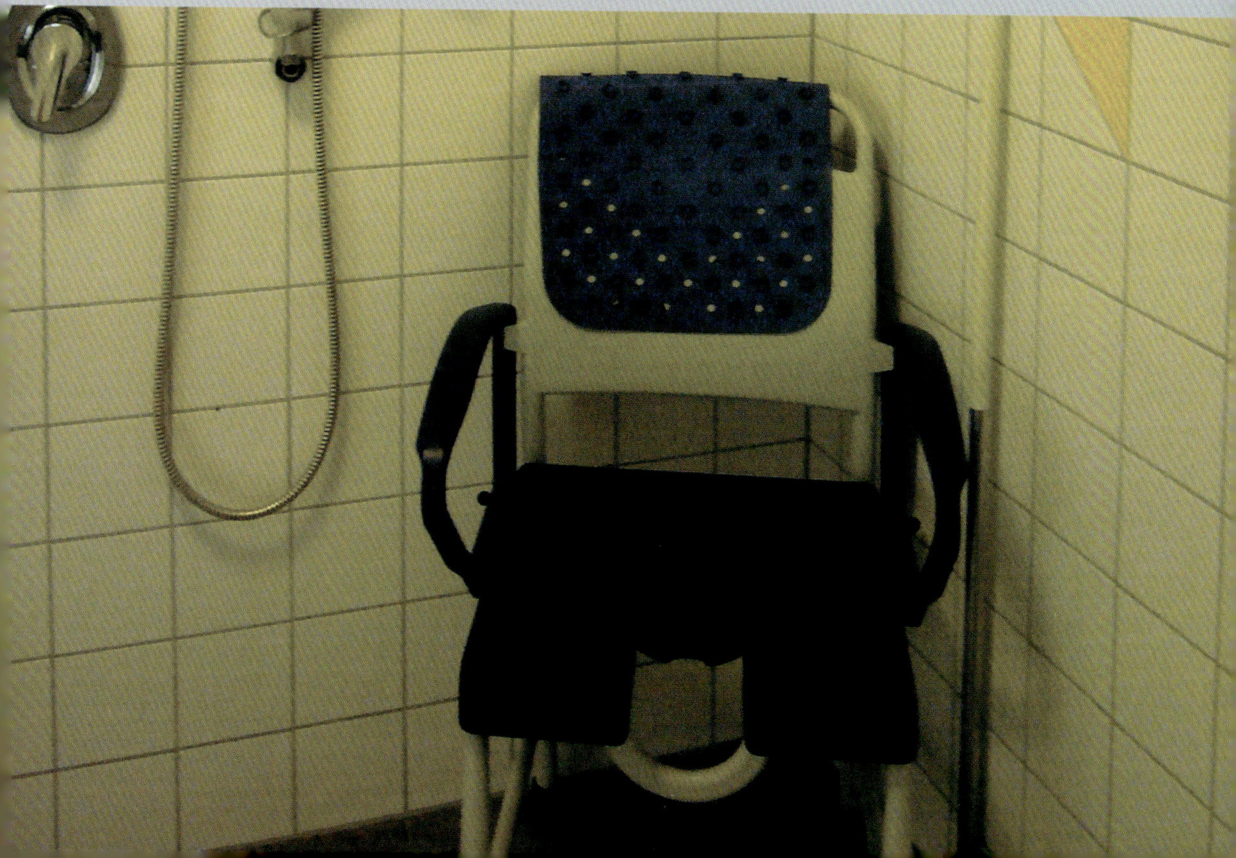

그림 3-138 샤워부스에 설치된 접이식 의자
그림 3-139 샤워부스에 설치된 이동식 의자. 배설용 의자를 사용할 수 있다.

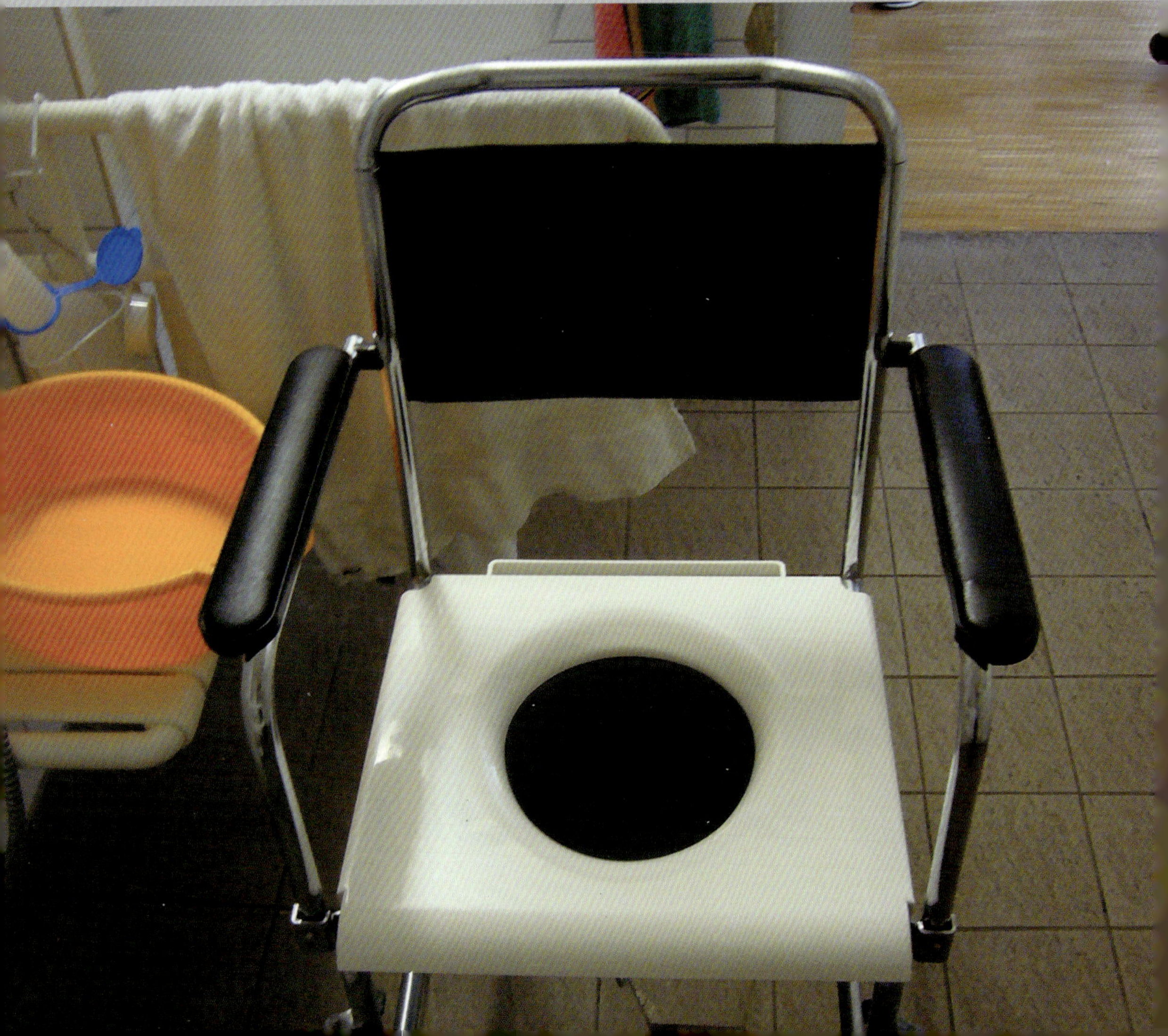

그림 3-140 샤워기 주변의 설치물
샤워기 주변에 핸드레일을 설치하고, 샤워헤드의 높이 조절이 가능하도록 하였다. 큰 힘을 들이지 않고 작동할 수 있는 누름식 작동장치를 설치하였다. 접이식 의자를 벽면에 부착 설치하여 의자에 앉은 채 샤워를 할 수 있도록 하였다.

그림 3-142 지하철 통로에 설치된 공중전화
휠체어 사용자 또는 어린이의 이용을 고려하여 높이를 다르게 하였으며, 보행에 방해가 되지 않도록 알코브 형태로 계획하였다.

그림 3-142 가로에 설치된 우체통
휠체어 사용자 또는 어린이의 이용을 고려하여 투입구의 높이를 다르게 하였으며, 하부를 개방하여 휠체어 또는 자전거 이용자의 접근이 용이하도록 하였다.

그림 3-143 통로에 설치대 식음대
이용자의 신체 특성을 고려하여 다양한 높이로 계획하였으며, 알코브에 설치하여 보행로를 확보하였다. 하부를 비워두어 접근 및 이용이 편리하도록 하였다.

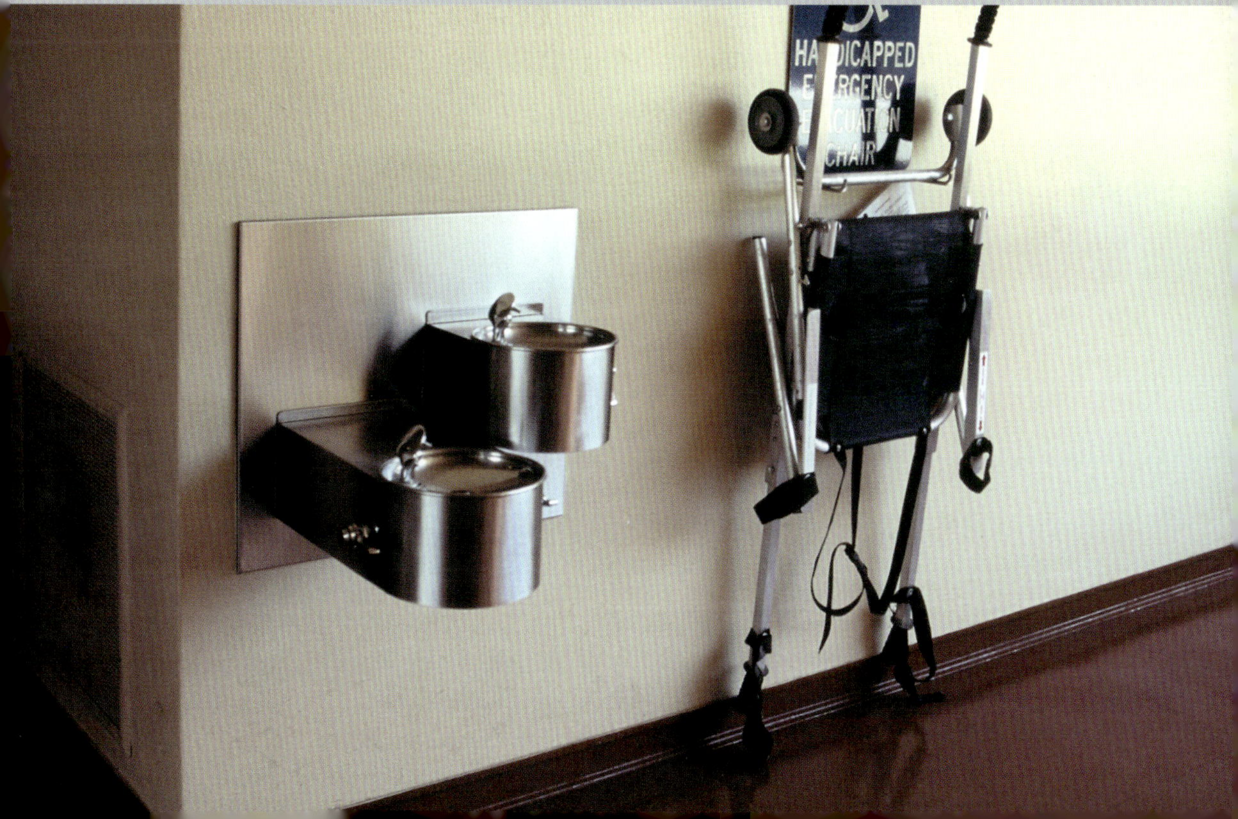

3-20 교통시설

유의사항

1. 플랫폼

● 행선지 유도블록은 연속적으로 설치한다.

◓ 유도블록과 연결하여 위험감지용 블록을 설치한다.

◐ 승하차 위치를 표시한다.

○ 플랫폼과 차량(지하철)은 25mm 이상 떨어지지 않도록 하는 것이 바람직하다.

2. 버스승강대

● 버스승강대가 설치되는 곳의 보도는 너비 250cm 이상이 되도록 한다.

◓ 승강대는 눈에 띄기 쉬운 색으로 한다.

◐ 승강대와 보도의 연결부분의 단차는 2.5cm 이하로 하는 것이 바람직하다.

○ 장애인의 이용이 많은 곳은 고정식 승강대를 설치한다.

3. 대기소

● 노천 대기소는 우천 시를 대비하여 차양시설을 하는 것이 좋다.

◓ 벤치를 설치하는 것도 좋다.

◐ 안내판을 설치할 경우에는 진행방향의 끝에 세우도록 한다.

3-20-1 일반사항

기준내용

● 지하철 및 전철 등의 공공교통시설은 장애인의 이용을 고려하여 수직 및 수평이동이 가능하도록 배려한다.

◓ 승강장 내부에는 시각장애인을 위해 점자안내판을 설치하는 것이 바람직하다.

◐ 휠체어 사용자가 도시 외부환경에서 교통시설의 승강장까지 쉽게 이동할 수 있도록 엘리베이터나 경사리프트를 설치하는 것이 바람직하다.

권장사항

● 시각장애인 유도블록은 광장에서 승차지점까지 연속하여 설치하는 것이 바람직하다.

◓ 장애인의 이용이 많은 곳은 고정된 버스승강대를 설치한다.

3-20-2 개찰구 및 자동발매기

기준내용

● 개찰구 중 1개소는 휠체어 사용자의 통과를 위하여 유효폭 900mm 이상으로 하고 유도용 블록을 설치한다.

◓ 휠체어 사용자가 이용하는 개찰구의 형식은 자동개폐형식으로 한다.

◐ 자동발매기는 시각장애인이 이용할 수 있도록 행선지와 요금 등을 점자로 표시한다.

○ 자동발매기의 300mm 전면에 점형블록을 설치한다.

◒ 자동발매기의 현금투입구 높이는 1300mm 이하로 한다.

tip *자동발매기의 현금투입구 높이는 휠체어 사용자가 전면 또는 측면으로 접근하여 손이 도달할 수 있는 범위 내인 1,300mm에 위치하도록 한다.*

3-20-3 승강장

기준내용

● 승강장의 바닥마감은 미끄럽지 않고 평탄하며, 구배는 1/100 정도로 완만하게 처리한다.

◓ 승강장의 가장자리는 위험방지를 위한 감지용 블록을 부설한다.

◐ 승강장의 양단부는 높이 1,100~1,500mm 정도의 추락방지용 난간을 설치한다.

○ 승강장에 설치되는 각종 부착물은 통행자에게 불편을 주지 않도록 주의한다.

◒ 승강장에 벤치, 계단, 휴지통 등을 설치하는 경우에는 휠체어 통행에 지장을 주지 않도록 한다.

tip *승강장의 양단부에 설치되는 추락방지용 난간의 높이는 성인남녀의 팔꿈치 높이인 1,049mm, 975mm 보다 약간 높은 1,100 ~ 1,500mm 정도가 되도록 한다.*

권장사항

● 지하철 차량과 플랫폼의 간격은 되도록 적게 하고, 플랫폼이 곡선인 경우에는 이격 간격이 가장 적은 위치에 정지하도록 한다.

▎그림 3-144 장애인 또는 신체적 약자의 이용을 배려한 각종 표시

그림 3-145 출입문에 표시된 표시

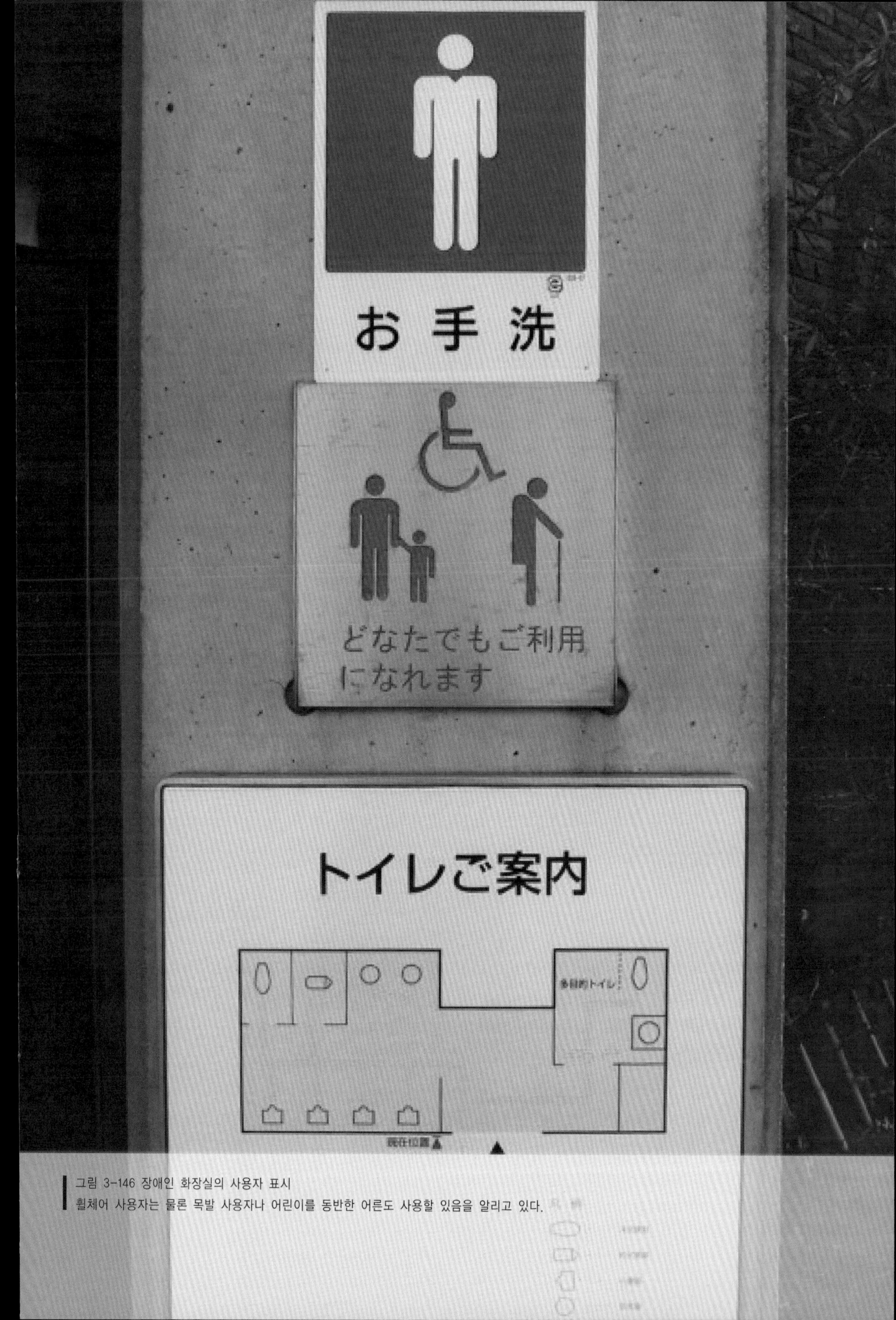

그림 3-146 장애인 화장실의 사용자 표시
휠체어 사용자는 물론 목발 사용자나 어린이를 동반한 어른도 사용할 있음을 알리고 있다.

3-21 표시 및 안내

3-21-1 일반사항

기준내용

- 목적하는 장소에 안전하고 확실하게 도달할 수 있도록 표시한다.

tip *장애인을 위한 일정 기준 이상의 시설이 설치된 곳에는 장애인 심벌마크를 부착하여 장애인의 이용상 편의를 도모하도록 한다.*

3-21-2 장애인을 위한 국제 심벌마크

기준내용

- 장애인을 위한 국제 심벌마크의 크기는 단변이 100~450mm 정도가 바람직하다.
- 장애인을 위한 국제 심벌마크는 흑색(또는 짙은 청색)과 백색만을 사용한다.

권장사항

- 국제 심벌마크 설치를 위한 최저조건
  ① 현관 : 지면과 동일한 높이로 되어 있거나 계단 대신 또는 계단 외에 경사로가 설치되어 있는 경우
  ② 출입구 : 폭 800mm 이상, 회전문이 설치된 경우에는 별도의 입구를 병설한 경우
  ③ 경사로 : 경사로가 1/12 이하로 설치되어 있는 경우
  ④ 통로 · 복도 : 1,300mm 이상의 너비인 통로와 복도
  ⑤ 화장실 : 이용하기 쉬운 장소에 위치하며, 충분한 내부공간을 확보하고 핸드레일이 설치되어 있으며, 문은 바깥여닫이 형식으로 설치된 화장실
  ⑥ 엘리베이터 : 입구 폭 1,800mm 이상

3-21-3 시각에 의한 안내

기준내용

- 장애인을 위한 시설이 설치된 곳에는 심벌마크를 부착한다.
- 문자와 기호는 크고 굵은 글씨체로 하며, 바탕색과 대비가 되는 색으로 한다.
- 표시판은 휠체어 사용자가 보기 쉬운 위치와 높이에 부착한다.
- ○ 조명은 역광, 반사가 생기지 않도록 한다.
- 필요에 따라 시각 안내 외에 신호 또는 음성으로 유도한다.
- 안내판, 표시판이 통행을 방해하지 않도록 주의하며, 돌출된 경우에는 돌출물 규정에 따르도록 한다.

3-21-4 촉각에 의한 안내

기준내용

- 유도용 선형블록, 감지용 점형블록을 사용한다. 바닥재의 크기는 300mm×300mm , 400mm×400mm 블록을 사용한다.
- 선형블록은 유도방향을 연속시키는 것으로 사용하며, 선형돌기가 연속되도록 설치한다.
- 점형블록은 위치를 부각시키는 것으로 단차와 굴절부, 위험장소의 300mm 전면, 계단 시작 전 300mm, 엘리베이터 조작버튼 전면에 설치한다.
- ○ 시설 배치가 복잡할 경우에는 출입구 주변에 시설 매치안내판 또는 족지도식 안내판을 설치하는 것이 바람직하다.
- 연속 설치되는 핸드레일의 굴절부분에는 층수, 위치, 실명 등을 표시하는 안전표지판을 부착한다.
- 주요 실의 문 옆, 문손잡이에는 점자로 표기된 점자표지판을 부착한다.

3-21-5 청각에 의한 안내

기준내용

- 청각장애인을 위한 안내가 필요한 경우에는 출입구 부근, 계단 부근, 건물안내판(촉지도식 안내판) 등의 상부 위치에 유도 벨을 설치한다.
- 공공시설의 구내에는 방송설비를 설치하고 적절한 안내방송을 하는 것도 바람직하다.
- 촉지도식 안내판 또는 건물 전체 안내판에는 각 관리소 또는 안내소에 연락할 수 있는 인터폰을 병설하여 설치하는 것이 바람직하다.

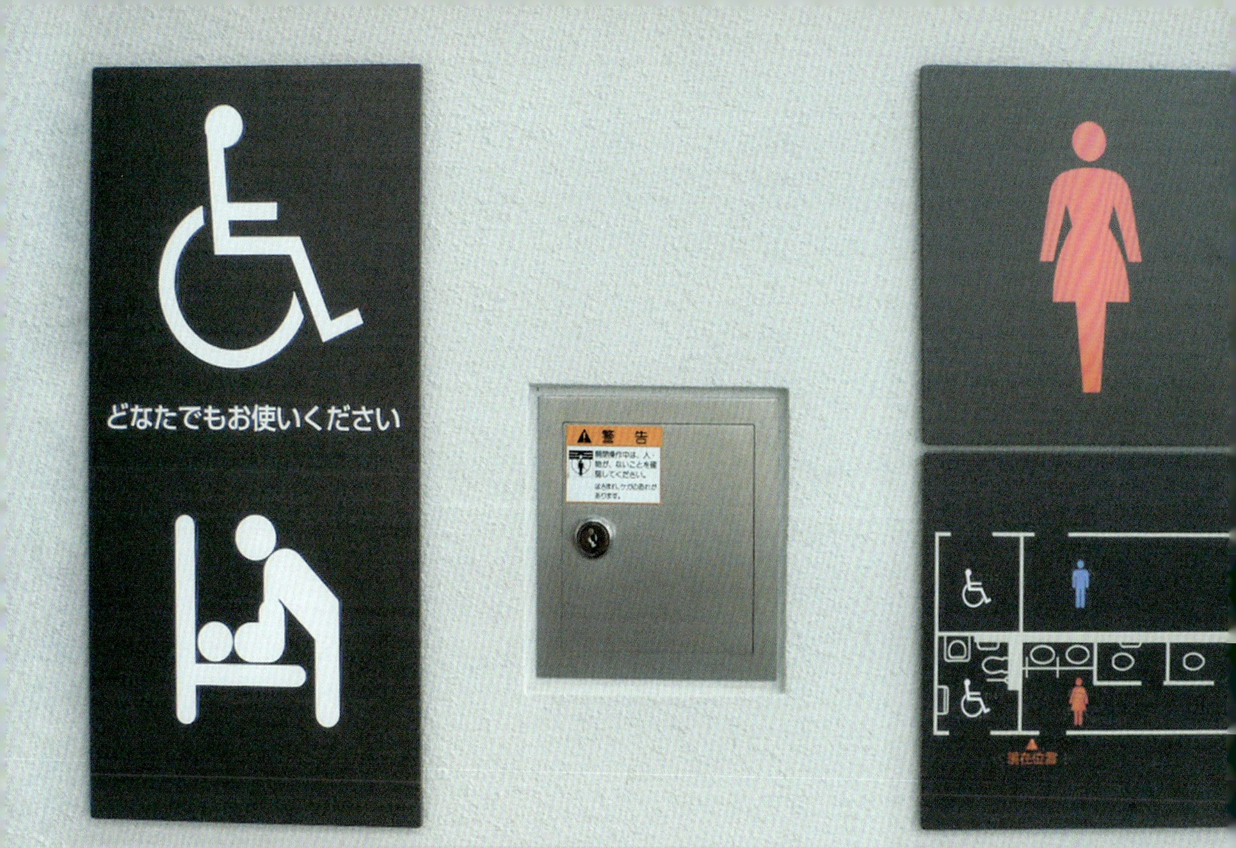

그림 3-147 장애인 화장실의 사용자 표시
휠체어 사용자는 물론 기저귀 교환대가 준비되어 있음을 알리고 있다.
그림 3-148 현관 로비에 설치된 점자 안내판. 좌측의 우편함과 우측의 거주자명 태그 및 초인종, 핸드레일을 동일 색으로 처리하여 디자인 완성도를 높였다.

그림 3-148 현관 로비에 설치된 점자 안내판

현관로비에 설치된 입주자 안내판, 일반문자와 점자표기가 병기되어 있다.
좌측의 우편함과 우측의 거주자명 태그 및 초인종, 핸드레일을 동일 색으로 처리하여 디자인 완성도를 높였다.

▌그림 3-149 외부 계단에 설치되는 핸드레일은 어린이를 위한 치수(600mm)와 성인을 위한 치수(800mm)를 고려하여 이중으로 설치하는 것이 좋다.

그림 3-150 외부 계단에 설치되는 점형 블록
계단에 설치되는 유도블록은 논슬립과 구분지어 사용하며, 보행자의 발에 걸리지 않도록 형태와 설치 위치에 주의해야 한다.

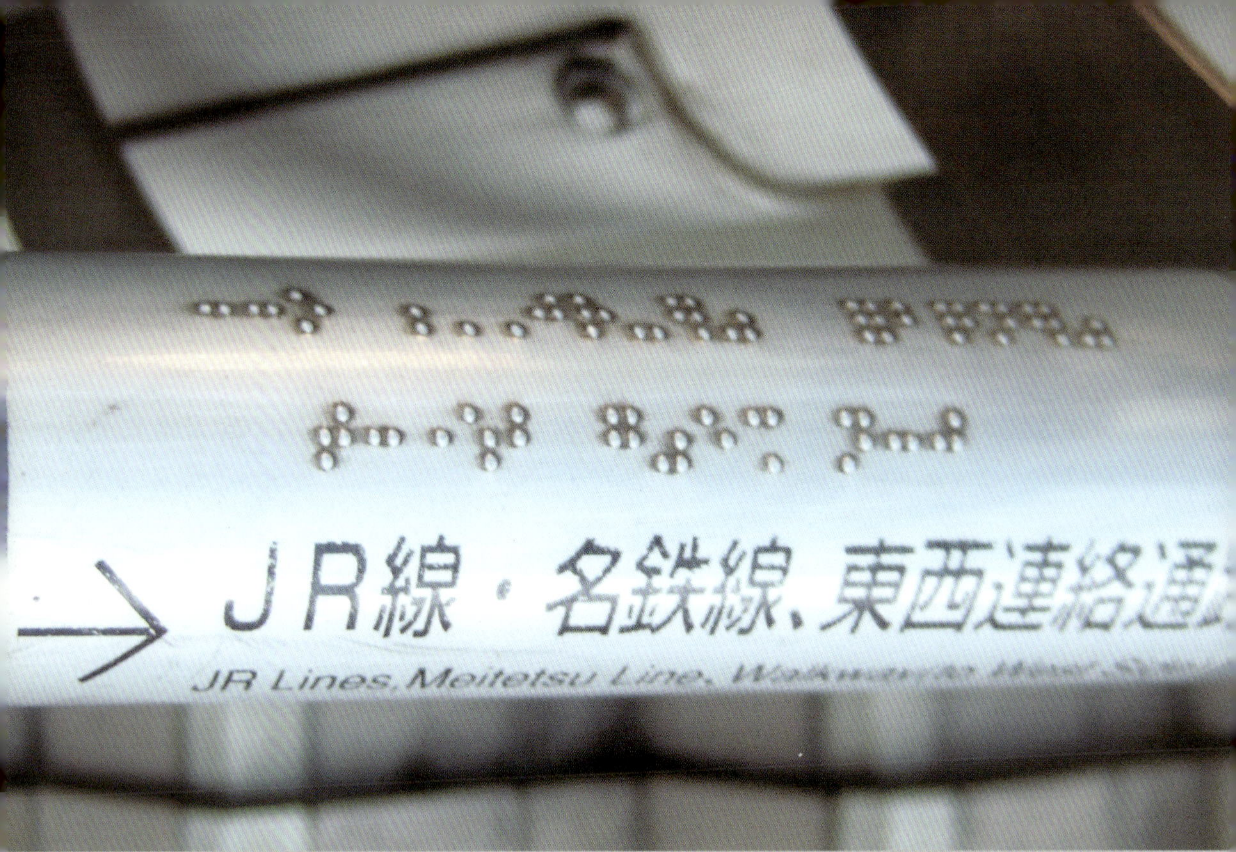

그림 3-151 시각장애인을 위한 음성안내는 점자로 안내하고 쉽게 작동되도록 한다. 핸드레일에 설치되는 점자는 진행방향에 따라 설치되도록 하며, 바닥의 유도블록과 연계되어 인지될 수 있도록 한다.

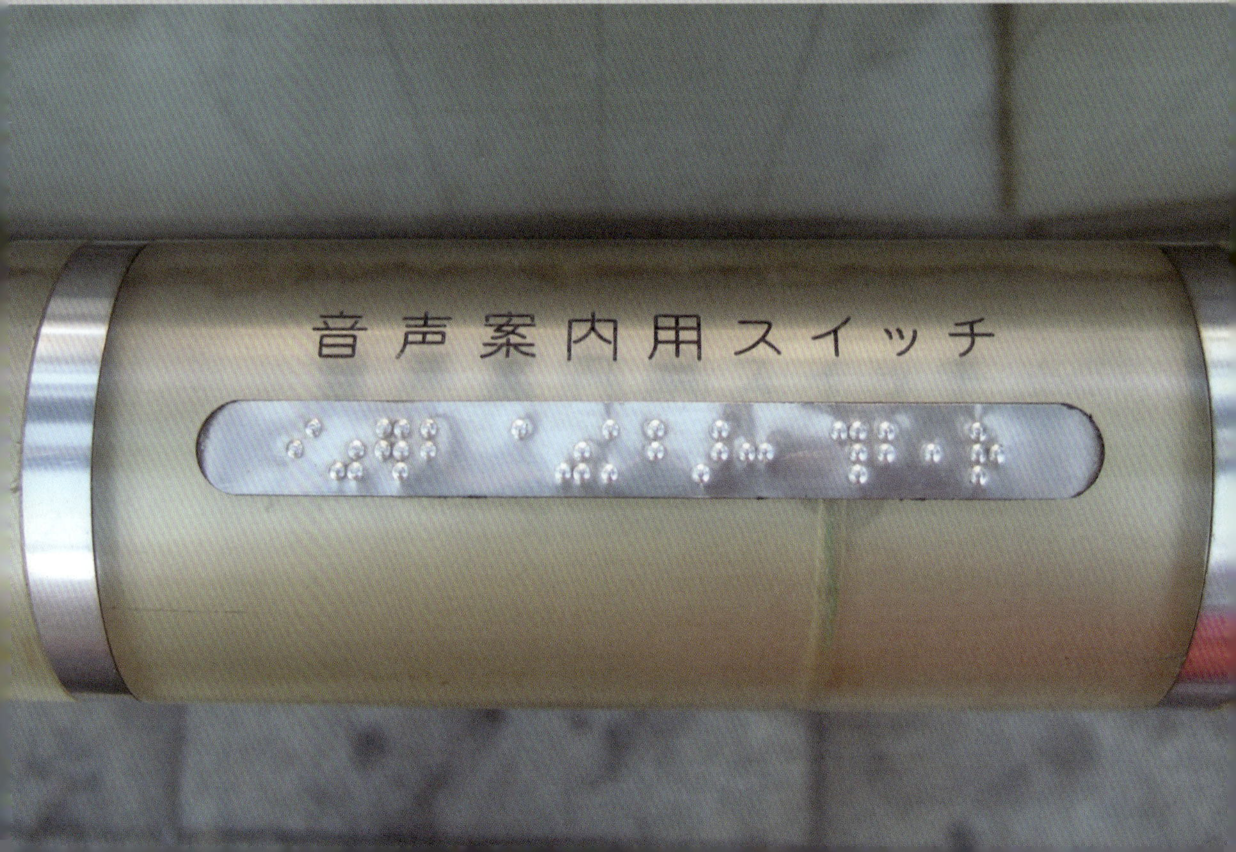

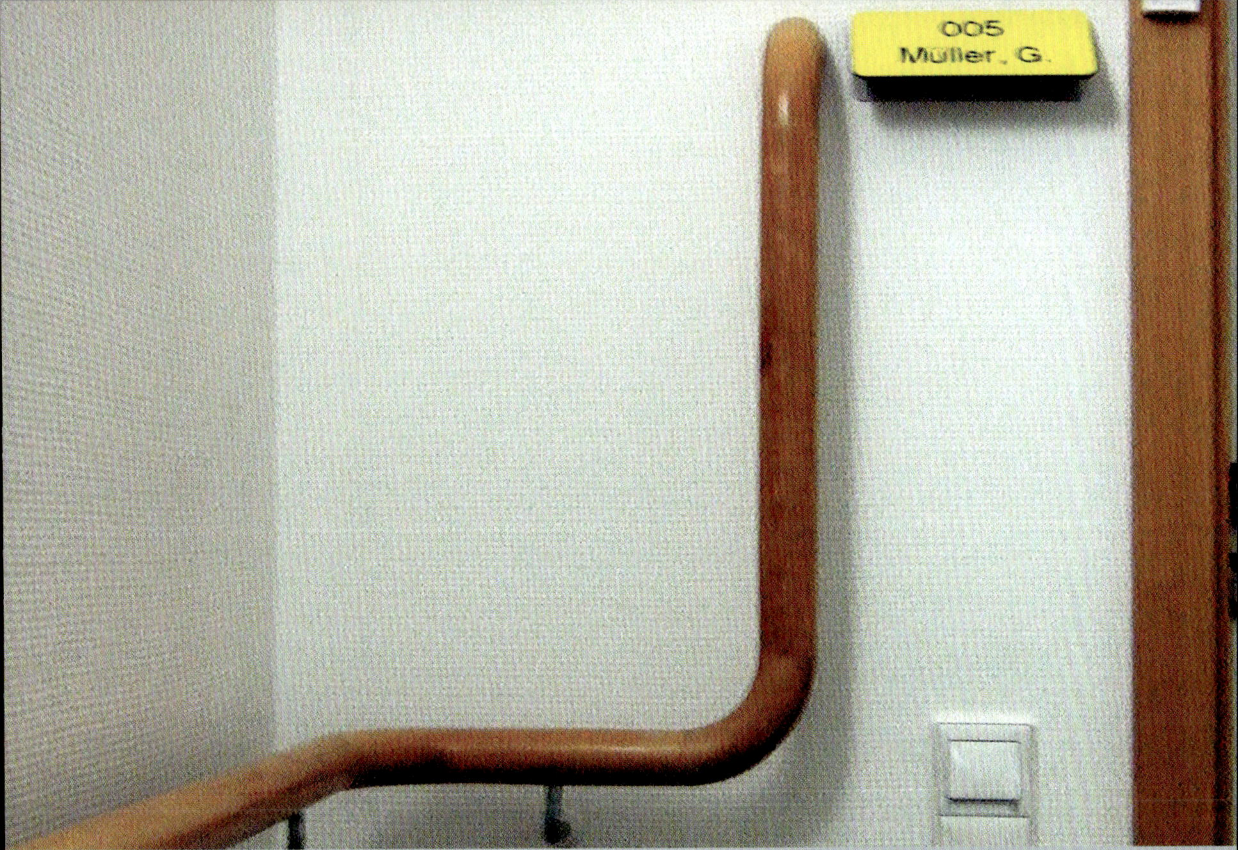

그림 3-152 복도에 설치된 핸드레일과 점자 실명 안내
복도에 설치되는 핸드레일은 연속되어야 한다. 진행을 위해서는 수평핸드레일이 연속되도록 하며, 출입문이 있는 곳에서는 개폐동작을 위하여 기대어 설 수 있도록 수직핸드레일이 사용되어야 한다.

각국의 장애인을 위한 건축기준

각국의 장애인을 위한 건축기준

4-1.개요

	미 국	영 국	독 일
명칭	ADA-ABA Accessibility Guideline (ADA-ABA 접근성 지침서)	Approved Document M (인증된 문서 M)	DIN 18024 (공공부문의 장애인 및 노인을 위한 건축적인 조치), DIN 18025 (장애인을 위한 주거/중증장애인을 위한 주거 등)
관련법률	ADA(미국 장애인차별금지법, 1990) / ADA 법제 III ABA(건축 장애물법, 1968) / 재활법 502(b)(1)	Part M(건물로의 접근과 이용, 2004개정)	
제정연월일	1990년, 2004년 7월 개정	1999년 제정, 2004년 개정	1974년 제정
주체	Access Board(접근 위원회)		
범위	ADA : 건물을 새로 디자인, 신축, 기존 건물의 전체 및 일부 개조 ABA : 건물을 새로 디자인, 신축, 기존 건물의 전체 및 일부 개조, 기존건물의 일부 임대 부분	신축된 비주거 또는 주거 건물 기존 비주거 건물의 증축하거나 요소 변경 기존 건물이나 건물의 일부를 호텔이나 승선 대기장소, 협회, 공공 건물이나 shop 등으로 용도 변경을 한 경우	도로, 공공광장, 공원, 보행로, 공공건축물, 직장, 휠체어 장애인용 주거 등의 신축 및 모든 증, 개축 행위시 적용
대상자	보행장애인(휠체어 이용자), 준보행장애인, 시각장애인, 청각장애인, 행동 조절 장애인, 노인, 어린이	장애, 나이 또는 성에 관계없이 적용	휠체어 이용자 - 또한 지체장애도 포함한다. 시각장애인 - 시각손상 청각손상 - 청각장애 장애가 지속되는 사람 다른 장애를 가진 사람들 노인, 어린아이, 작거나 큰 사람들
목적	장애인이 대지, 시설, 건물 요소를 이용하는데 있어서 접근성에 대한 범위와 기술적 요구사항을 설명하기 위한 것이다.	장애, 나이 또는 성에 관계없이 사람들은 다음을 할 수 있어야 한다. a. 건물로의 접근을 얻을 수 있고, 건물 안으로 접근을 얻을 수 있으며, 방문객과 거기에서 살거나 일하는 시설을 이용할 수 있어야 한다. b. 신축 주거의 주 층에는 위생 편의시설이 설치되어야 한다. 이 조항은 장애를 가지는 사람들이 감소된 이동성을 극복하고, 그들의 집에 [그대로 있는] 것이 가능하게 기대하는 것이다. 조항은 모든 장애인이 독립적으로 살 수 있도록 전체에 설치하는 것을 필요로 하는 것은 아니다.	타인의 도움 없이 일상생활을 할 수 있는 생활환경 조성
비고	미국의 장애인 주거시설 관련 건축법규는 ABA와 ADA가 있으며, 이 두 가지 법을 시행하는 지침서는 UFAS와 ADAAG가 있다. 2004년 Access Board는 ADAAG와 UFAS가 동시에 사용됨에 따른 중복과 혼란을 해결하기 위해 두 가지 지침서를 통합하여, ANSI ICC/A117.1(2003)에 따르는 ADA-ABA 지침서를 공포하였다.	영국 건축법규는 전체 A-P로 구성되어 있으며, 그 중 파트M은 건물로의 접근과 이용에 관한 내용이다. 파트 M이 건축법규에 포함된 것은 1985년으로, 현재 시행되고 있는 2004년 개정판은 BS8300:2001의 규격을 기초로 하고 있다. 파트 M의 지침서는 영국건축사협회(RIBA)에 의해 출판되는 [인증문서 파트M]으로 건축법규 파트M이 재정될 때마다 갱신된다.	연방법으로 규정하고 있으며 독일은 장애인과 관련된 법을 다른 선진국보다 빠른 1974년에 최초 개정하였다.

스웨덴	일 본	한 국	
Bygg Ikapp Handikapp(장애인을 위한 건축)	건설성 고시 제1987호	장애인 편의시설 상세표준도	명 칭
BBR (Byggnadslagen och Bybbnadsstagan) (1969제정 2000개정)	高齢者、身体障害者等が円滑に利用できる特定建築物の建築の促進に関する法律(하트빌딩법, 1994제정)	편의증진법(1997)	관련법률
1995년 제정, 2001년 개정	1994년 제정	1998년	제정년월일
Swedish Board of Housing, Building and Planning	交通建設省(교통건설성)	보건복지부	주 체
신축, 증축 및 도시 개발을 위한 대지조성 등에 적용	특정 건축물의 연면적 10000m^2 신축, 증축 또는 개축, 이전, 용도변경시 해당 원활화 기준에 적합하도록 해야 한다. 특별 특정 건축물의 연면적 2000m^2 증축 또는 개축, 용도변경시 해당 원활화 기준에 적합하도록 해야 한다.	공공시설 및 10호 이상의 공동주택 신축, 증축, 개축시 적용	범 위
알러지 및 민감한 사람, 이동 장애, 청각 장애, 시각장애, 발달장애, 그 외 혈우병, 치매, 난천, 간질, 건선 등 다른 사람들과 차이가 있는 모든 사람을 포함	고령자, 신체장애인 등 고령자로 일상생활 또는 사회 생활에 신체의 기능상의 제한을 받는 경우, 신체장애인 그 외 일상생활 또는 사회 생활에 신체의 기능상의 제한을 받는 사람	지체장애인, 시각장애인, 청각장애인, 노인, 임산부 등	대상자
각 조항이 항상 이용하는 주거, 공공기관과 사무공간에 개방되어 이동 및 지적 능력에 장애를 입은 장애인들이 접근 가능하며, 이용 가능한 디자인을 해야 한다는 것이다.	고령자, 신체장애인 등이 원활하게 이용할 수 있는 특정 건축물의 건축의 촉진에 관한 법률 제3조의 규정에 근거하여, 특정시설을 고령자, 신체장애인 등이 원활히 이용할 수 있도록 하기 위한 조치에 관련하여 특정 건축주의 판단의 기준을 제공한다.	생활공간 전반에 걸친 장애물 없는 환경 즉, 무장애 공간의 조성으로 장애인도 다른 사람의 도움없이 지속 가능한 독립성의 확보 등이 실천되어야 한다	목 적
스웨덴은 미국과는 달리 휠체어 사용자 등을 고려한 건축기준은 공공시설이 아닌 주거시설로부터 시작되었다. 그리고 그 건축기준은 건축법 BBR에 통합되어 있어, 건물을 계획할 때 당연히 적용되어야 하는 법규이다. 스웨덴의 건축법규는 다른 나라에 비해 간결하게 규정하고 있으며 세부기준은 스웨덴 규격인 SS91421[건축설계-주택-완성사이즈], SS914222[건축설계-주택-기능계획]을 따르고 있다.	하트빌딩법은 상위법에 해당하며, 법적인 효력이나 법의 집행 등은 지방자치단체에 맡기고 있다. 하트빌딩법의 내용은 기초기준과 유도기준으로 나누어 설명되고 있다. 기초기준(이하[기초])은 판단기준의 역할을 하며, 유도기준(이하 [유도])은 권고하는 기준이 된다. 유도기준에는 기초기준이 포함되어 있다.	국내의 휠체어 사용자 등을 고려한 건축법규로서는 편의증진법이 있다. 편의증진법은 공공시설 및 10호 이상의 공동주택에 적용되며 지침서는 장애인 편의시설 상세표준도가 있다.	비 고

REFERENCE
1. Access Board, ADA-ABA Accessibility Guideline, 2004
2. Approved Document M, 2004
3. http://www.sozialnetz-hessen.de/ca/ga/czo/sideid/aaaaaaaaaaabsv/s
4. Swedish Board of Housing, Building and Planning, Bygg Ikapp Handikapp, 2001
5. 交通建設省, 高齢者、身体障害者等が円滑に利用できる特定建築物の建築の促進に関する法律 建設省告示第1987号, 1994
6. 보건복지부, 장애인 편의시설 상세표준도, 1998
7. 김민경, 국내 휠체어를 사용하는 장애인을 위한 주거환경 개선에 관한 건축계획적 연구, 한양대 박론, 2007
8. 김상운, 각국의 장애인 편의시설 관련법의 비교연구를 통한 국내시설의 개선방안에 관한 연구, 건국대 석론, 2002

	미 국	영 국	독 일
4-2. 기본치수			
4-2-1. 휠체어 치수			
휠체어길이	1065mm	1140mm	1250mm
전체폭	660mm	양팔 포함900mm	700~800mm
앉은 높이	485mm	465mm	680mm

4-2-2. 휠체어 작동 유효공간

최소바닥 면적

미국

760 x 1220mm

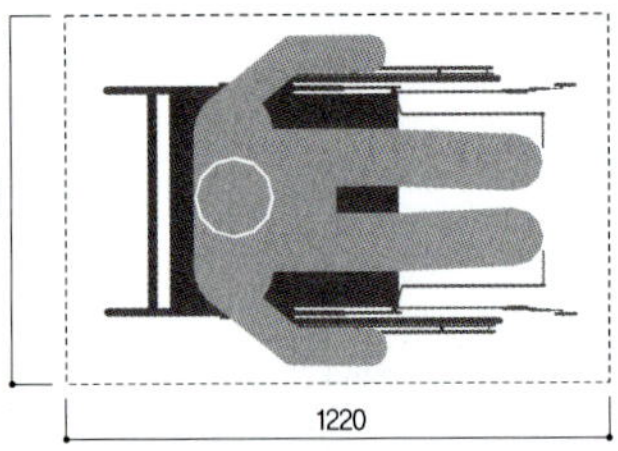

영국

수동휠체어 (사람이 탔을 때)
900 x 1140mm

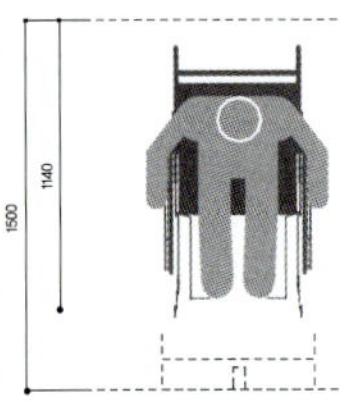

전동(사람이 탔을 때)
1100 x 1300mm

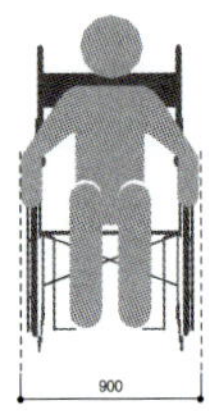

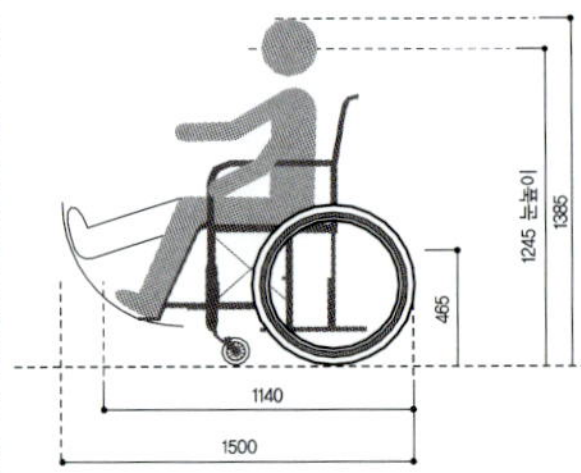

독일

전동휠체어 700 x 1200mm

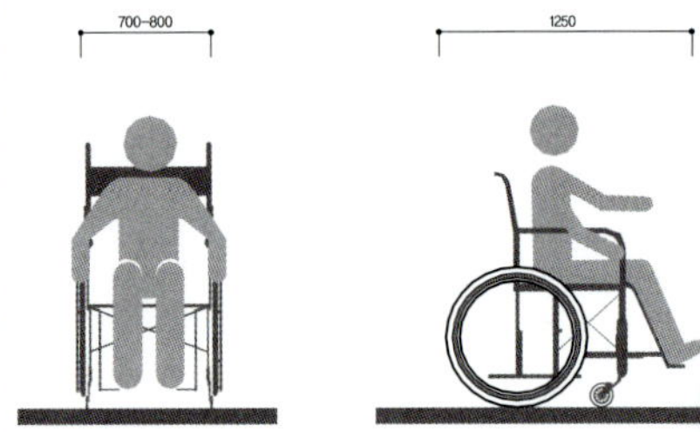

통행 폭

미국

915mm

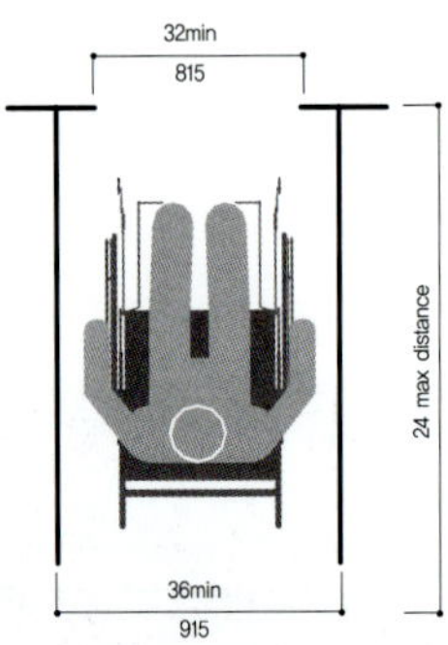

영국

1200mm

독일

90회전 유효공간

180회전 유효공간

	스웨덴	일본	한국
휠체어길이	내부(수동) 1200mm 내부(작은 전동) 1300mm 외부(전동) 1400mm	1200mm	1200mm
전체폭	내부휠체어 700mm 외부휠체어 800mm	JIS대형 700mm	700mm
앉은 높이		450mm	450~550mm
최소바닥 면적			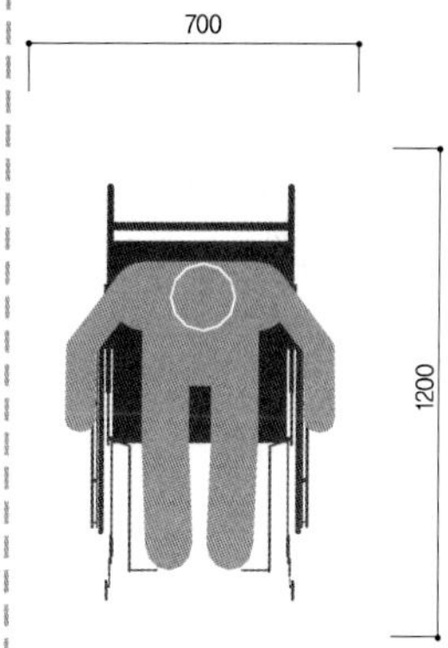
통행 폭	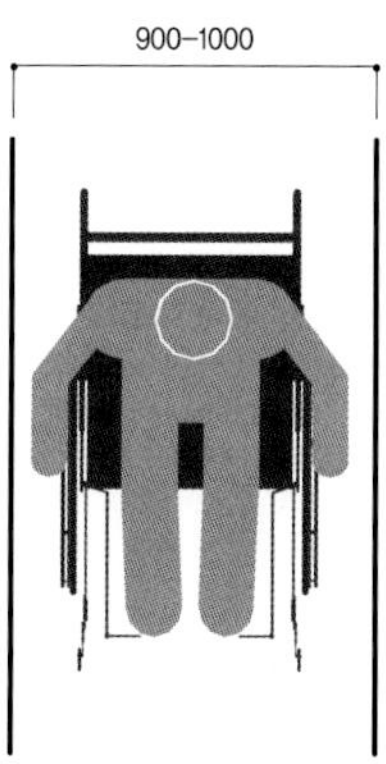	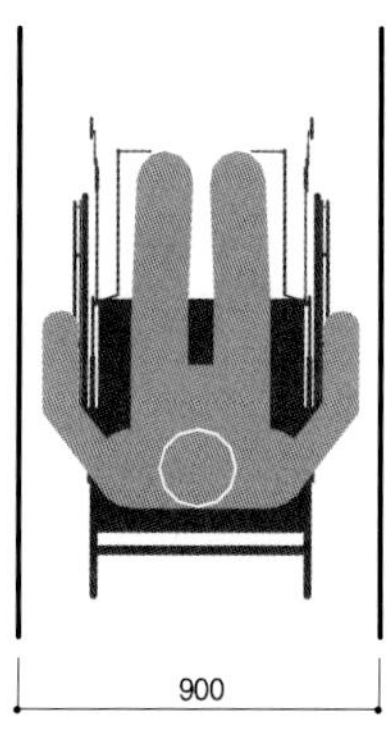	
90회전 유효공간	내부(수동) 1300 x 1300mm	1350 x 1350mm	1400 x 1400mm
180회전 유효공간	내부(수동) 1500 x 1500mm	1400 x 1700mm	1400 x 1700mm

	미 국	영 국	독 일
360회전 유효공간 (회전직경)	1525mm	표준 1500mm 외부 2400mm 전동 4350mm	1500mm
T형 회전공간	양쪽 팔 부분의 폭 915mm이상, 팔 부분을 포함한 휠체어 회전공간 1525mm이상 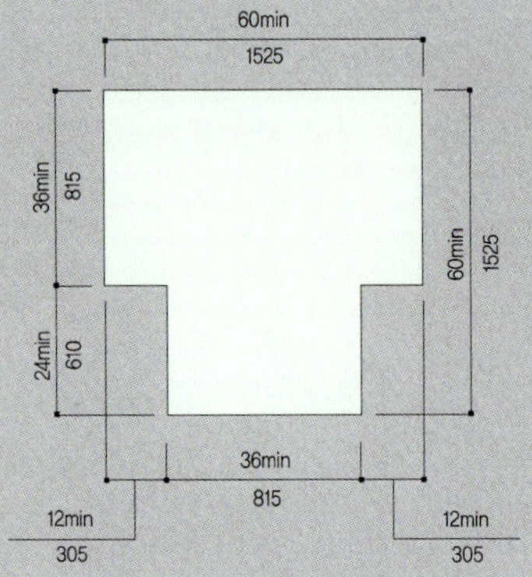		
발 유효공간	최대폭–최대 635mm(요소 아래) 최소폭–최소 430mm(요소 아래) 부가된 유효공간–발 유효공간을 고려하지 않아도 된다. (바닥마감 위 230mm의 위치에서 유효한 무릎공간의 아래로 150mm 이상 공간이 연장된 경우) 폭–760mm 이상 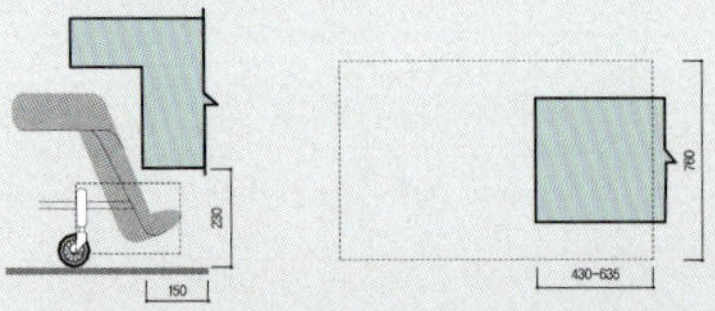		
무릎 유효공간	일반사항–무릎 유효공간 바닥 위 230–685mm 최대깊이–바닥 위 230mm에서 요소 아래로 최대 635mm를 연장 최소깊이–바닥 위 230mm에서 최소 280mm 바닥 위 685mm에서 최소 205mm 폭–760mm 이상 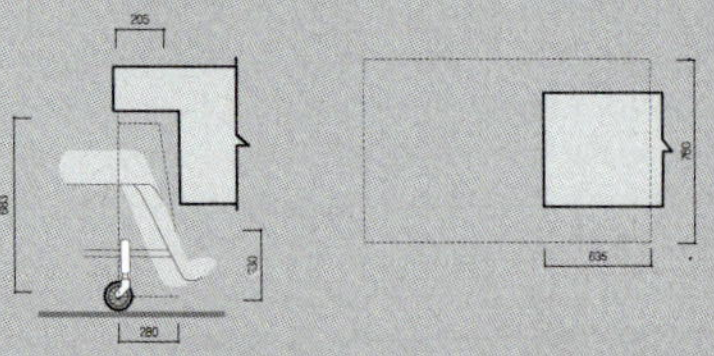	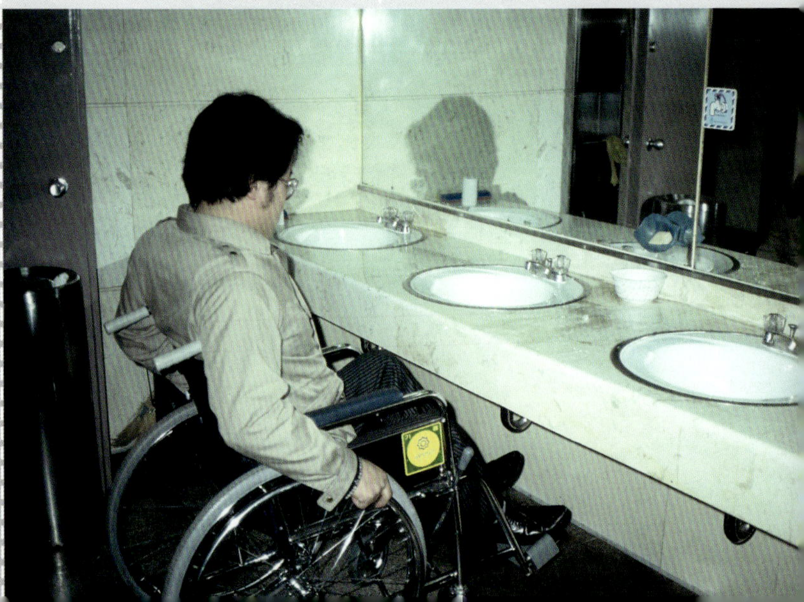	

	스웨덴	일본	한국
360회전 유효공간 (회전직경)	내부 1300mm 외부 1500mm	1500mm	
T형 회전공간	제한된 실외용 전동휠체어 〉 양쪽 팔부분 1300mm 팔부분을 포함한 회전공간 1800mm 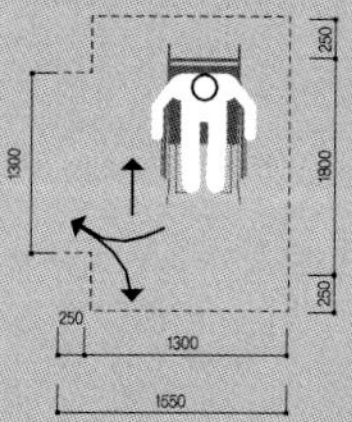 실외용 전동휠체어 〉 양쪽 팔부분 1400mm 팔부분을 포함한 회전공간 2000mm 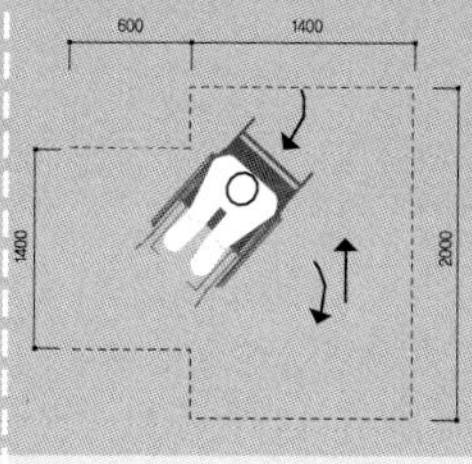		
발 유효공간			
무릎 유효공간	700–800mm 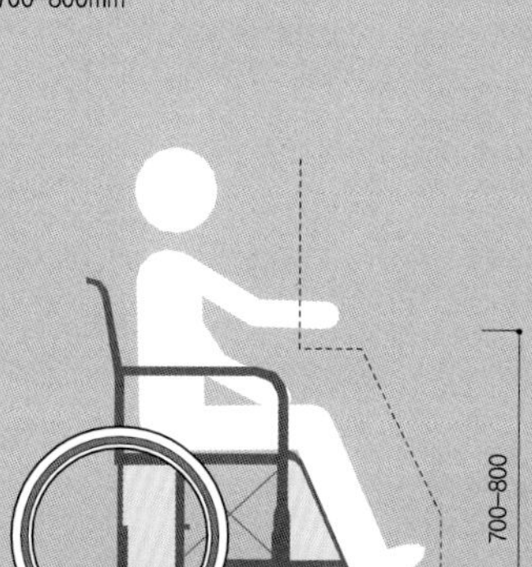		폭 900mm 높이 700mm 깊이 600mm

	미 국	영 국	독 일
전면 도달범위	장애물이 없는 경우 〉 윗 부분의 높이 1220mm이하, 아랫 부분의 높이 380mm이상 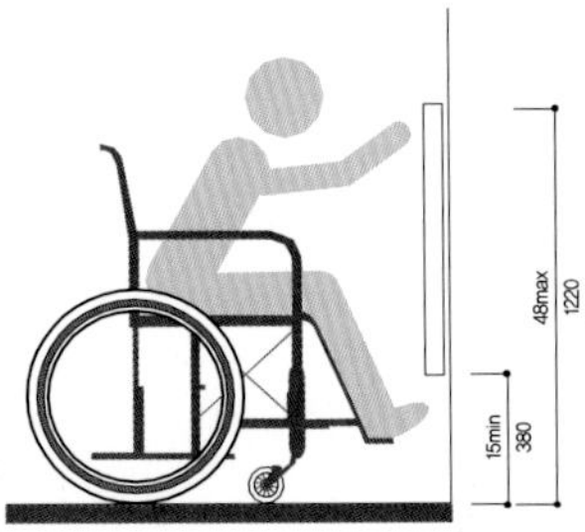 장애물이 있는 경우 〉 폭 510mm이하 1220mm이하 폭 510~635mm 1120mm이하 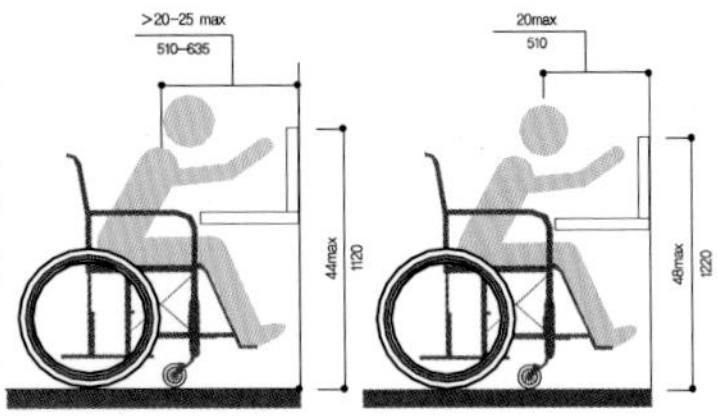		몸을 바로 세운 자세에서 910~1720mm 
측면 도달범위	장애물이 없는 경우 〉 윗 부분 높이 1370mm이하, 아랫 부분 높이 380mm이상 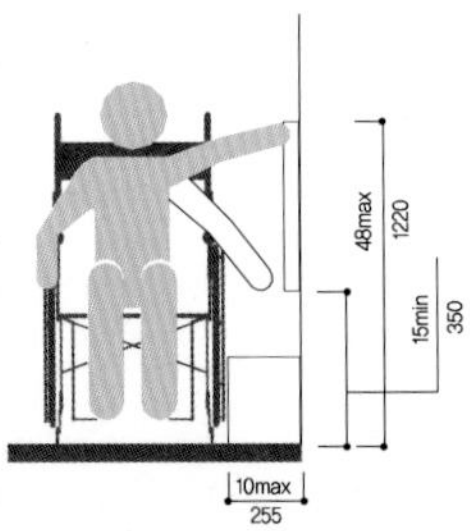 장애물이 있는 경우 〉 장애물 허용 크기 높이 865mm이하, 깊이 610mm이하 장애물 깊이 255mm 이하 1220mm이하 장애물 깊이 255~610mm 1170mm이하 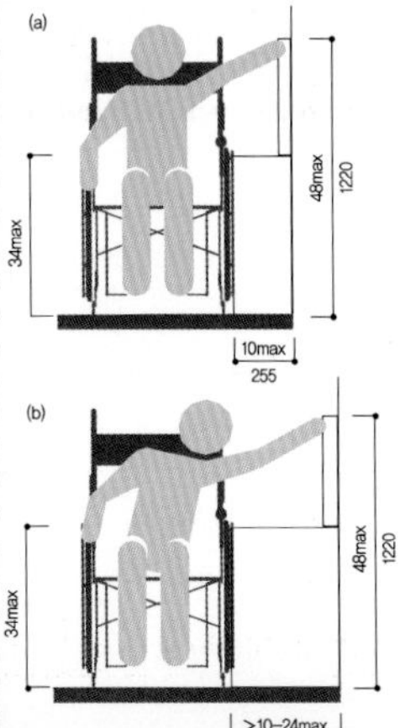		몸을 바로 세운 자세에서 380~1220mm 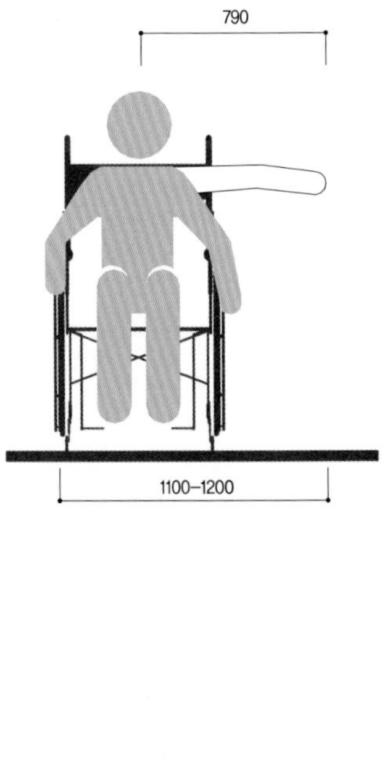

스웨덴 | 일본 | 한국

전면 도달범위

스웨덴

몸을 바로 세운 자세에서 어깨높이 1000mm
700~1200mm

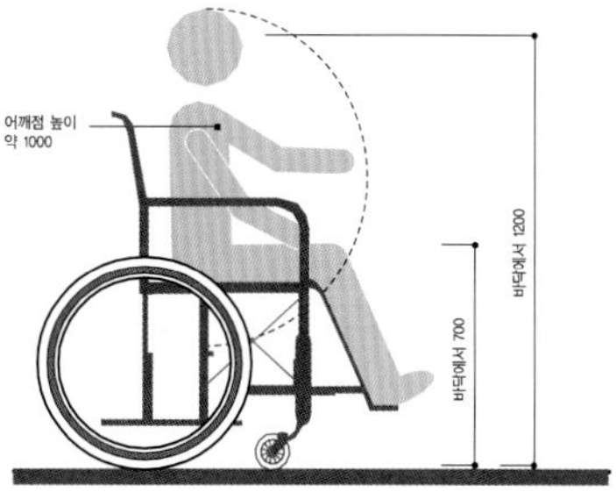

일본

머리 위로 1400mm까지
앞으로 600~650mm까지

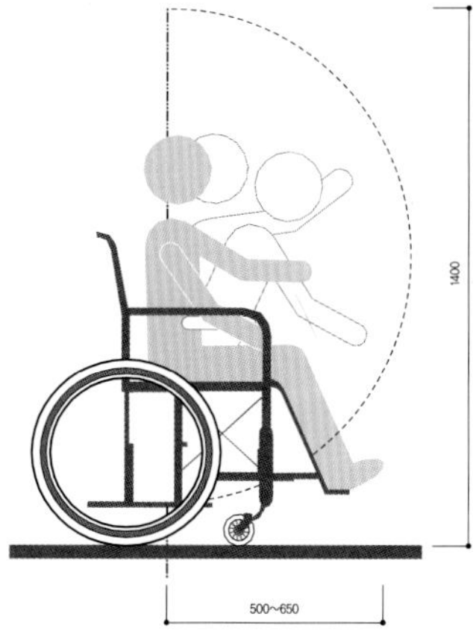

한국

바로 앉은 자세에서 1400mm
앞으로 굽혀서 1000-1300mm

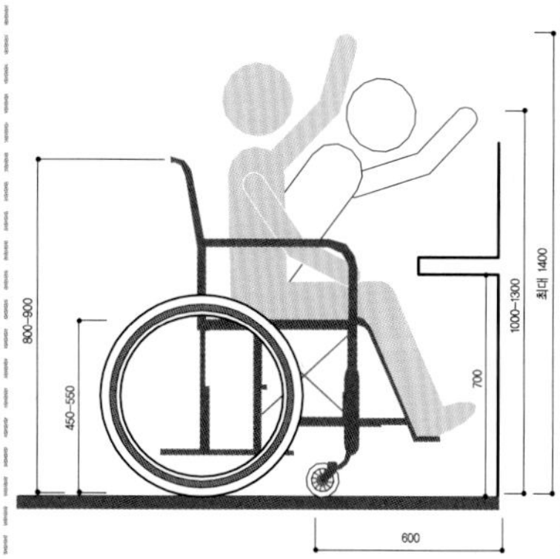

측면 도달범위

스웨덴

몸을 바로 세운 자세에서
500mm떨어진 거리에서
700-1200mm

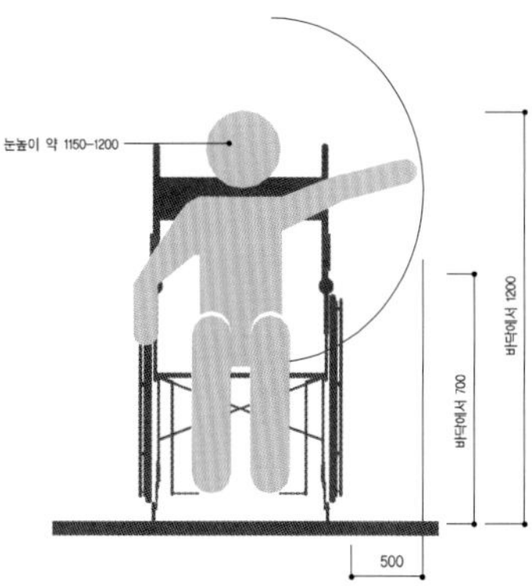

일본

옆으로 700~800mm

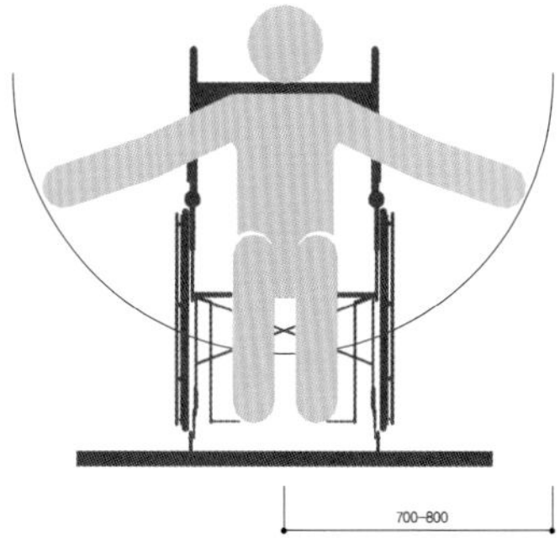

한국

바로 앉은 자세에서 500-1400mm

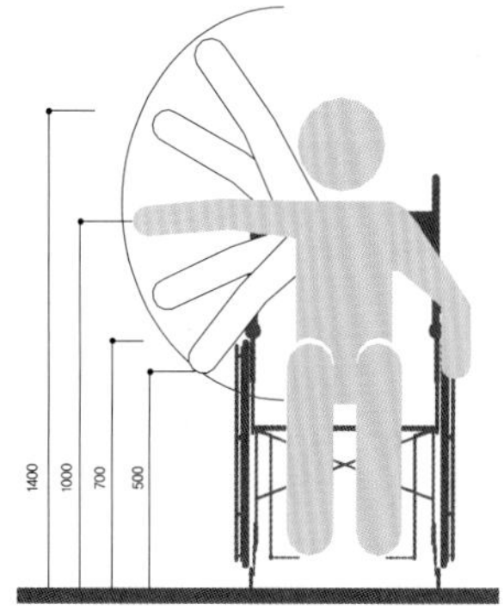

REFERENCE
1. Access Board, ADA-ABA Accessibility Guideline, 2004
2. Approved Document M, 2004
3. http://www.sozialnetz-hessen.de/ca/ga/czo/sideid/aaaaaaaaaaaabsv/s
4. Swedish Board of Housing, Building and Planning, Bygg Ikapp Handikapp, 2001
5. 交通建設省, 高齢者、身体障害者等が円滑に利用できる特定建築物の建築の促進に関する法律 建設省告示第1987号, 1994
6. 보건복지부, 장애인 편의시설 상세표준도, 1998
7. Code of Practice on Access and Mobility http://www.accesscode.info/
8. 日本規格協?, JISハンドブック2006, 38高?者・障碍者等, 2006

	미 국	영 국	독 일

4-3. 건물로의 접근

4-3-1. 어프로치

	미 국	영 국	독 일
의미	접근 가능한 경로는 접근 가능한 주차공간 및 승객대기공간으로부터 대지에 제공되어야 한다. 이것은 공공 거리와, 보도, 공공 교통 정류장에서 접근 가능한 출입구까지 연결되어야 한다. 적어도 하나의 접근 가능한 경로는 건물이나 시설 내 모든 접근 가능한 공간과 요소에 접근 가능한 건물이나 시설 출입구와 연결되어야 한다. 접근 가능한 경로는 일반적인 순환 경로와 동일하게 인정되거나 그 위에 위치해야 한다.	대지의 경계에서 출입구까지 그리고 대지 내의 주차공간에서 건물까지 접근 가능해야 한다.	*관련 항목 없음
비고			어프로치에 관해 제시하고 있지 않다.

4-3-2. 주차장

		미 국	영 국	독 일
개수		*별표1 참조		승용차 주차장의 3%
주차 공간	위치	접근 통로에 접해야 한다.		
주차 공간	폭	차량의 폭은 2440mm 이상, 밴 주차공간의 폭은 3350mm 이상	폭 2400mm 길이 4800mm	3500mm
주차 공간	바닥		견고하고 단단하며, 미끄럽지 않은 것. 요철이 없는 재료	
주차 공간	단차		지층 레벨과 동일	
주차 공간	경사			

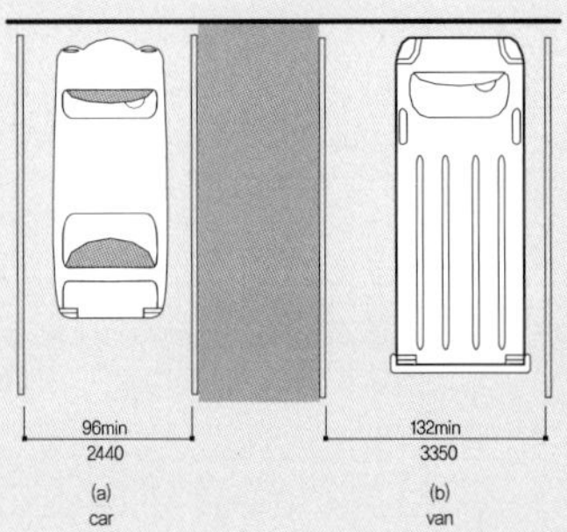

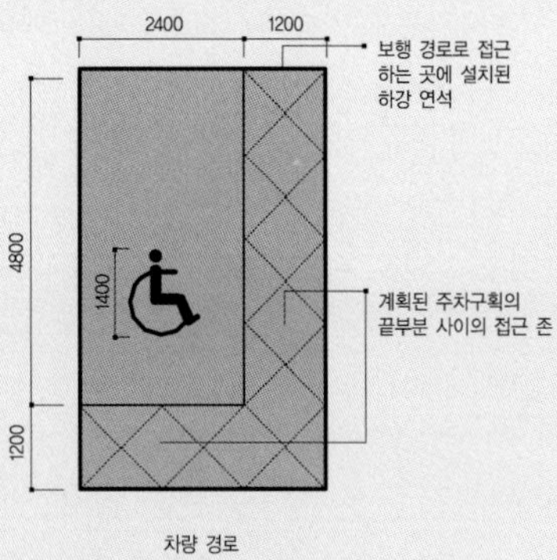

스웨덴	일 본	한 국	
건물의 출입구 중 적어도 하나는 접근 가능해야 한다. 건물의 출입구와 주차 및 대기공간, 오픈스페이스와 공공보도 사이에는 적어도 하나의 보도가 접근 가능해야 한다.	이동원활화경로 1. 지상층에 거실이 있을 경우 공원, 광장, 그 외의 공터로부터 해당 이용거실까지 경로 2. 건축물 또는 그 부지에 휠체어 이용자를 위한 변기가 설치된 경우 거실로부터 해당 화장실까지의 경로 3. 건축물 또는 그 부지에 휠체어 이용자용 주차장이 제공된 경우, 해당 휠체어 이용자용 주차시설로부터 이용거실까지의 경로	*관련 항목 없음	의미
	미국, 영국, 스웨덴에서는 접근 가능성에 관해 언급하고 있는 반면, 일본에서는 이동을 원활하게 할 수 있는 경로에 관해 제시하고 있다.	어프로치에 관해 제시하고 있지 않다.	비고
	[기초] 200대 이하 : 주차대수/50 이상 200대 초과 : 주차대수/100+2 이상		개수
출구와 가까운 곳에 설치	[기초] 출입구에서 최단거리 기계식 주차장이 설치된 경우 지상부분에 1개 이상 설치	출입구 또는 장애인 승강설비와 가장 가까운 장소에 설치	주차 공간
3600mm 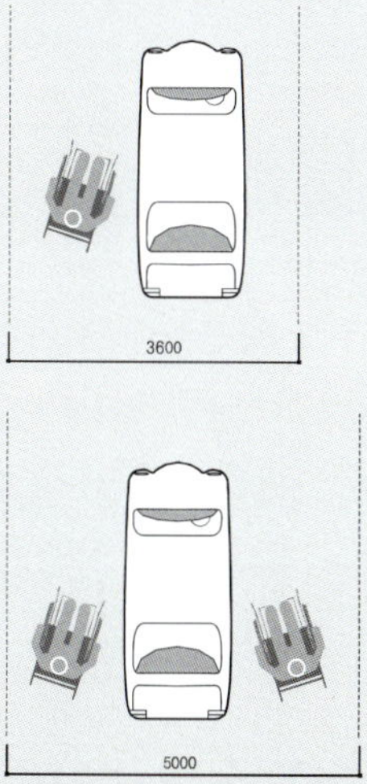 	[기초] 폭 3500mm, 길이 6000mm [유도] 리프트가 부착된 밴의 이용에 필요한 공간 고려 	폭 3300mm, 길이 5000mm 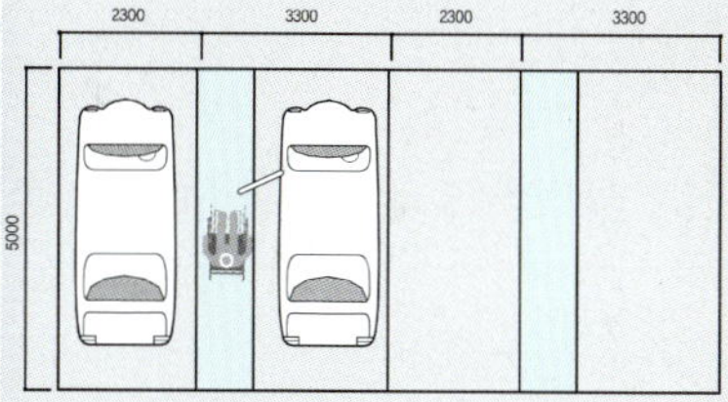 	
		미끄러지지 않는 재질로 평탄하게 마감	
	[기초] 통로상에 단을 만들지 않는다		
1/50이하		1/50이하	

		미 국	영 국	독 일
접근 통로	위치	접근 통로는 접근 가능한 경로에 인접하여 설치되어야 한다. 두 주차공간이 하나의 접근통로를 공유할 수 있다.		
	폭	차량 주차공간 폭 1525mm 이상 밴 주차공간 폭 2440mm 이상 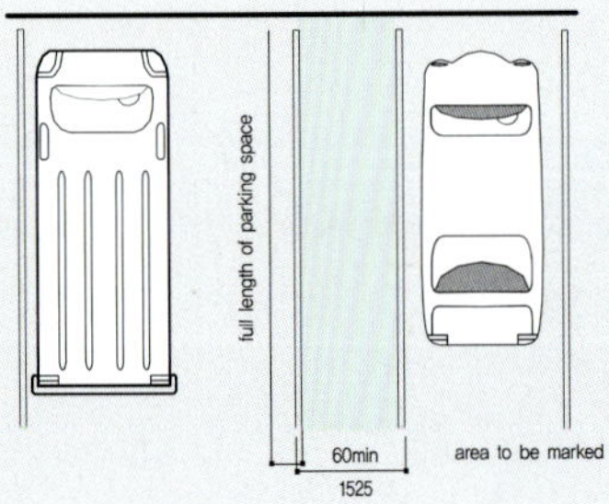	1200mm	1500mm 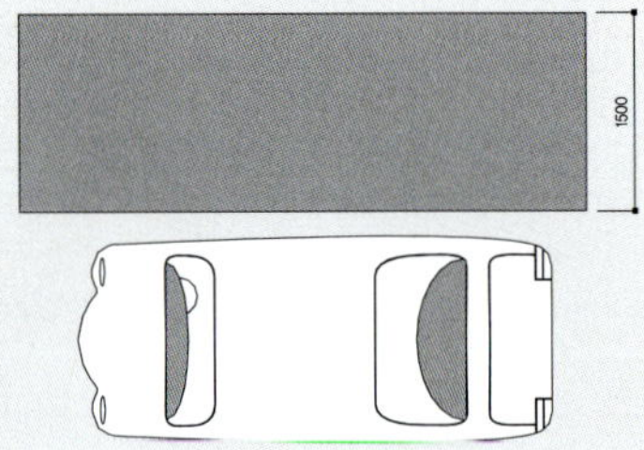
	길이			
무인 주차장치	위치		장애인 주차구획에 근접하여 설치	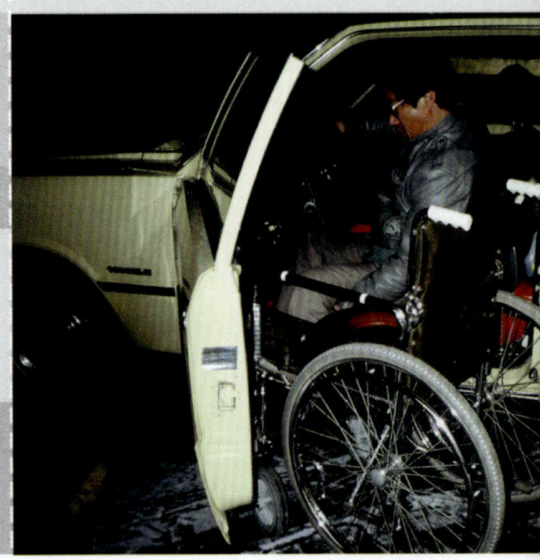
	높이		바닥 위 750–1200mm	
표시	위치	국제 접근가능한 기호 조항에 따른 사인 바닥에서 사인 밑부분까지 1525mm이상	승하차지점에서 장애인을 위한 출입구까지 접근로에 설치	
차양				

별표 1. 접근 가능한 주차공간

주차장 내 총 주차 대수	접근 가능한 주차공간의 최소 요구 대수
1 – 25	1
26 – 50	2
51 – 75	3
76 – 100	4
101 – 150	5
151 – 200	6
201 – 300	7
301 – 400	8
401 – 500	9
501 – 1000	전체의 2%
1001 이상	기본 20대에 100대 마다 1개씩 최대 1000까지 더한다.

	스웨덴	일본	한국
	출구와 가까운 곳에 설치	[기초] 출입구에서 최단거리 기계식 주차장이 설치된 경우 지상부분에 1개 이상 설치	출입구 또는 장애인 승강설비와 가장 가까운 장소에 설치
접근 통로		[기초]1200mm [유도]1800mm	1200mm 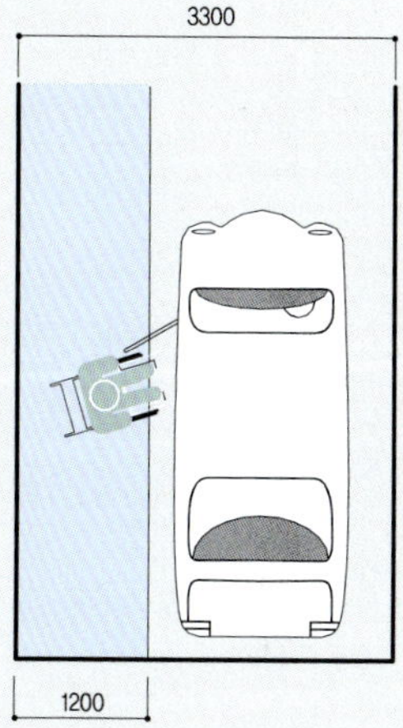
	출구까지 25m이하 공공시설에서 승객 대기공간과 주출입구까지 거리는 10m이하		
무인 주차장치	기능적 장애인이 이용하는 경우 자동주차장치 설치		
표시	장애인용 주차 및 출구 표시를 명확하게 한다	[기초] 주차공간 진입부에 국제 심벌마크에 따른 안내유도 구획 내에서도 보기 쉬운 위치에 표시	바닥면에 장애인 전용표시 주차장 입구에 장애인 전용주차구역 안내표지를 식별하기 쉬운 장소에 부착 또는 설치
차양	차양을 설치		

미 국 / 영 국 / 독 일

4-3-3. 보도

유효 공간	미 국	영 국	독 일
유효폭	915mm 예외-1220*915mm 이상 부분이 감소된 폭 부분과 구분되어 설치되는 경우, 유효폭은 최대 610mm의 길이에 대하여 최소 815 mm까지 감소하여 허용 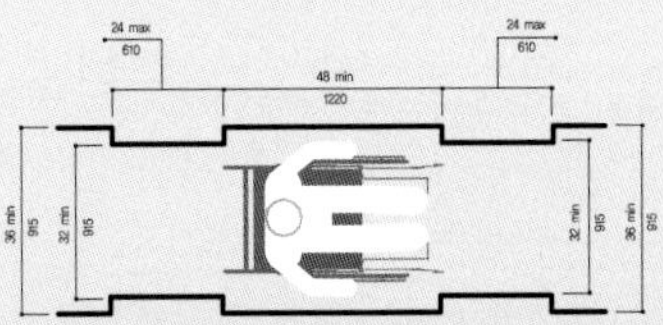	1500mm	1500mm 1200mm의 경우 최대길이 2000mm
회전 유효폭	회전 유효폭 1065mm이상 (접근 가능한 경로에 물체 주위로 180도 회전할 수 있는 공간이 있는 경우) 1220mm(회전을 위한 최소 유효폭), 회전 후 다시 최소1065mm이상 예외-회전 유효공간이 1525mm 이상인 경우는 제외 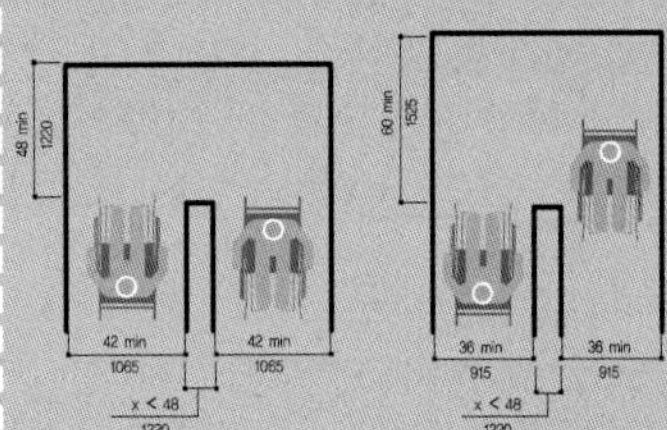 (a) 180 degree turn (b) 180 degree turn (Exception)		
통과 유효폭	61m 마다 통과 공간을 제공 (통로 유효폭 1525mm이하) 크기 1525 x 1525mm 두 개의 보도의 교차지점에 T-형태의 공간을 제공 T-형태 공간의 기초와 베이스는 교차점을 넘어서 1220mm이상 연장	50m마다 1800 x 2000mm	2000 x 2500mm 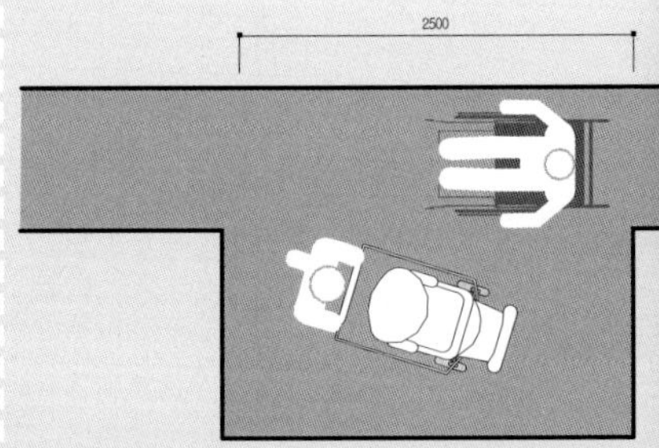
유효높이	2030mm	2100mm	2300mm
길이			

유효 공간

스웨덴	일본	한국
1300mm이상 주변의 기둥 등으로 유효폭이 감소될 때는 800mm	[기초]1200mm	1200mm이상

	[기초] 50m마다 회전공간	50m마다 1500 x 1500mm의 교행구역 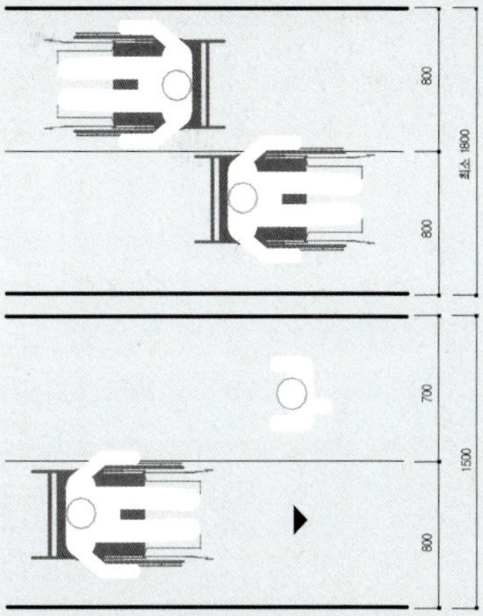 휠체어 교행구역
		2100mm
25m이하		

구분	항목	미 국	영 국	독 일
바닥면	단차	수직으로 6.4mm이하 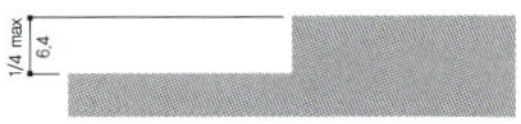 6.4-13mm 1/2이하의 경사면처리 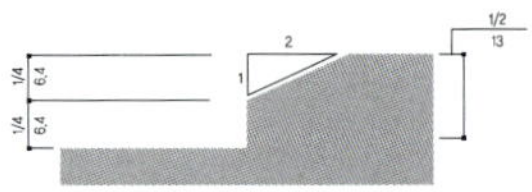		
바닥면	연석			
바닥면	구배	1/20이하 보도의 교차경사 1/48이하	1/20이하 보도의 교차경사 1/40이하	4%, 횡경사도 2%이하
바닥면	표면	재질-안정하고 단단하며, 미끄럼 방지가 되는 것이어야 한다.	단단하고 내구성 있으며 미끄러지지 않는 것	미끄럼방지, 휠체어에 적합해야 하며 진동이 적어야 한다.
바닥면	틈			
바닥면	배수구	격자형 발판이 있는 경우 바퀴 통과가 가능하도록 지름 13mm이하 격자의 길이방향 이동 진행 방향과 직각을 이룸 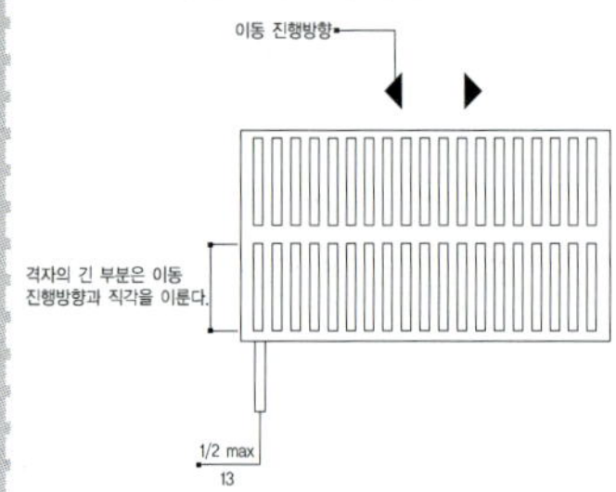 		
돌출물		수평으로 최대 100mm이하 (돌출물의 끝이 바닥 위 685-2030mm사이) 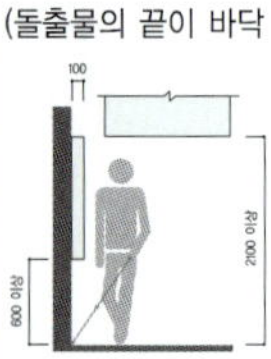 기둥에 설치된 돌출물 305mm이하(685-2030mm) 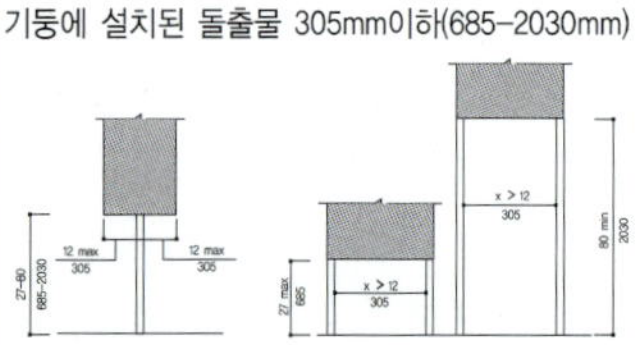		
휴식공간				18m간격으로 마련 경사도가 4%에서 최대 6%일 경우 10m간격으로 마련 휴식벤치는 100m간격으로 설치
표시				

구분	스웨덴	일본	한국
바닥면		[기초] 단을 만들지 않는다	
	40mm이하		60–150mm
	1/50		1/18
	견고하며 평평하고 미끄러지지 않는 바닥포장	[기초] 조면으로 하고 미끄러지지 않는 재료로 마감한다	미끄러지지 않고 평탄하게 마감
	5mm이하		
		[기초] 지팡이, 휠체어 바퀴가 빠지지 않도록 한다	20mm이하
돌출물			돌출물 주위 600mm공간에 바닥재의 재질과 색상을 달리 한다. 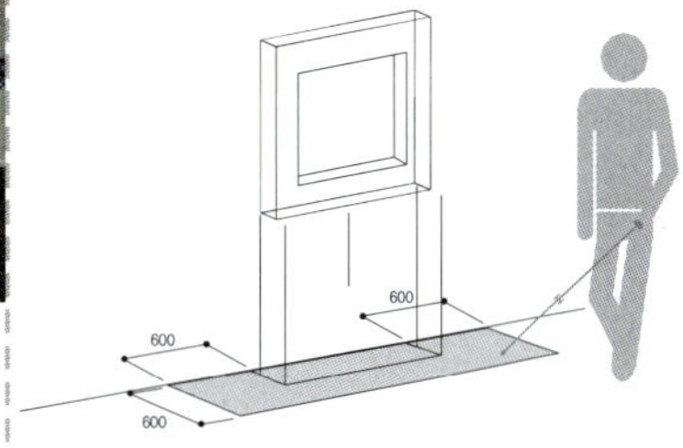
휴식공간	보도와 휴식공간 사이의 거리 2000mm 보도와 휴식공간 사이의 바닥면은 수평이거나 1/12이하 휴식공간과 경사로와의 높이차이는 500mm이하 100m마다 벤치설치		경사가 연속될 경우 30m마다 1500 x 1500mm의 휴식참 1/12이하 경사는 30m마다 휴식참
표시		[기초] 출입구의 방향을 알기 쉽도록 표시 부지출입구부터 건물출입구까지 안내하여 연속적으로 알기 쉽게 한다. 시각장애인이 접근하는 데 적절한 장소에 음성차임 설치하거나 유도블록 설치 유도블록은 부지 출입구부터 주요건물 출입구까지 배설 차도 횡단부분 및 경사로 단부에 주의환기용 바닥재 설치	

미 국 | 영 국 | 독 일

4-3-4. 연석 경사로

구분	항목	미국	영국	독일
반대편 경사	경사	연석경사로와 바로 접한 도로의 바닥 1/20이하 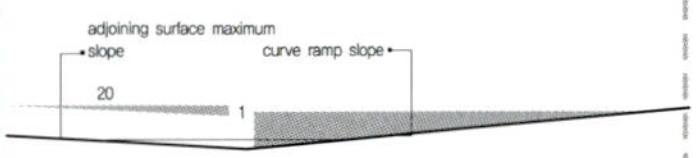		*관련 항목 없음
정면 경사	경사		1/12 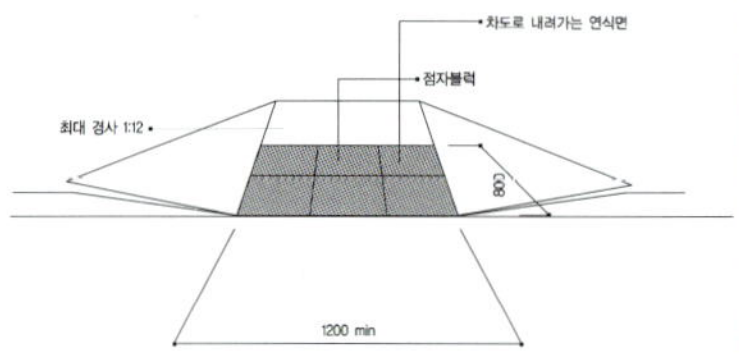	
	유효폭		1200mm	
옆면 경사	경사	1/10이하 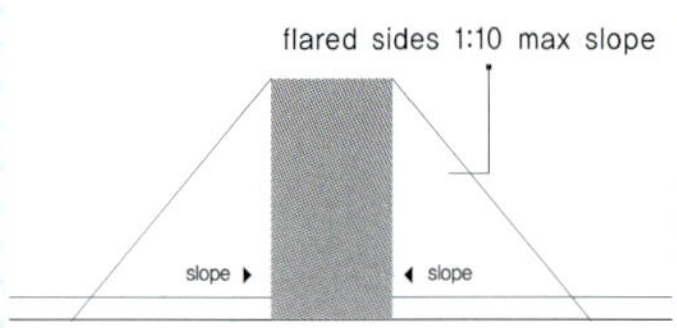		
참	위치	연석경사로 윗부분에 설치		
	길이	915mm이상 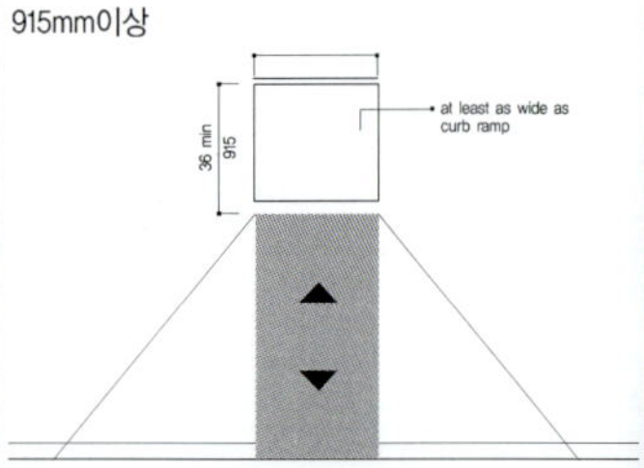		
	예외	윗부분에 참이 없을 때 옆면경사는 1/12이하		
위치	위치	차량교통 도착지점, 주차공간 또는 주차 접근 통로에 돌출되지 않도록 위치		
비고				

	스웨덴	일본	한국
반대편 경사			
정면 경사			1/12 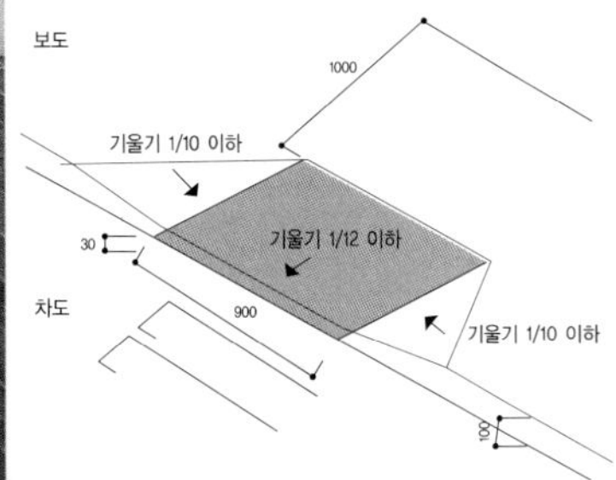
			900mm
옆면 경사			1/10
참			연석경사로 시작부분
			1000mm
위치			
비고	연석 높이 40mm이하, 이 이상의 경우는 경사로를 설치할 것을 보도 항목에서 제시하고 있다.		

	미 국	영 국	독 일
	4-3-5. 외부 경사로		
유효폭	915mm	1500mm	1200mm
길이		10m를 넘는 경사로는 만들 수 없다	
수직높이	760mm이하	500mm이상의 경사로는 만들 수 없다	
경사	1/12 이하 예외-1/8 보다 완만하나 1/10 보다 가파른 경우 최대 수직높이 75mm 1/10 보다 완만하나 1/12 보다 가파른 경우 최대 수직높이 150mm	경사로 길이 10m일때 최대경사도 1/20, 최대높이 500mm 경사로 길이 5m일때 최대경사도 1/15, 최대높이 333mm 경사로 길이 2m일때 최대경사도 1/12, 최대높이 166mm	6%미만
핸드레일	경사로 높이가 150mm이상인 경우, 설치 핸드레일 사이의 유효폭 915mm *4-3-7. 핸드레일 참조	양측에 설치 *4-3-7. 핸드레일 참조	핸드레일 사이의 유효폭 850mm 시종점에 300mm연장 *4-3-7. 핸드레일 참조
참	시종점에 참 설치 경사 1/48이하 경사로 유효폭 이상 길이 1525mm 이상 방향전환시 유효폭 1525 x 1525mm이상 작동유효공간 참과 겹치는 것을 허용 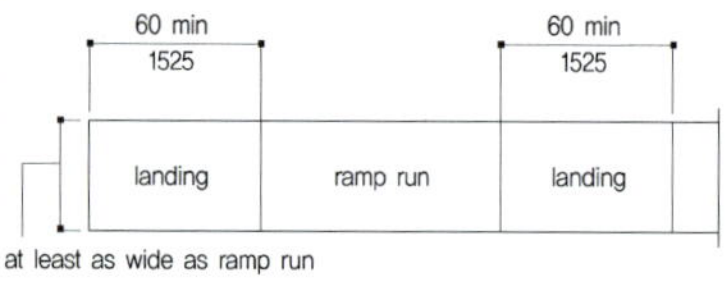 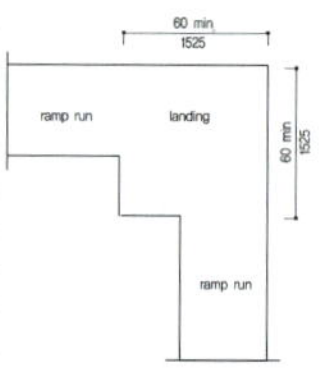 	시종점의 참 1200mm이상 중간참 1500mm이상 장애물이나 문 열림 제외 세 줄 이상의 경사로가 있을 경우 1800 x 1800mm 참의 길이방향 최대경사 1/60, 횡단경사 1/40	시종점에 1500 x 1500mm 6m마다 1500mm의 중간참 필요 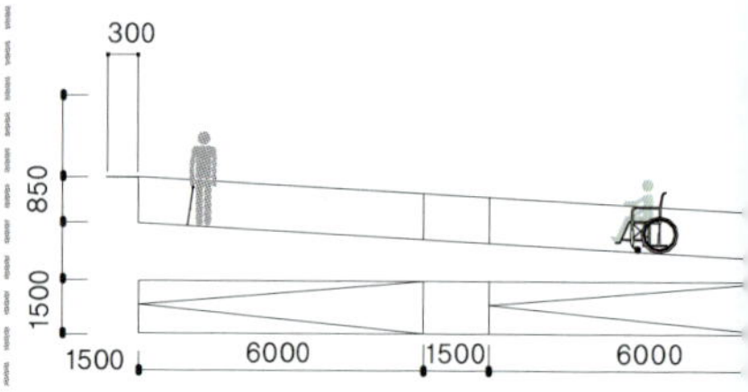
가장자리 보호대	100mm 경사로 각 측면, 참 각 부분에 설치 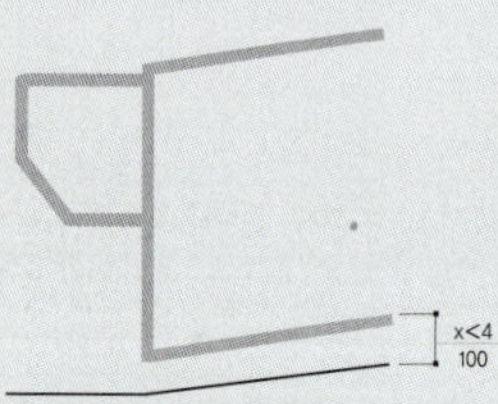 	100mm 경사로 및 참과 시각적 대조	100mm 
표면	안정하고 단단하며, 미끄럼 방지가 되는 것, 젖은 상태에서 참에 물이 고이지 않도록	젖었을 때 미끄럽지 않도록	
색상		경사로의 바닥면과 참의 바닥면의 색상은 대조를 이루도록	
표시		식별할 수 있는 표지판이 있어야 함 300mm이상 높이의 경사로의 경우 표시판 제공	
비고			

	스웨덴	일 본	한 국
유효폭	최소 900mm 권장 1300mm	[기초]1200mm 계단과 병설시 900mm [유도]1500mm 계단과 병설시 1200mm	*4-4-3.내부 경사로 참조
길이			
수직높이			
경사	1/20이하 1/12까지 허용	[기초]1/12, 160mm이하의 단은 1/8이하 [유도]1/15	
핸드레일	*4-3-7.핸드레일 참조	[기초]핸드레일 설치 [유도]양측에 핸드레일 설치 *4-3-7.핸드레일 참조	
참	높이 500mm이하에 참 설치 경사 1/50이하 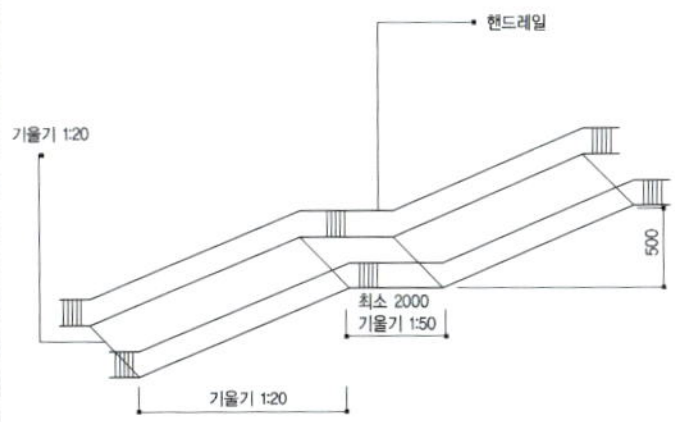 	[기초] 시종점에 1500mm이상의 수평면 확보 높이 750mm이내마다 폭 1500mm의 중간참 설치 	
가장자리 보호대	75mm이상 핸드레일이 설치된 경우 50	[기초] 가장자리 보호대를 설치해야 한다 	
표면	주변과 다른 재질로 이를 구별할 수 있어야 한다	[기초] 미끄럼방지재료로 마감	
색상		[기초] 다른 통로와 식별할 수 있는 재질마감	
표시		[기초] 시종점에 주의환기용 바닥재	
비고			외부경사로에 관하여 별도로 제시하고 있지 않다.

	미 국	영 국	독 일

4-3-6. 외부 계단

일반사항

미국: 내부와 외부 계단이 비상출구인 경우 설치
한 줄의 계단 위 모든 단은 챌판의 높이와 디딤판의 폭 일정

영국: 한 줄의 챌판과 디딤판은 일정
단일 단은 설치하지 않음

독일: 무장애 계단은 나선형 계단이 아니어야 함
단의 높이는 균일해야 함

유효폭

영국: 한 쪽에 벽이 있을 때 1200mm

챌판

미국: 100–180mm
개방된 챌판 허용되지 않음

영국: 150–170mm
개방된 챌판 허용되지 않음

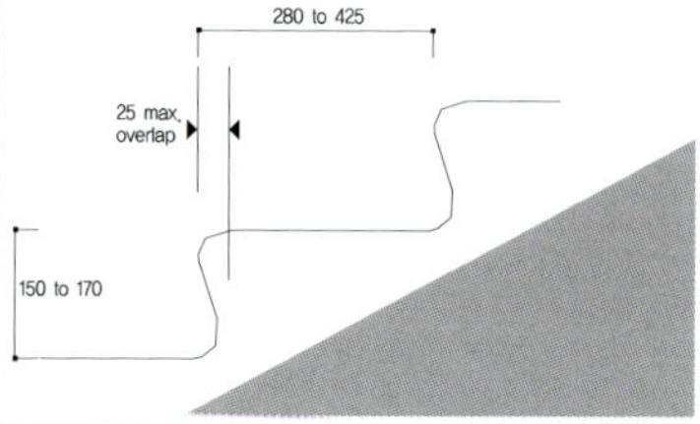

디딤판

미국: 280mm

영국: 280–425mm

계단코

미국: 디딤판 끝부분 굴곡선의 반지름 13mm이하
수직 챌판 위 돌출된 계단코는 굴곡을 주거나 사선으로 처리 수직이 아닌 챌판은 디딤판 아래로 수직에서 최대 30도 까지 허용 돌출 38mm이하

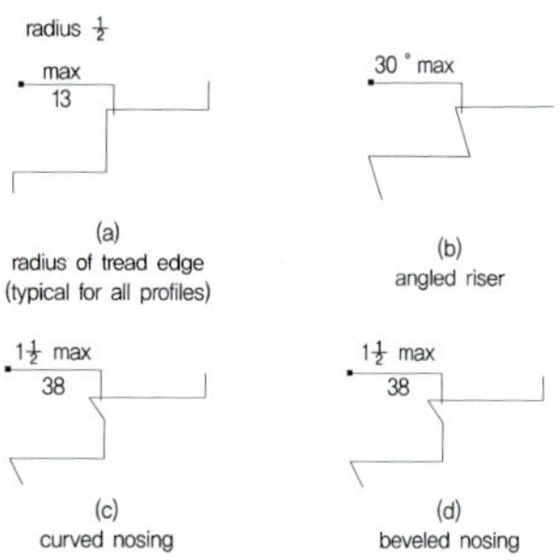

영국: 폭 55mm
계단코를 쉽게 구별할 수 있는 조명 설치
대조적인 재료
돌출 25mm이하

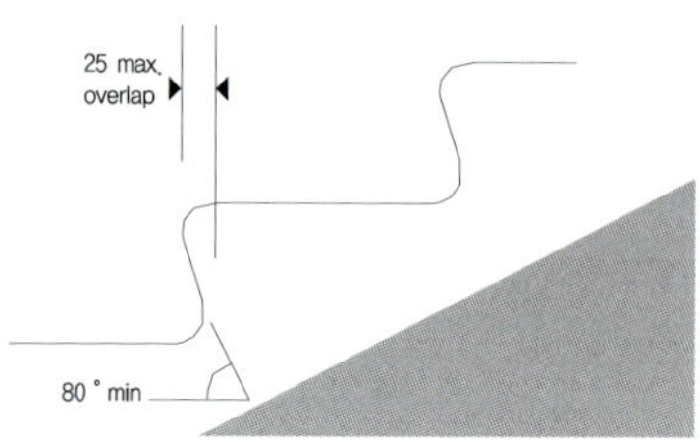

표면

미국: 안정하고 단단하며, 미끄럼 방지가 되는 것

영국: 젖었을 때 미끄럽지 않은 재질

핸드레일

미국: *4-3-7. 핸드레일 참조

영국: 연속적인 핸드레일 설치
계단 폭 1800mm이상일 경우 추가 핸드레일을 적어도 폭 1000mm에, 1800mm미만으로 분리하여 설치
*4-3-7. 핸드레일 참조

독일: *4-3-7. 핸드레일 참조

참

영국: 시종점에 참 설치 1200mm
문열림 등으로 참이 방해받지 않도록

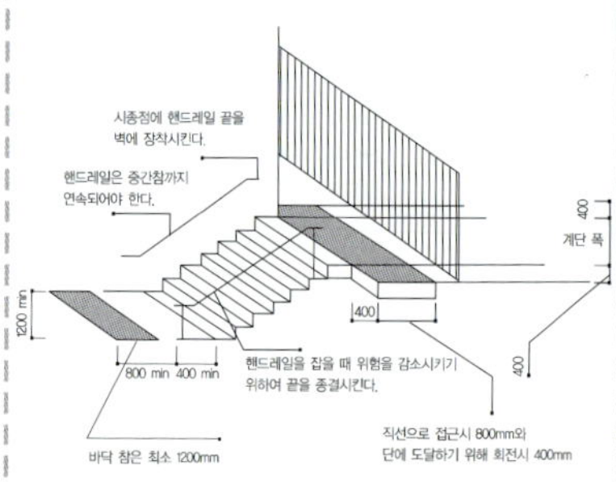

구분	스웨덴	일본	한국
일반사항	동일한 높이와 폭의 디딤판과 챌판	*4-4-4. 내부 계단 참조	*4-4-4. 내부 계단 참조
유효폭	1300mm		
챌판	150mm 개방된 챌판 허용하지 않음		
디딤판	300mm		
계단코	둥근 모서리 15mm까지 돌출가능		
표면	미끄럽지 않은 재질		
핸드레일	*4-3-7. 핸드레일 참조		
참	18단 이상인 경우 1300mm 문이 설치된 경우 계단에서 70mm떨어진 곳에 설치		

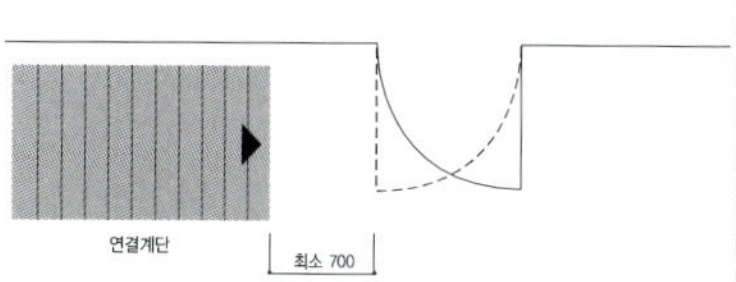

<table>
<tr><th></th><th>미 국</th><th>영 국</th><th>독 일</th></tr>
<tr><td>추락방지턱</td><td></td><td></td><td>최소 20mm 최대 30mm

</td></tr>
<tr><td>단수</td><td></td><td>한 줄의 높이 350mm 미만의 경우 12단 이하
한 줄의 높이 350mm 이상의 경우 18단 이하
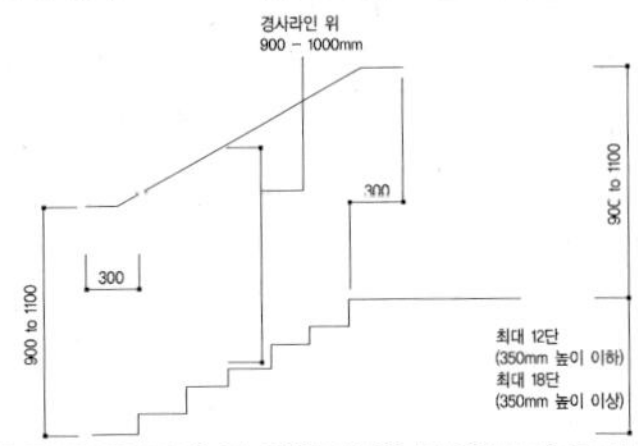
</td><td></td></tr>
<tr><td>계단 밑 공간</td><td>2030mm이하의 경우 바닥 위 685mm에 가드레일이나 장애물 설치
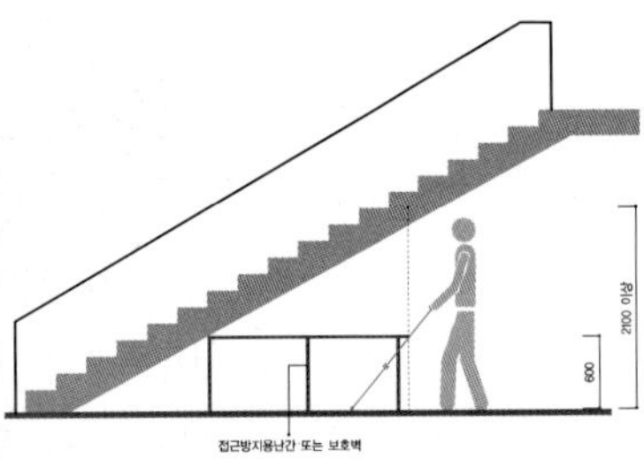
</td><td>2100mm이하의 경우 보호대로 보호 또는 영구적인 장애물 설치</td><td>2300mm
전체가 막혀있거나 시각적으로 대조가 되거나 촉각적으로 인식할 수 있는 영역의 경계 설치
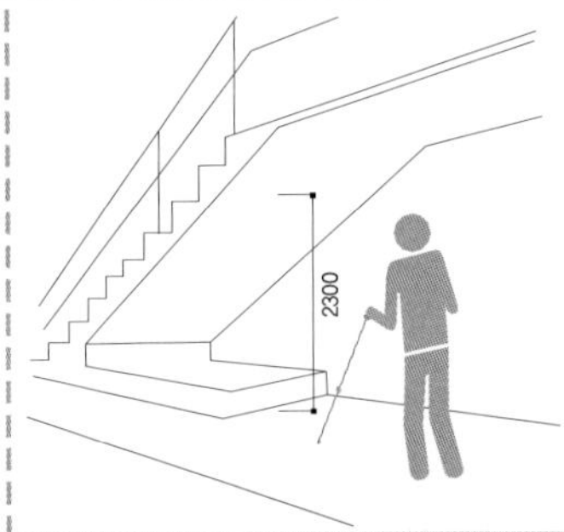
</td></tr>
<tr><td>차양</td><td></td><td></td><td></td></tr>
<tr><td>표시</td><td></td><td>시종점에 선형블록 설치
계단의 가장 윗부분과 아랫부분에서 400mm 떨어져서 설치
폭 1200mm, 길이 800mm</td><td>단이 3개 이상인 계단은 시종점에 500–800mm폭의 띠로 시각적인 대조를 이루어 표시</td></tr>
<tr><td>비고</td><td></td><td></td><td></td></tr>
</table>

	스웨덴	일본	한국
추락방지턱		*4-4-4. 내부 계단 참조	*4-4-4. 내부 계단 참조
단수	항상 3개 이상		
계단 밑 공간	공간을 만들지 않는다		
차양	우기를 대비하여 차양 설치		
표시	시종점 400–800mm부분에 다른 재질을 부착하여 계단의 시작과 끝을 알림 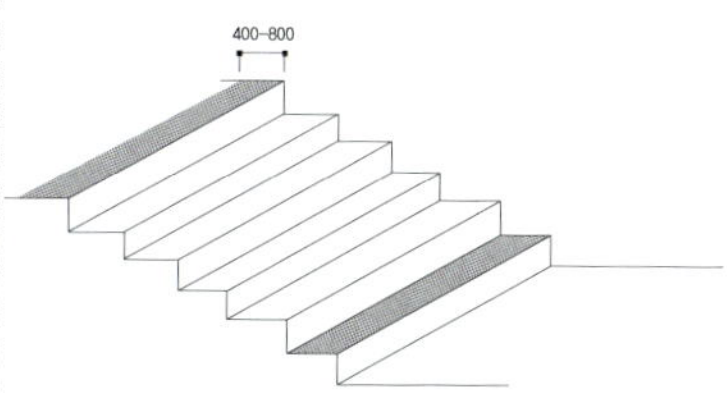		
비고		건물로의 접근시 부지 내 통로에서는 가능한 한 계단을 만들지 않도록 하고 있다. 계단에 관해서는 건물 내부에서만 제시하고 있다.	외부 계단에 대해 별도로 언급하고 있지 않다.

	미 국	영 국	독 일
4-3-7. 핸드레일			
위치	계단과 경사로의 양 측면에 설치 1/200이하 경사로의 보도면을 따라 설치	경사로나 계단의 바닥폭 내 100mm돌출	
연속	각 한 줄의 계단이나 경사로의 전체 길이에 연속되어야 한다.	경사로나 계단의 한 줄 및 참을 따라서 연속적으로 설치	
높이	잡는 면 높이-보도면, 계단코, 경사면 위 수직으로 865-965mm 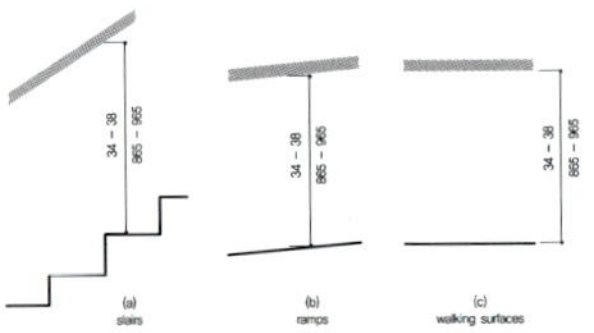 마감-핸드레일은 계단코와 경사로 바닥 위 높이에 견고하게 설치	경사로나 계단면의 경사라인으로부터 가장 윗부분 핸드레일의 윗부분의 수직 높이는 900-1000mm로 하고, 참의 면으로부터 900-1100mm 사이에 설치	850mm
유효공간	벽과 간격 38mm이상 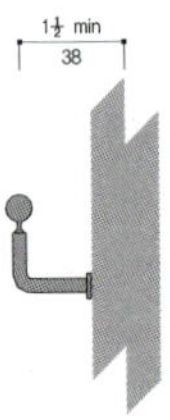 	벽과 간격 60-75mm	
잡는 면	연속-잡는 면은 그 길이를 따라 연속되어야 하며, 위나 측면을 따라 장애물이 없어야 한다. 잡는 면의 랫부분은 그 길이의 20%이상이 방해 받지 않아야 한다. 수평돌출-핸드레일 잡는 면의 바닥 아래 38mm 이상 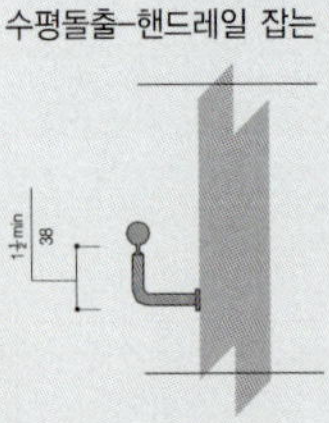	L자형 지지대와 핸드레일 아랫부분 사이 50mm의 유효공간	
단면	원형 단면-원형 단면을 가지는 핸드레일 잡는 면의 바깥 지름이 32 - 51mm 원형이 아닌 단면-원형이 아닌 단면을 가진 핸드레일 잡는 면의 둘레 치수는 100 - 160mm, 단면 치수는 57mm 이하 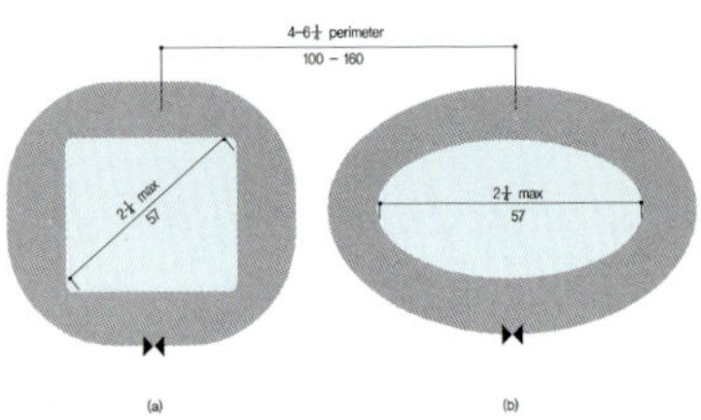 	원형으로 지금이 40-45mm 타원형으로 폭이 50mm 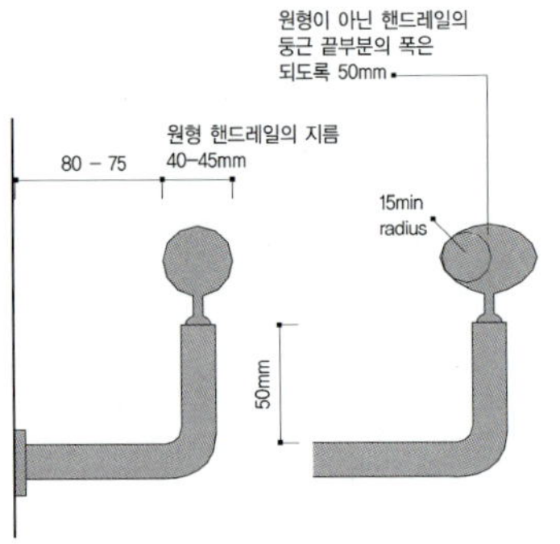 	30-45mm
표면마감	잡는 면과 그것에 인접한 다른 표면은 날카롭거나 거친 요소가 아니어야 하며, 끝이 둥글게 처리되어야 한다.	반사율이 높지 않은 재질, 바탕면과 시각적으로 대조를 이루는 재질 미끄럽지 않고 차가운 재질은 쓰지 않는다.	

	스웨덴	일본	한국
위치	양쪽에 설치	복도에 설치 [기초]계단의 양측에 연속해서 설치 [기초]외부경사로에 설치 [유도]외부경사로의 양측에 설치	복도측면에 설치 계단의 측면에 설치 경사로의 측면에 설치
연속		계단의 양측에 연속해서 설치	복도 측면에 연속적으로 설치 계단 측면에 연속적으로 설치
높이	500mm, 900mm높이에 설치	[기초]750-850mm [유도]2단의 아랫단은 600-650mm	800-900mm 2단 설치시 아래650mm, 위850mm
유효공간	벽과 간격 50mm		벽과 간격 50mm
잡는 면	L형 지지대와 핸드레일 아랫부분 사이 40mm유효공간		
단면	30-50mm	[기초]쥐기 쉬운 형상 	32-38mm 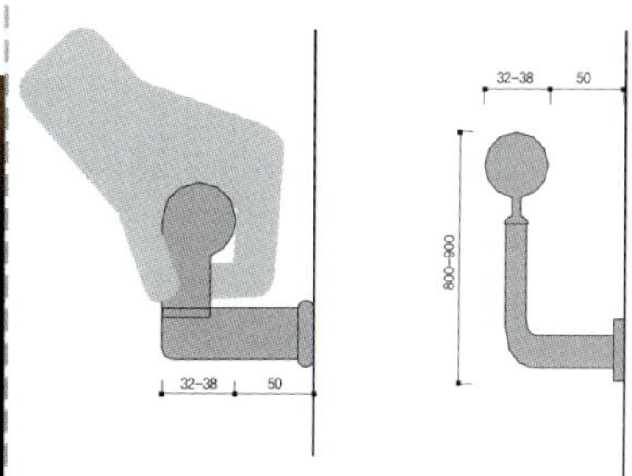
표면마감		[기초]쥐기 쉬운 재질	
	벽과 대조를 이루는 색		

구분		미 국	영 국	독 일
연장	경사로의 시종점	연장길이-경사로 핸드레일은 경사로의 시종점 위에는 수평으로 305mm 이상 연장 마감-연장은 벽, 보호대 또는 참의 바닥면으로 매끄럽게 구부려져야 하며, 경사로에 접한 핸드레일에 연속되어야 한다. 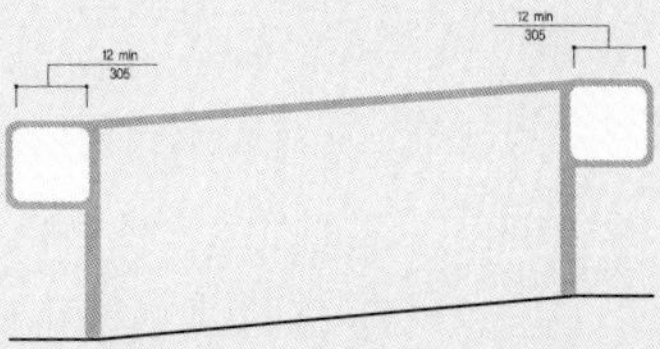	경사로의 시종점에서 300mm 연장	시종점에서 300mm연장
	계단 윗부분	연장길이-계단의 윗부분에 설치된 핸드레일은 첫단 계단코 위에서 시작하여 수평으로 305mm이상 연장 마감-연장은 벽, 보호대 또는 참의 바닥면으로 매끄럽게 구부려져야 하며, 인접한 계단의 핸드레일에 연속되어야 한다.	계단코의 시종점에서 300mm이상 연장	계단 끝에서 300mm연장 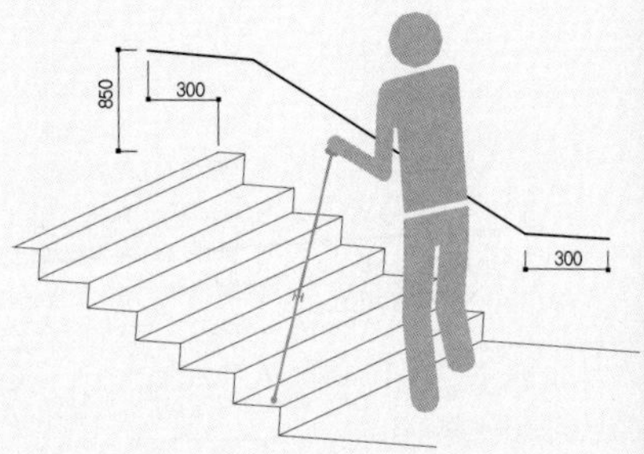
	계단 아랫부분	마감-한 줄의 계단 아랫부분에 있어서 계단의 아랫부분의 핸드레일은 마지막 챌판 계단코를 넘어 하나의 디딤판 폭과 동일한 수평 거리 이상으로 연장 연장은 벽, 보호대 또는 참의 바닥면으로 매끄럽게 구부려져야 하며, 경사에 접한 핸드레일에 연속되어야 한다	계단코의 시종점에서 300mm이상 연장	계단 끝에서 300mm연장
표시				

스웨덴 | 일본 | 한국

연장

스웨덴

시종점에서 300mm연장

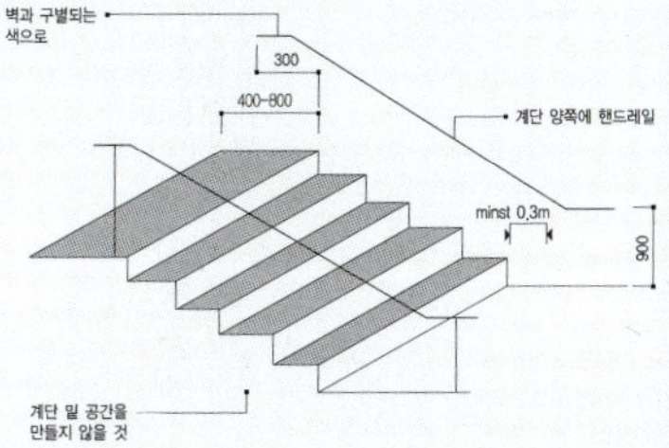

일본

[기초]계단 시종점에서 450mm연장

[기초]계단 시종점에서 450mm연장

한국

시종점에서 300mm연장

시종점에서 300mm연장

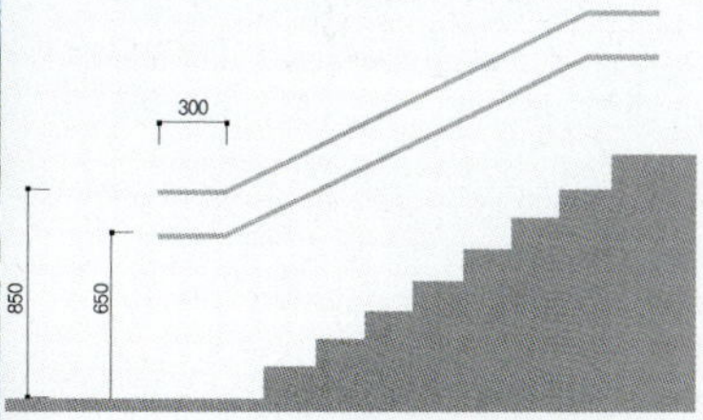

시종점에서 300mm연장

표시

일본

[유도]손잡이 시종점에 단수, 방향을 점자로 표시

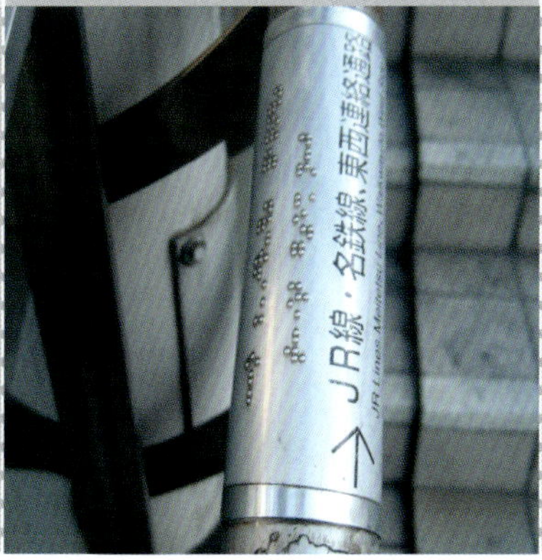

REFERENCE
1. Access Board, ADA-ABA Accessibility Guideline, 2004
2. Approved Document M, 2004
3. http://www.sozialnetz-hessen.de/ca/ga/czo/sideid/aaaaaaaaaaaabsv/s
4. http://www.nullbarriere.de/
5. Swedish Board of Housing, Building and Planning, Bygg Ikapp Handikapp, 2001
6. 交通建設省, 高齢者、身体障害者等が円滑に利用できる特定建築物の建築の促進に関する法律 建設省告示第1987号, 1994
7. 보건복지부, 장애인 편의시설 상세표준도, 1998

4-4. 출입구 및 내부 순환
4-4-1. 출입구/문

구분	미 국	영 국	독 일
문 형식			
회전문	회전문과 회전식 십자문은 접근 가능한 경로의 일부로 제공해서는 안 된다.		
폭	815mm 이상 여닫이문 유효폭-90도 열리는 문의 깊이 610mm 이상에서 915mm이상 돌출물-865mm 이하의 문 유효폭에는 설치하지 않는다. 865-2030mm 범위의 문 유효폭 내 장애물은 100mm이하 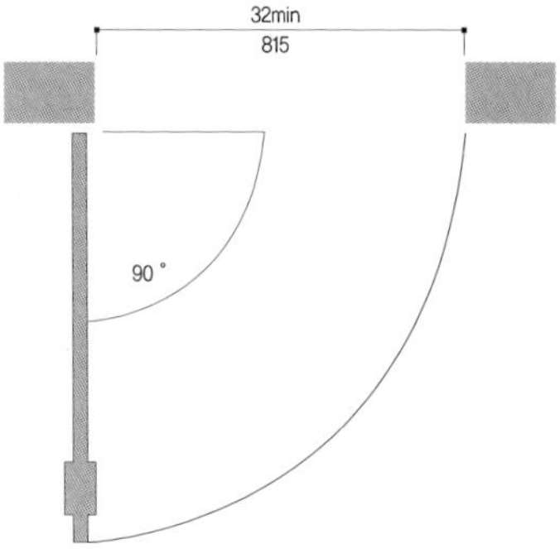 (a) hinged door	곧바로 접근시 신축건물 800mm 기존건물 750mm 폭1500mm 이상의 접근경로로 직각회전 신축건물 800mm 기존건물 750mm 폭1200mm 이상의 접근경로로 직각회전 신축건물 825mm 기존건물 775mm 일반적인 공공이 이용하는 건물의 외부 문 신축건물 1000mm 기존건물 775mm	900mm
작동 유효공간 – 여닫이문	(1)전면접근, 여닫이문, 수직으로 1525mm, 빗장에서 수평으로 455mm (2)전면접근, 미닫이문, 수직으로 1229mm, 빗장에서 수평으로 0 (3)경첩에서 접근, 당기는 문, 수직으로 1525mm, 빗장에서 수평으로 915mm (4)경첩에서 접근, 여닫이문, 수직으로 1370mm, 빗장에서 수평으로 1965mm (5)경첩에서 접근, 미닫이문, 수직으로 1065mm, 빗장에서 수평으로 560mm (6)빗장에서 접근, 여닫이문, 수직으로 1220mm, 빗장에서 수평으로 610mm (7)빗장에서 접근, 미닫이문, 수직으로 1065mm, 빗장에서 수평으로 610mm *그림 1 참조	1500 x 1500mm 문의 당기는 부분의 끝과 벽 사이에 300mm이상의 공간 확보	여닫이문 문 손잡이에서 수평으로 500mm 문 열리는 방향으로 1500 x 1500mm 문 여는 방향으로 1500 x 1200mm 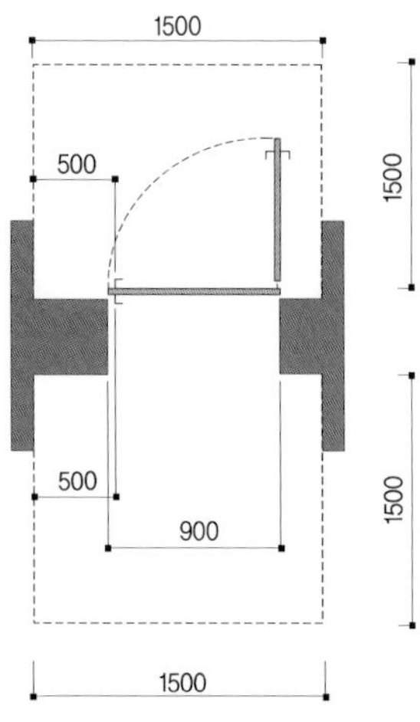

구분	스웨덴	일 본	한 국
문 형식		건물출입구 [기초]1개 이상의 건물출입구는 원칙적으로 자동미닫이문으로 함 [유도]자동미닫이문 외 수동미닫이문 설치 실 출입구 [기초] 1개 이상의 미닫이문 [유도]미닫이문을 설치할 수 없는 경우 안으로 열리는 여닫이문. 바깥으로 열리는 여닫이문을 설치할 때는 휠체어 사용자가 개폐하기 쉬운 공간 설치, 복도 통행자에게 지장이 없도록 알코브 설치	
회전문			출입문은 회전문으로 하면 안 된다.
폭	800mm이상 출입문, 리프트문 등 K10(840mm이상) 내부 출입구문은 K9(760mm이상) K10-90도 : 840-860mm 180도 : 900mm 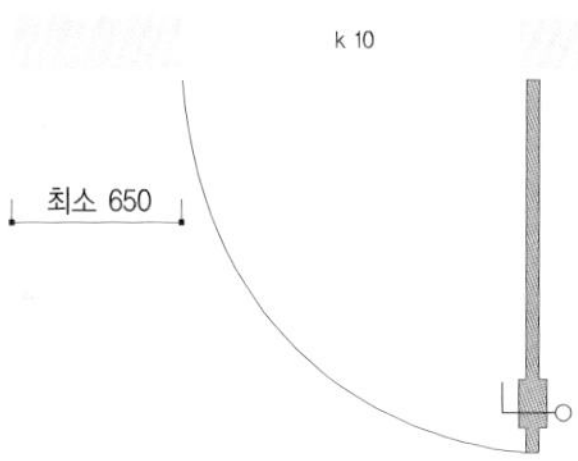 K9-90도 : 760mm 180도 : 800mm 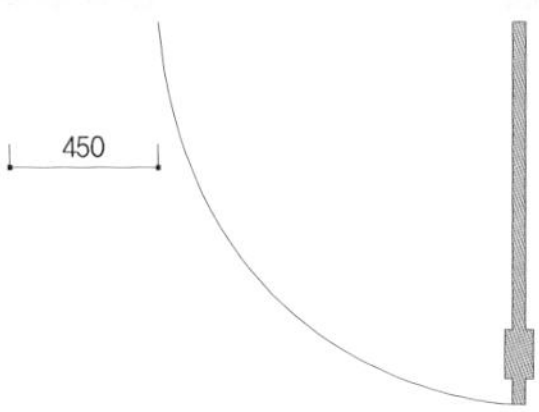 	건물 출입구 [기초]800mm이상 [유도]주출입구 중 하나 이상은 1200mm이상 극장, 집회시설 등의 1개 이상의 주요 출입구는 2000mm 이상 실 출입구 [기초]800mm이상 [유도]900mm이상	800mm
작동 유효공간	전면유효공간 1500 x 1500mm 측면유효공간 외부 650mm 내부 250mm	건물 출입구 [유도]문 전후에 1500mm의 수평면 설치 [기초]여닫이문의 경우 문의 손잡이측면에 여유공간 확보 실 출입구 [기초]바깥으로 열리는 여닫이문은 벽면선을 넘지 않는 구조로	문 열리는 방향 1500 x 1500mm 문 여는 방향 1500*1200mm 손잡이 쪽 500mm이내 공간 확보 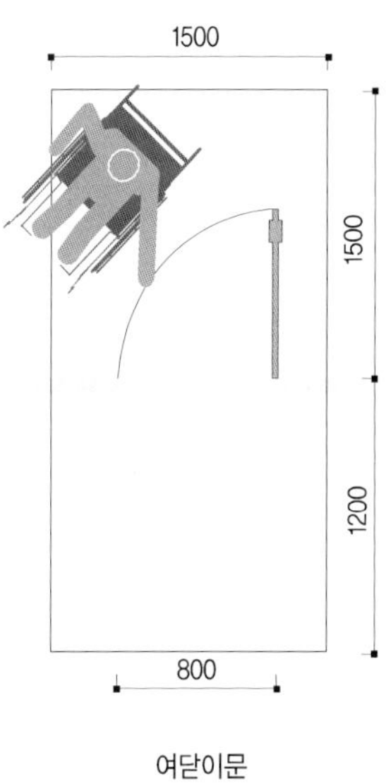 여닫이문

구분		미 국	영 국	독 일
작동 유효공간	문이 없는 출입구, 미닫이문과 접이문	(1)전면접근, 수직으로 1220mm, 빗장에서 수평으로 0 (2)측면접근, 수직으로 1065mm, 빗장에서 수평으로 0 (3)포켓/경첩에서 접근, 수직으로 1065mm, 빗장에서 수평으로 560mm (4)걸쇠에서 접근, 수직으로 1065mm, 빗장에서 수평으로 610mm 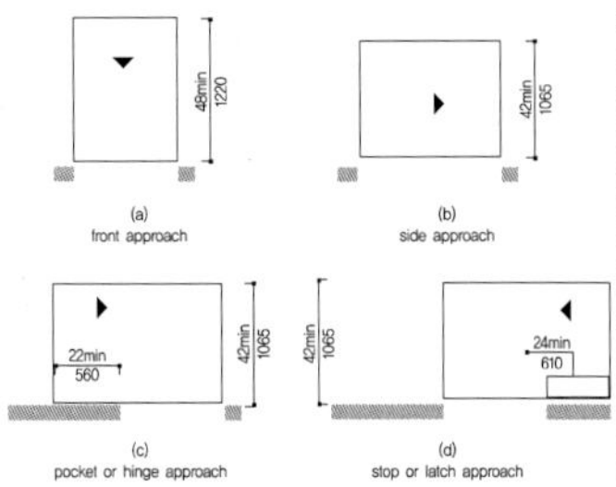 		미닫이문 문 손잡이에서 수평으로 500mm 문이 열리는 방향으로 수평으로 500mm 문 전후 공간 1900*1200mm씩 확보 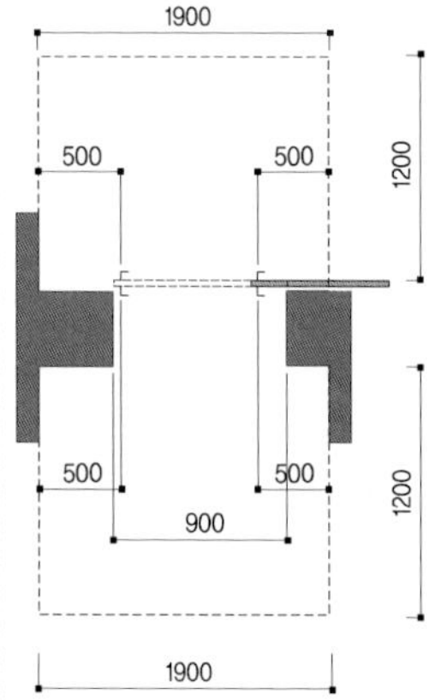
	매입된 문	문의 걸쇠부분 옆에서 측정하여 455mm 인 곳에 205mm이상 벽면에 단이 생긴 매입된 문은 전면 접근을 위하여 작동 유효공간을 제공 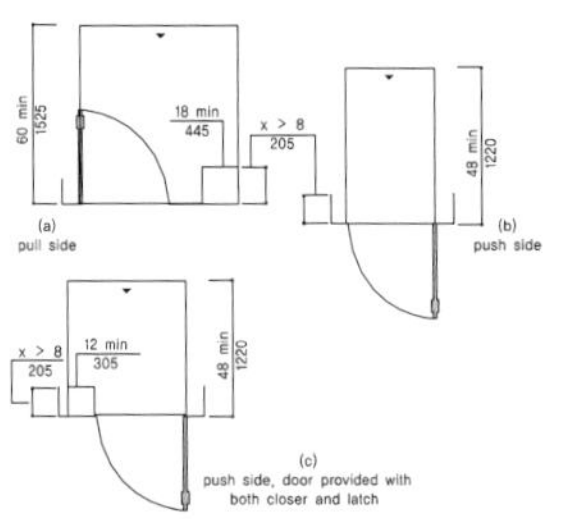 		
문턱		13mm이하	15mm이하	
연속되는 문		두 개의 경첩된 또는 축을 가지는 연속된 문 사이의 거리는 1220mm이상 + 문이 열리는 공간의 폭 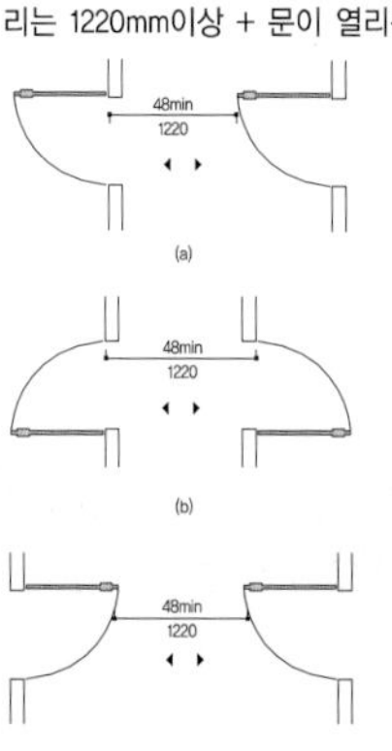 	문이 열리는 공간의 폭+1570mm	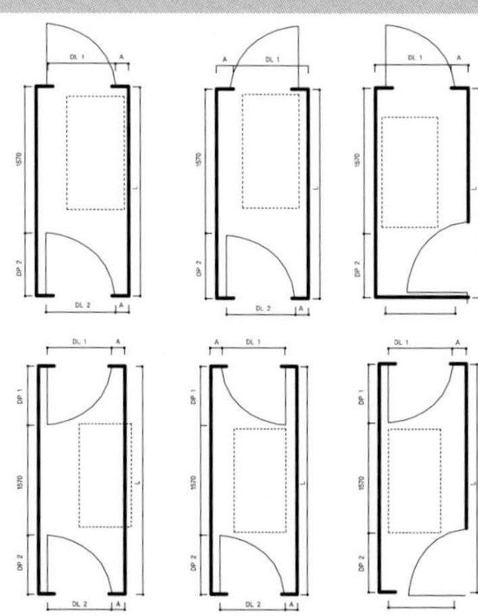
철물		높이-바닥 위 865-1220mm	문 표면과 시각적으로 대조 차가운 재질이 아닌 것을 사용	
손잡이				

항목	스웨덴	일 본	한 국
작동 유효공간			문 전후로 1900 x 1200mm 문의 좌우측 모두 손잡이로부터 500mm이내 공간 확보 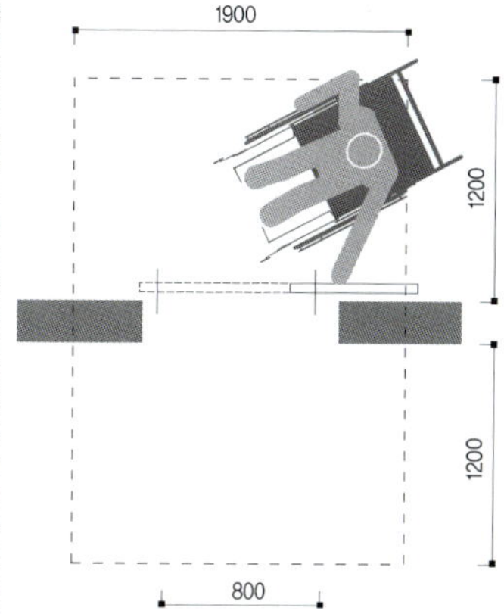
문턱	25mm이하		30mm, 권장15mm
연속되는 문	2300mm		1200mm+개폐에 소요되는 공간
철물			
손잡이	잡기 쉬운 형태로 가능한 한 통일	건물출입구 [기초]사용하기 쉽고 잡기 쉬운 형태 실 출입구 [유도]잡기쉽고 조작하기 쉬운 형상, 적절한 높이 	레버형이나 수직막대형 800-900mm

	미 국	영 국	독 일
닫히는 속도	출입문 자동개폐기-90도로 열린 상태에서 12도의 상태로 이동하는데 5초 이하 스프링 경첩-70도 열린 상태에서 닫힌 상태로 이동하는데 1.5초 이하		
유리패널	적용-문, 게이트에 근접한 문에 하나 이상의 유리 패널이 부착된 문에 적용 높이-바닥 위 1090mm 이하 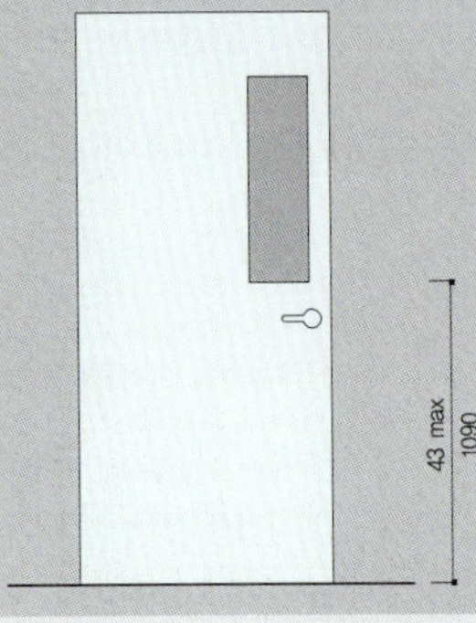	바닥 위 850-1000mm, 1400-1600mm 표식은 150mm 높이 이상에 로고나 사인의 형태로 파선이나 연속된 밴드와 같은 장식은 50mm 높이 이상	
자동문	815mm이상(두 짝의 경우 한 쪽 문에 유효폭이 제공) 작동유효공간, 문턱, 연속되는 두 개의 문, 조작기 등은 수동문과 같음	수동조절기는 바닥 위 750-1000mm에 위치	
표시		접근 가능한 출입구의 표시를 대지 경계선부터 주출입구까지 설치	

스웨덴

일본

한국

문닫히는 속도

여닫이문 3초 이상

유리패널

자동문

조작도구 800mm

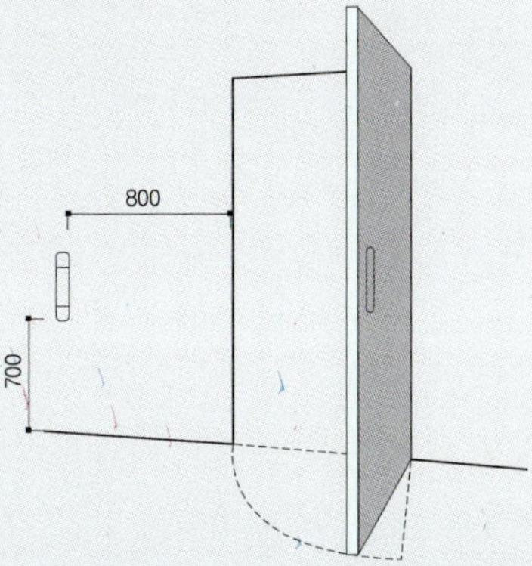

시설관리자 호출벨을 자동문 옆에 설치

표시

건물출입구
[기초]
1개 이상의 주출입구에는 국제심벌마크를 표시
안내판은 어린이, 노인, 시각장애인이 사용할 수 있는 위치, 높이, 문자 크기, 색조, 명도, 안내방법 등에 맞도록 설치
유도블록 부지내 통로부터 1개 이상의 건물 출입구, 접수, 혹은 시각장애인을 유도 할 수 있는 사람이 있는 곳까지 유도블록 또는 음성유도장치 설치
[유도]
1개 이상의 안내는 음성유도, 점자표시 혹은 촉지도

실출입구
[기초]출입구지시-실의 출입구에 설치된 안내판은 어린이나 시각장애인의 통행에 지장이 없는 위치에, 문자 크기, 색조, 명도, 안내방법 등에 배려 설치
[유도]필요에 따라 실명판이나 손잡이 부분에 점자표시를 하거나 촉지안내판 설치

도어노크-청각장애인의 이용이 예상될 때 도어노크센서 설치

주위환기-시각장애인의 이용이 예상될 때 출입구에 주의환기용 바닥재나 음성유도장치 설치

	미 국	영 국	독 일
4-4-2. 복도			
유효폭	*4-3-3. 보도 참조	1200mm	*4-3-3. 보도 참조
교행폭		1800mm이하의 폭일 경우 일정 간격으로 1800 x 1800mm의 교행폭을 가진다	
경사		1/60이하 휴식공간이 없는 경우 경사 높이는 500mm이하, 길이 1500mm 1/20이상일 경우 경사로 설치	
바닥면		단이나 레벨 차이를 잘못 판단할 수 있는 패턴을 피한다. 미끄러지지 않는 마감	
회전 스페이스			
유리 스크린		850-1000mm, 1400-1600mm	
핸드레일			
킥 플레이트			
복도모서리 마감			
보행장애물	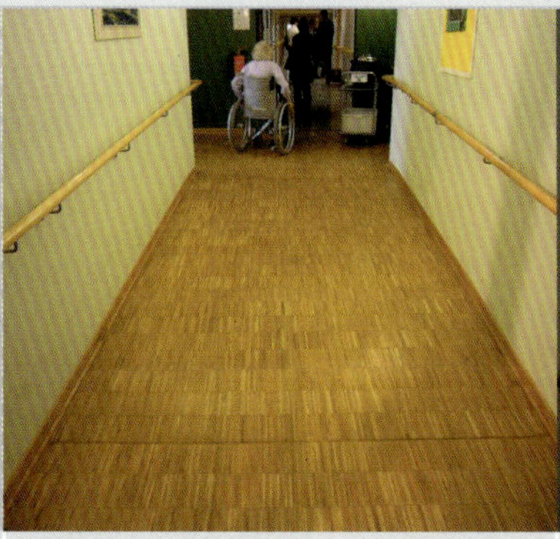		
표시			
휴게공간			
비고	복도에 관해 별도로 제시하고 있지 않다.		복도에 관해 별도로 제시하고 있지 않다.

구분	스웨덴	일본	한국
유효폭	900mm이상 180도 회전을 위해 1500mm이상 짧은 거리는 850mm	[기초]1200mm [유도]1800mm	1200mm 복도 양 옆에 거실이 있을 경우 1500mm이상
교행폭			
경사			
바닥면		[기초]미끄러짐을 방지할 수 있는 재료	미끄러지지 않는 재질로 평탄하게 마감 넘어졌을 때 충격이 적은 재료
회전 스페이스		[기초]복도 끝부분에 회전공간, 50m마다 회전공간설치	
유리 스크린			
핸드레일		[유도]장래 핸드레일의 설치가 예상되는 복도의 벽면에는 핸드레일 부착용 기초재를 사전에 설치 *4-3-7. 핸드레일 항목 참조	핸드레일을 연속설치 *4-3-7.핸드레일 항목 참조
킥 플레이트		[유도]바닥에서 300mm 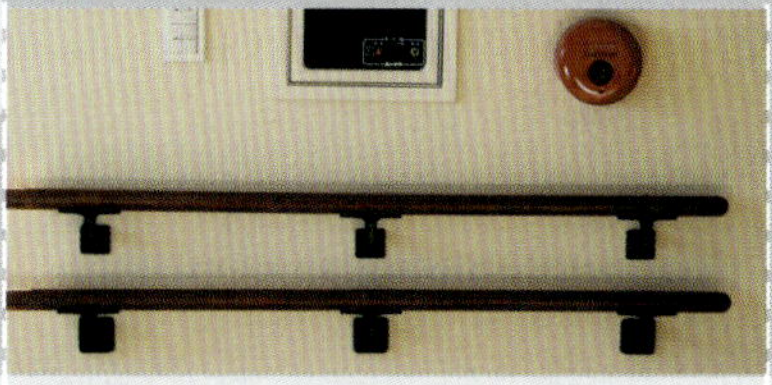	바닥에서 150-350mm
복도모서리 마감		[기초]구조에 지장이 없을 정도로 깎아낸다	모서리부분을 둥글게 마감할 수 있다
보행장애물	장애물이 없도록	[기초]장애물이 복도에 튀어나오지 않도록 설치 	바닥에서 600-2100mm이내의 벽면에서 돌출된 물체의 돌출폭은 100mm이내 바닥에서 600-2100mm이내의 독립기둥이나 받침대에 부착된 설치물의 돌출폭은 300mm이내 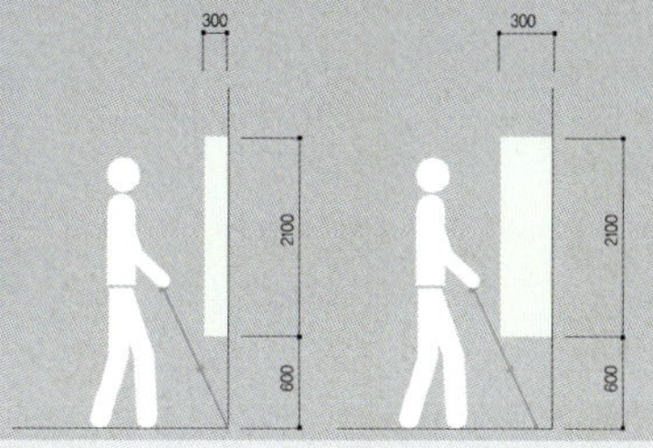
표시		[기초]주출입구에서 접수까지의 복도에는 유도블록을 설치 또는 음성 등에 따른 유도를 한다 [유도]시각장애인을 위해 각실 출입구 복도측에 주위환기용 바닥재 설치 청각장애인을 위해 점멸형 유도등 등 시각에 의한 정보전달에 배려	
휴게공간		[기초]의료, 복지, 집회시설에 통행에 지장이 없는 휴게공간 설치 	
비고			

4-4-3. 내부 경사로

	미 국	영 국	독 일
일반사항	*4-3-5. 외부 경사로 참조	레벨 차이가 300mm이상이거나 두 단 이상인 경우 경사로를 추가 레벨 차이가 300mm이하, 단일 단 대신에 경사로 설치	*4-3-5. 외부 경사로 참조
경사		경사로 길이 10m일때 최대경사도 1/20, 최대높이 500mm 경사로 길이 5m일때 최대경사도 1/15, 최대높이 333mm 경사로 길이 2m일때 최대경사도 1/12, 최대높이 166mm	
수직높이		500mm이상의 경사로는 만들 수 없다	
		10m를 넘는 경사로는 만들 수 없다	
폭		1500mm	
표면		젖었을 때 미끄럽지 않도록	
참		1500mm 장애물이나 문열림 포함하지 않음 세 줄 이상의 경사로가 있을 경우 1800 x 1800mm 경사 1/60	
핸드레일		양측에 설치 *4-3-7 핸드레일 참조	
가장자리 보호대		100mm 참과 시각적으로 대조	
경사로 밑공간		2100mm이하의 경우 보호대로 보호 또는 영구적인 장애물 설치	
표시		식별할 수 있는 표지판이 있어야 한다	
비고	내부 경사로에 관하여 별도로 제시하고 있지 않다.	건물 내외부의 경사로에 관하여 별도로 언급하고 있다.	내부 경사로에 관하여 별도로 제시하고 있지 않다.

	스웨덴	일본	한국
일반사항	*4-3-5. 외부 경사로 참조	*4-3-5. 외부 경사로 참조	
경사			1/12 높이가 1000mm이하인 경우 1/8까지 완화가능 별도의 해빙 또는 결빙방지시설 없는 옥외경사로의 경우 1/20 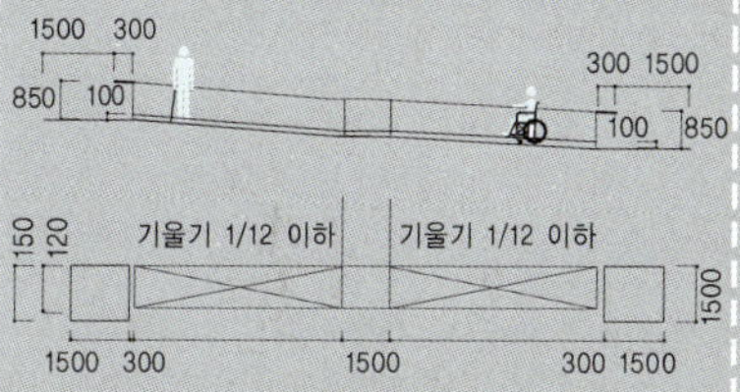
수직높이			
길이			
폭			1200mm 900까지 완화가능
표면			미끄러지지 않는 재질로 평탄하게 마감
참			높이750mm마다 참설치 시종점에 1500 x 1500mm 방향전환지점에 참 설치
핸드레일			경사로 길이가 1800mm이상이거나 높이가 150mm이상인 경우에 양측에 손잡이 연속설치 *4-3-7 핸드레일 참조
가장자리 보호대			50mm이상
경사로 밑공간			
표시			
비고			내부시설로 구분되어 제시되고 있으나 건물 내외부의 경사로에 공통으로 적용된다.

일본: 내부 경사로에 관하여 별도로 제시하고 있지 않다.

스웨덴: 내부 경사로에 관하여 별도로 제시하고 있지 않다.

	미 국	영 국	독 일
4-4-4. 내부 계단			
일반사항	*4-3-6 외부 계단 참조	한 줄의 챌판과 디딤판은 일정 단일 단은 설치하지 않는다.	*4-3-6 외부 계단 참조
형태			
유효폭		1200mm	
챌판		150-170mm	
디딤판		250mm	
계단코		폭 55mm 대조적인 재료 돌출 25mm이하	
참		시종점에 참 설치 1200mm 문 열림에 의해 참이 방해받지 않아야 함	
단수		최대 12단 공간의 제약이 있을 시 16단 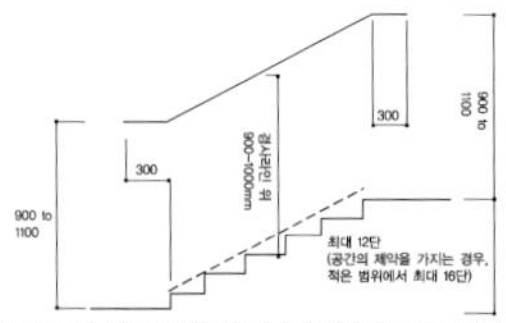	
계단 밑 공간		2100mm이하의 경우 보호대로 보호 또는 영구적인 장애물 설치	
바닥면			
색			
추락방지턱			

구분	스웨덴	일본	한국
일반사항	*4-3-6 외부 계단 참조		참을 중심으로 상하 단수를 똑같이 동일한 계단에서 디딤판과 챌판은 일정
형태		[기초]1개 이상의 계단은 직선계단 또는 꺾임계단으로 하고 회전계단을 설치하지 않는다.	직선 또는 꺾임형태로 설치
유효폭		[기초]1200mm이상 [유도]1500mm이상	1200mm 옥외피난계단900mm
챌판		[유도]160mm	180mm 챌판을 반드시 설치
디딤판		[유도]300mm	280mm
계단코		[기초]걸려 넘어지지 않는 구조로 한다 [유도]20mm이하 돌출	기울기 60도 돌출30mm 줄눈 넣기나 미끄럼방지재로 마감 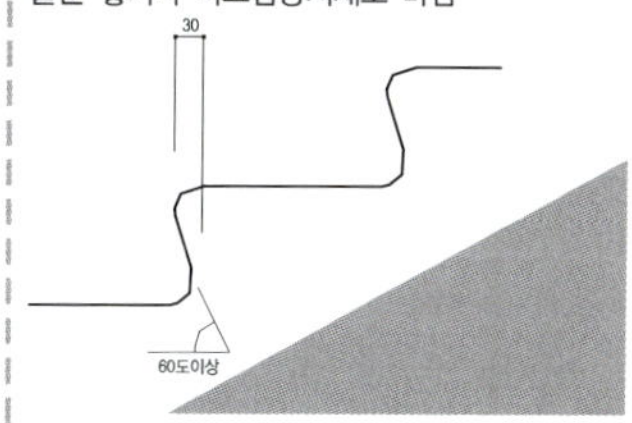
참			바닥으로 높이 1800mm이내마다 참 설치
단수			
계단 밑 공간		[기초]시각장애인의 충돌을 방지하는 턱이나 울타리 설치	2100mm이내에 장애물이 있는 경우 바닥에서 600mm 이하에 접근방지용 난간 또는 보호벽 설치 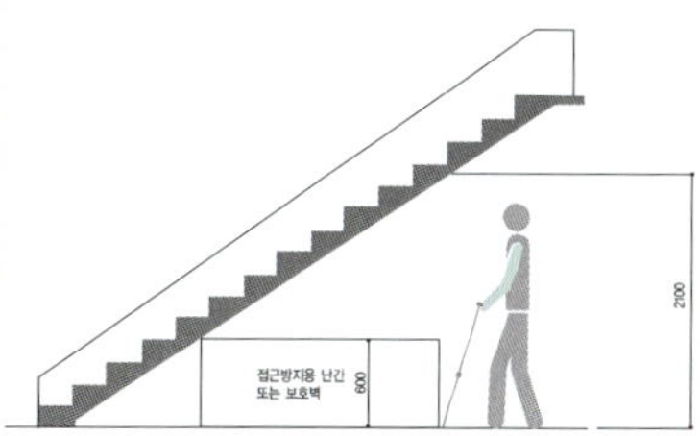
바닥면		[기초]미끄러지지 않는 재료	미끄러지지 않는 재질로 평탄하게
색		[기초]디딤판과 챌판은 색이나 명도 등에 따라 용이하게 식별할 수 있도록	
추락방지턱			20mm

구분			미 국	영 국	독 일
4-4-4. 내부 계단					
핸드레일			*4-3-6.외부 계단 참조		*4-3-6.외부 계단 참조
표시					
비고			내부계단에 관해 별도로 제시하고 있지 않다.		내부계단에 관해 별도로 제시하고 있지 않다.

구분			미 국	영 국	독 일
4-4-5. 엘리베이터					
승강장	호출조작기	표면	호출 버튼은 양각이거나 조명을 해야 한다.	양각으로 할 것	
승강장	호출조작기	높이	호출 버튼과 키 패드는 작동 부분의 가장 높은 곳의 중심선을 측정하여 팔이 미치는 범위 조항에서 중 하나에 위치	900–1100mm 굴곡된 벽으로부터 적어도 500mm에 설치	모서리에서 500mm
승강장	호출조작기	크기	호출버튼은 가장 작은 치수가 19mm이상		
승강장	유효 바닥공간		유효 바닥공간 조항을 따른다	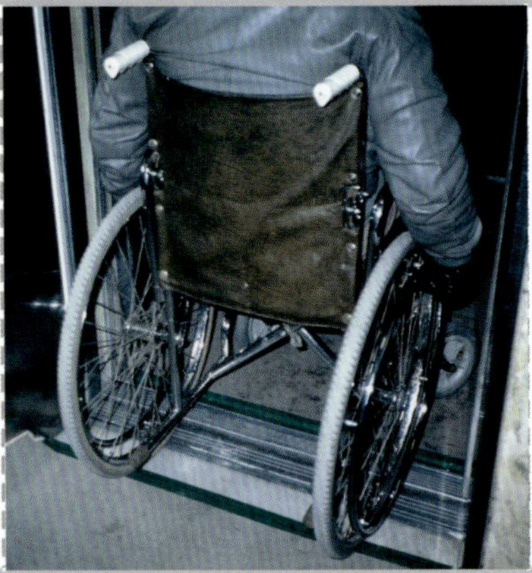	1500 x 1500mm 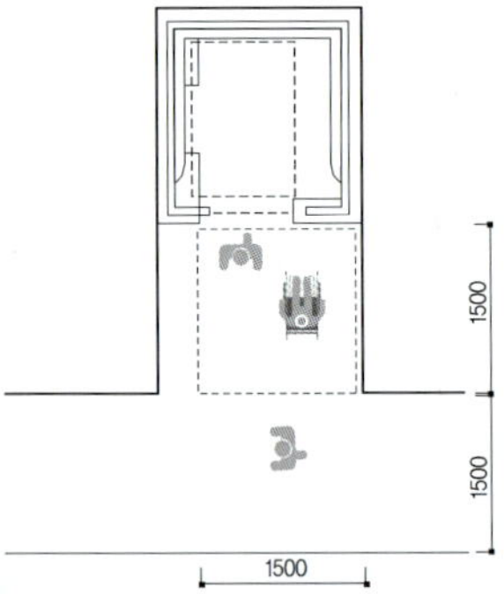
승강장	도착 알림	시각신호기	설치	설치	
승강장	도착 알림	청각신호기	설치	설치	
엘리베이터 문	형태		미닫이 형태. 엘리베이터 칸의 게이트에는 피한다	참과 문은 인접벽과 시각적으로 구별할 수 있도록 한다	
엘리베이터 문	작동		엘리베이터 승강구와 칸 문은 자동으로 열리고 닫혀야 한다		
엘리베이터 문	유효폭				900mm
엘리베이터 문	재열림 장치		엘리베이터 문에는 재열림 장치가 설치되어야 한다.		
엘리베이터 문	문 유효폭		*엘리베이터 문 폭은 그림 2를 따라야 한다.	800mm	
엘리베이터 문	문 형태				

스웨덴	일본	한국	
*4-3-6.외부 계단 참조	[유도]3000mm이상 계단에서는 중앙부에 손잡이 설치 *4-3-7. 핸드레일 참조		핸드레일
	[기초]계단 및 참의 시종점에 점형블록 설치 	시종점의 300mm전면에 점형블록 설치하거나 바닥재 질감을 다르게 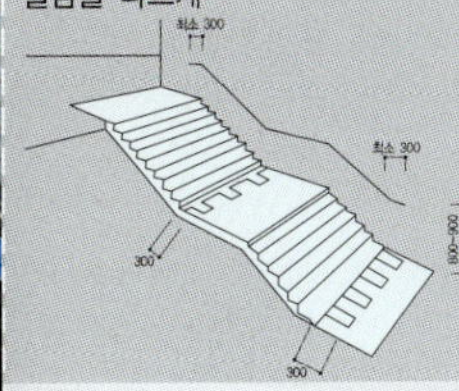	표시
내부계단에 관해 별도로 제시하고 있지 않다.			비고
	[기초]900-1000mm [유도]발로 조작할 수 있는 보조버튼을 바닥에서 200mm에 설치		
	[기초]1500 x 1500mm [유도]1800 x 1800mm 	1400 x 1400mm	승강장
		설치	
		설치	
	[유도]도착하는 엘리베이터의 승강방향을 알리는 장치 설치		
		800mm	
자동문과 벽은 대조를 이루는 색으로		설치	엘리베이터 문
문 열림 지속시간 10-30초			
800mm			
	[기초]800mm [유도]900mm		
	[유도]내부의 상태를 알 수 있는 형태가 바람직		

구분	항목	미 국	영 국	독 일
엘리베이터 박스	박스 치수	*그림 2 참조 예외, 기존 엘리베이터는 칸 외형의 유효바닥 1.5m² 이상 내부깊이 1370mm이상, 유효폭 915mm이상인 경우는 허용	폭 1100mm 깊이 1400mm *그림 3 참조	폭 1100mm 깊이 1400mm
엘리베이터 박스	수평 틈새	수평틈새는 32mm 이하		
엘리베이터 박스 / 조작기	위치	조절기는 팔이 미치는 범위 조항에 따른다.	900-1200mm(권장1100mm) 굴곡된 벽으로부터 적어도 400mm에 설치	850mm
엘리베이터 박스 / 조작기	버튼마감	바닥 지시 칸 작동 버튼은 양각 또는 불이 들어와야 한다.		
엘리베이터 박스 / 조작기	버튼크기	가장 작은 크기가 19mm이상		
엘리베이터 박스 / 조작기	버튼배치	버튼은 상승하는 순서대로 배치 두 개 이상 세로배열이 된 경우, 왼쪽에서 오른쪽으로 읽도록 한다.		
엘리베이터 박스 / 조작기	버튼 형식			
엘리베이터 박스 / 조작기	각도			

스웨덴	일본	한국
폭 1100mm 깊이 1400mm 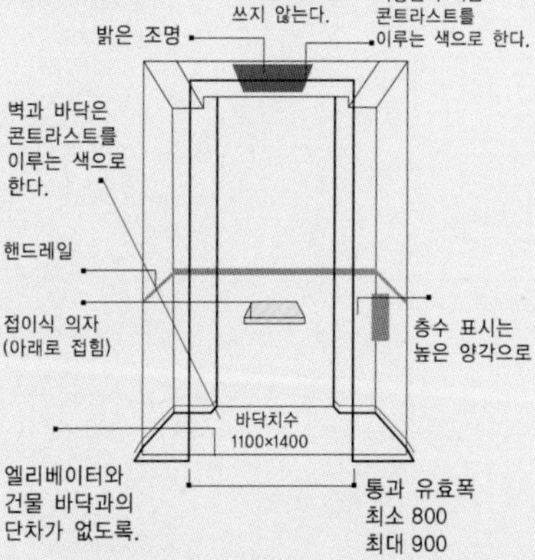	[기초]바닥면적 1.83m²(정원11명 이상) 안길이 1350mm [유도]바닥면적 2.90m²	폭 1100mm 깊이 1350mm 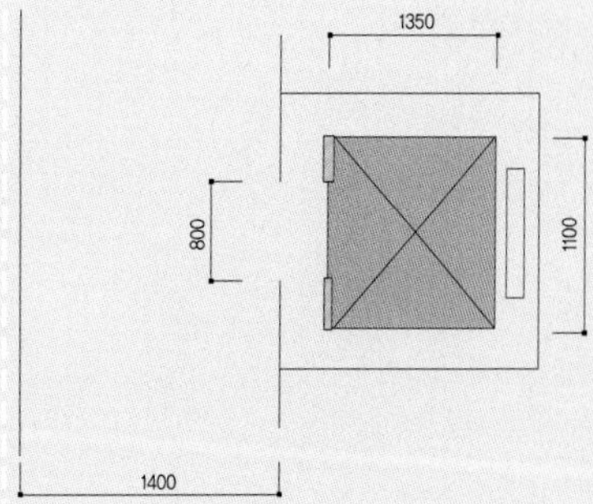
30mm이하		30mm
위 버튼까지 900-1200mm(권장1100mm) 아래 버튼까지 1000mm 벽 코너에서 400mm이상, 칸 전체의 중앙에 설치 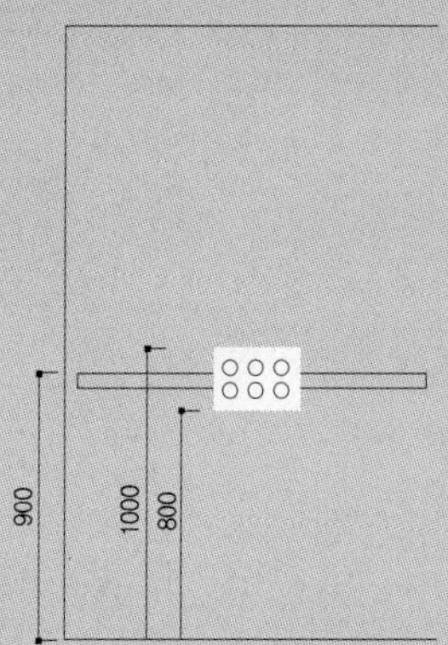	[기초]900-1000mm	800-1200mm(1400mm까지 완화가능) 진입방향 우측면에 가로로 설치
층수표시는 양각으로		양각버튼
크게		
수평으로 선을 이루게 배치	[유도]조작버튼의 배열은 동일시설에서 통일한다	
쉽게 작동하는 버튼이나 터치패드형식은 피한다		터치식은 오작동의 원인이 될 수 있으므로 설치를 피한다
45도 기울어지게 한다		

승강장

구분	항목	세부	미국	영국	독일
엘리베이터 박스	도착하는 층 알림	시각적 지시	층을 통과하여 칸이 목적층에 도착하였을 때, 일치하는 문자에 불이 들어와야 한다.	설치	
		청각적 지시	신호는 칸이 층에 거의 멈추었음을 알리는 자동적인 음성 알림을 해야 한다.	설치	
	비상시 커뮤니케이션		비상시 두 가지 방법의 커뮤니케이션 장치는 팔이 미치는 범위 조항을 따름 촉각 기호와 문자는 장치에 접하여 설치, 접근성기호의 기호조항에 따른다.		
	핸드레일			바닥 위 900mm	
	거울			설치	엘리베이터 문 맞은편에 설치
	의자				엘리베이터 문 맞은편에 설치
	마감				
표시					

스웨덴	일본	한국	
		설치	
	[기초]엘리베이터 칸이 도착하는 층, 승강방향 및 엘리베이터 칸 및 승강구의 문의 폐쇄를 음성으로 알리는 장치 설치	설치	
	[기초]휠체어 사용자, 시각장애인이 용이하게 사용할 수 있는 위치에 설치 음성 및 시각으로 상호 통화 가능한 장치로		
900mm이상 	[기초]750–850mm 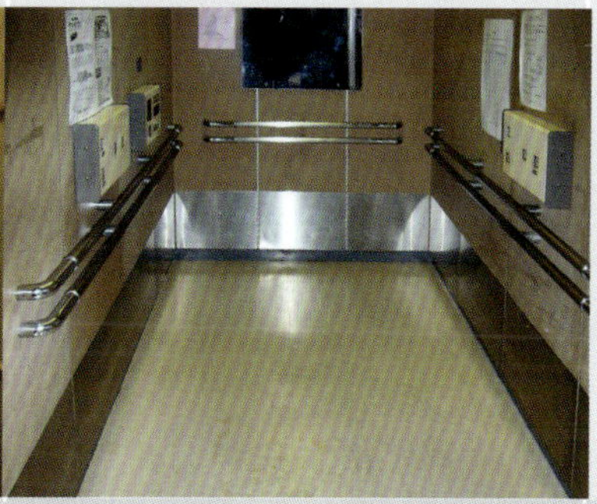	*4-3-7. 핸드레일 참조	
	[유도]문의 개폐확인 가능한 거울 부착 	내부 후면에 거울 부착 	엘리베이터 박스
접이식 의자 설치 	[유도]벤치 또는 의자 설치		
밝은 벽과 천장, 빛나는 재료는 쓰지 않는다. 벽과 바닥은 대조적인 색으로			
	[기초] 승강로의 출입구부근에 국제심벌마크를 적절히 표시 주출입구부터 승강로비의 조작버튼까지 유도블록 설치 [기초] 건축물 전체 안내판에 휠체어 사용자가 사용할 수 있는 엘리베이터의 장소 표시		표시

구분		미국	영국	독일
4-4-6. 에스컬레이터				
유효폭		*관련 항목 없음	*관련 항목 없음	*관련 항목 없음
속도				
디딤판				
핸드레일	위치			
	단부연장			
	수평고정핸드레일			
4-4-7. 리프트				
바닥면		바닥면 조항 및 단차 조항 참조		*관련 항목 없음
유효바닥공간		유효바닥공간 조항 참조		
작동부분		작동부분 조항 참조	900-1100mm, 모서리에서 400mm	
문과 게이트	문 지연	20초 이상 열린 상태 유지		
	유효폭	각 문과 게이트 815mm이상 측면 문과 게이트 1065mm이상 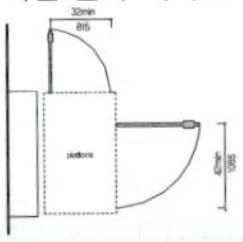		
승강장				
승강속도			0.15m/s	
경사형 휠체어리프트	유효폭		800mm	
	깊이		1250mm	
수직형 휠체어리프트	유효폭		900mm	
	깊이		1400mm	
비고				리프트에 관한 항목을 제시하고 있지 않다.

항목	스웨덴	일본	한국
유효폭	*관련 항목 없음	*관련 항목 없음	800mm
속도			0.5m/s
디딤판			3매 이상 수평이동
핸드레일			양측면에 디딤판과 같은 속도로 움직이는 이동 핸드레일 설치
			양 끝부분에 1200mm이상 연장설치
			수평이동 핸드레일 전면에 1000mm이상의 수평고정 핸드레일 설치
바닥면	*SS 1995(1) 참고	*관련 항목 없음	
유효바닥 공간			
작동 부분			
문과 게이트			
승강장			1400 x 1400mm 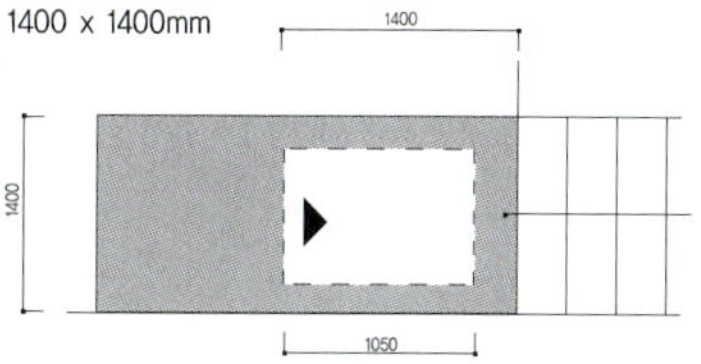
승강속도			0.2-1.0m/s
경사형 휠체어리프트			760mm
			1050mm
수직형 휠체어리프트			900mm
			1200mm
비고	리프트에 관한 상세는 SS 1995(1)를 참고할 것을 제시하고 있다.	리프트에 관한 항목을 제시하고 있지 않다.	

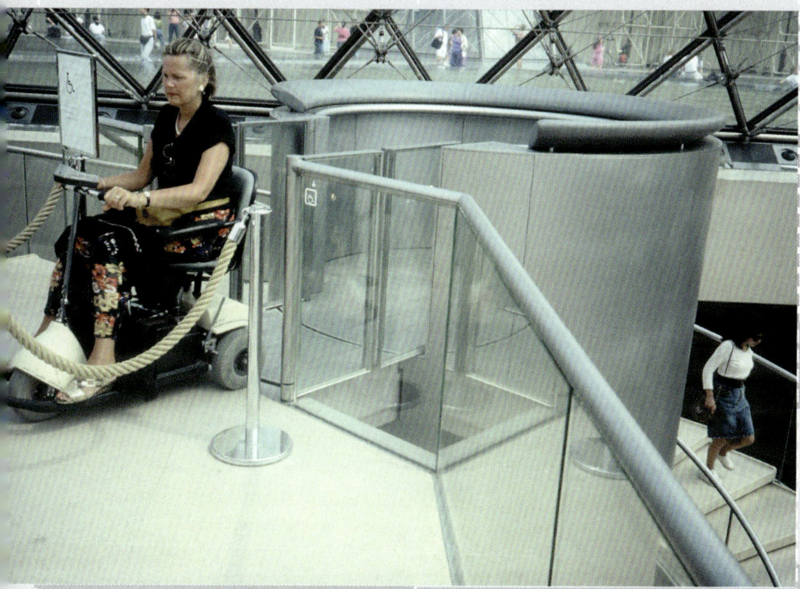

REFERENCE
1. Access Board, ADA-ABA Accessibility Guideline, 2004
2. Approved Document M, 2004
3. http://www.sozialnetz-hessen.de/ca/ga/czo/sideid/aaaaaaaaaaaabsv/s
4. http://www.nullbarriere.de/
5. Swedish Board of Housing, Building and Planning, Bygg Ikapp Handikapp, 2001
6. 交通建設省, 高齢者、身体障害者等が円滑に利用できる特定建築物の建築の促進に関する法律 建設省告示第1987号, 1994
7. 보건복지부, 장애인 편의시설 상세표준도, 1998

4-5. 급배수시설
4-5-1. 식수대

	미 국	영 국	독 일
적용	구금 및 교도소 시설을 제외하고 설치되는 곳에 적용	*관련 항목 없음	*관련 항목 없음
개수	1. 최소 개수 설치 설치되는 경우, 두 개 이상을 설치하여 하나는 음수대의 서있는 사람을 위한 음수대 조항을 제외한 조항에 따르고, 다른 하나는 음수대의 서있는 사람을 위한 음수대 조항을 따른다. 2. 다수 개수 설치 전체 음수대의 50%는 서있는 사람을 위한 음수대 조항을 제외한 조항에 따르고 그 외에는 서있는 사람을 위한 음수대 조항에 따른다.		
유효 바닥공간	유닛은 전면접근 및 유닛중심에 유효바닥공간 조항을 따르는 공간을 설치 무릎과 발 여유공간 조항을 따르는 공간을 설치		
분출구 높이	바닥 위 915mm 이하		
분출구 위치	수직 지지로부터 380mm 이상에 위치하며, 수도꼭지를 포함한 유닛 전면 끝부분으로부터 125mm 이하에 위치 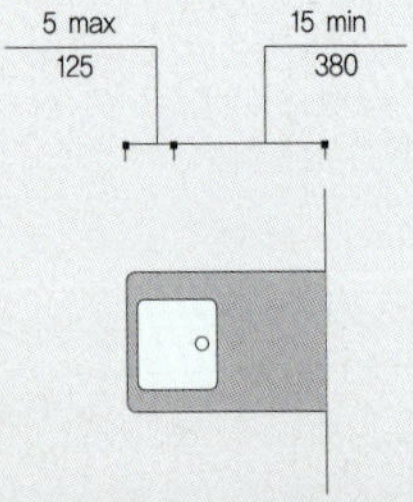		
물줄기	분출구는 100mm 이상에 설치하고, 유닛의 전면으로부터 125mm 이하에 위치 유닛 전면에서 수평으로 측정하여, 분출구가 유닛 전면의 75mm 이하에 위치한 경우, 물줄기의 각도는 30도이하, 분출구가 유닛 전면으로부터 75-125mm 사이에 설치된 경우, 물줄기의 각도는 15도 이하		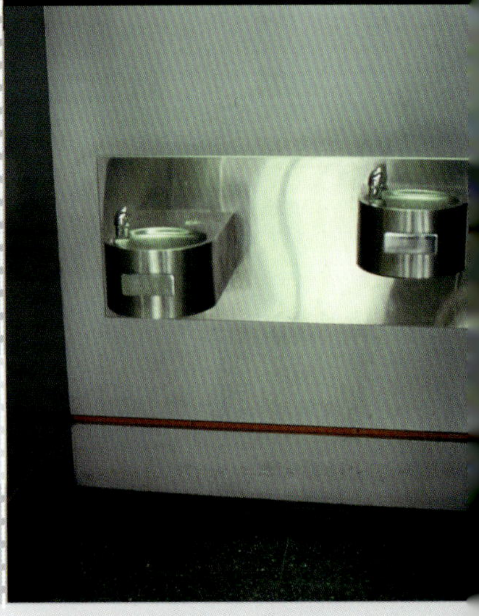
서 있는 사람을 위한 음수대	서있는 사람을 위한 음수대의 분출구는 바닥 위로 965 -1090mm		
형식			
비고		식수대에 관한 항목을 제시하고 있지 않다.	식수대에 관한 항목을 제시하고 있지 않다.

항목	스웨덴	일본	한국
적용	*관련 항목 없음		*관련 항목 없음
개수			
유효 바닥공간		[유도]통행에 지장이 없도록 설치 하부에 높이 650mm, 안길이 450mm정도의 공간 설치	
분출구 높이		[유도]입이 닿는 부분의 높이는 앉은 자세에서 사용할 수 있는 높이로	
분출구 위치			
물줄기			
서 있는 사람을 위한 음수대			
형식		[유도]수도기구는 자동수도, 레버식, 또는 편리한 누름버튼 등 조작하기 쉬운 것으로 한다.	
비고	식수대에 관한 항목을 제시하고 있지 않다.		식수대에 관한 항목을 제시하고 있지 않다.

		미 국	영 국	독 일
4-5-2. 화장실				
일반사항		시행 불가능한 예외규정을 제외하고 접근 가능한 경로에 의해 접근 가능한 출입구와 연결된 화장실과 욕실은 의무적으로 설치	접근 가능한 출입구 및 건물의 대기장소와 가까운 곳에 위치	
유효공간		휠체어 회전공간을 설치	1500 x 1500mm	
출입구				
바닥				
수세식 변기	변기 중심위치	측벽에서 405-455mm 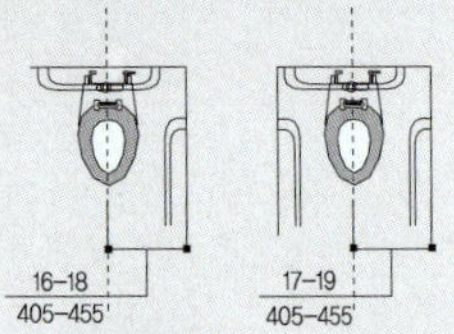 (a) wheelchair accessible water closets (b) ambulatory accessible water closets	측벽에서 500mm	
	좌면 높이	수세식변기의 좌면 높이는 변기 좌면의 윗부분에서 측정하여 430 -485mm	480mm	480mm
	세정장치	조작-세정장치는 손 조작이나 자동으로 작동해야 한다. 손조작 세정장치는 작동 부분 조항을 따른다. 위치-세정장치는 보행 가능자의 접근 가능한 칸막이 조항을 따르는 것을 제외하고 수세식변기의 개방된 부분에 위치한다.	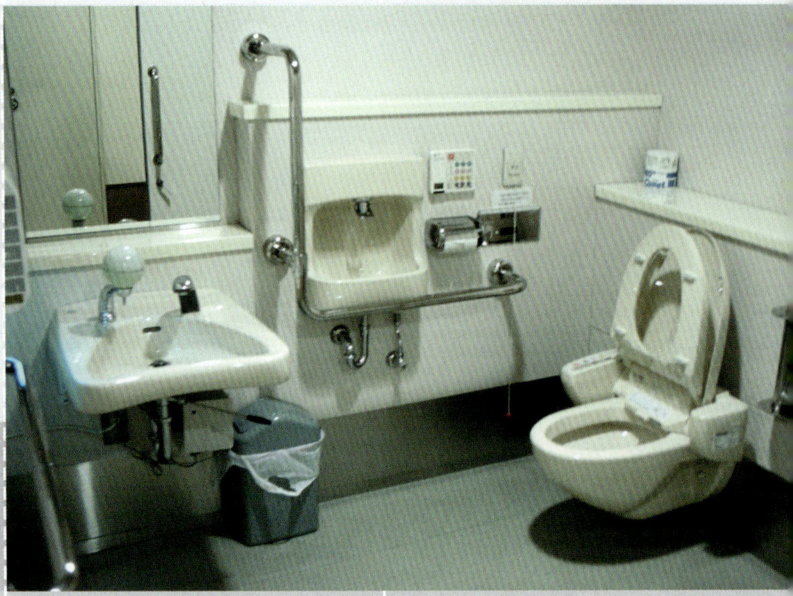	
	유효공간	수세식변기와 변기칸막이 주변의 유효공간에 적용 다른 설치물이나 방해물이 없는 경우 수세식변기 유효공간이 요구된 곳에 설치되어야 한다.		
핸드레일	위치	손잡이는 수세식변기가 완전히 닫힌 뒷 벽이나 측면 벽 위에 설치		
	측벽 핸드레일	측벽 손잡이의 길이는 1065mm 이상, 뒷 벽으로부터 손잡이까지 305mm 이하에 설치해야 하며, 뒷 벽으로부터 1370mm이상 연장 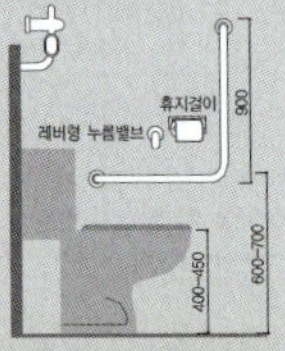	길이 600mm 높이 680mm	

	스웨덴	일 본	한 국
일반사항			장애인의 접근이 가능한 통로에 연결하여 설치 장애인용 변기와 세면대는 출입구(문)와 가까운 위치에 설치
유효공간	1700 x 1500mm		
출입구		[기초]800mm	
바닥			단차없음 물에 젖어도 미끄러지지 않는 재질로 마감
수세식 변기	420mm		400–450mm
			전면에 휠체어 회전공간 1400 x 1400mm
핸드레일			수평손잡이 양쪽 설치 바닥에서 600–750mm 한쪽 손잡이는 변기 중심에서 450지점에 고정 다른 손잡이는 회전식으로 손잡이 간격 700mm내외

			미 국	영 국	독 일
핸드레일	뒷벽 핸드레일		뒷벽 손잡이의 길이는 915mm 이상이며, 수세식변기의 중심에서 한쪽 측면으로 305mm 이상, 다른 측면으로 610mm 이상 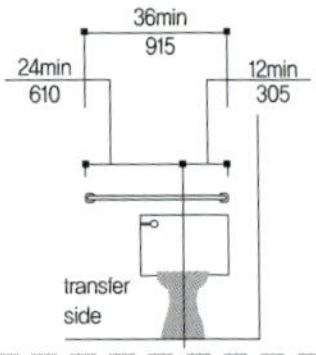 	길이 600mm 중심까지의 높이 1100mm	
	좌우 핸드레일			변기 중심에서 320mm에 회전식 핸드레일 설치	수평손잡이 바닥에서 850mm 손잡이 간격 700mm
휠체어 접근가능한 부스	크기	폭	측벽에서 직각으로 측정하여 폭 1525mm 이상	1500mm	변기 앞 1500 x 1500mm확보
		깊이	수세식변기가 매달린 벽의 깊이는 1420mm이상, 수세식변기가 바닥에 부착된 경우의 깊이는 뒷벽에 직각으로 측정하여 1500mm 이상 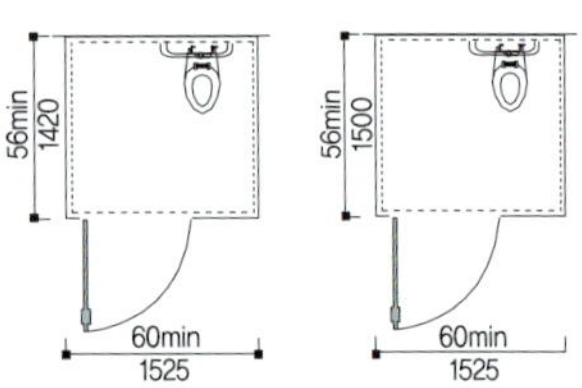 (a) adult wall hung water closets (b) adult floor mounted water closet and children's water closet	2200mm *그림4 참조	
	문	유효공간	문의 걸쇠가 있는 부분으로 접근하는 경우, 부스의 문 측과 다른 장애물 사이의 유효공간이 1065mm이상		
		형식	문은 자동 폐쇄(self-closing)이어야 한다.		
		문 열림	문은 최소 칸막이 영역으로 열려서는 안된다.	바깥 열림	
	긴급통보				
	잠금장치				
	표시				

구분	스웨덴	일본	한국
핸드레일	바닥에서 800mm 손잡이 사이 유효폭 600mm 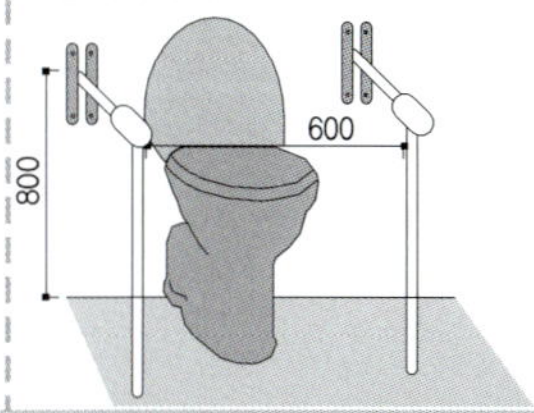	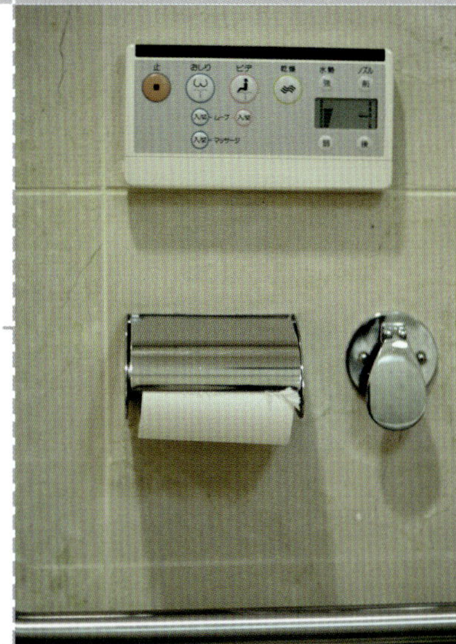	수직손잡이 길이 900mm이상, 제일 아랫부분이 바닥에서 600mm내외, 벽에 고정
휠체어 접근가능한 부스		[기초]휠체어 회전공간확보	1000mm이상
	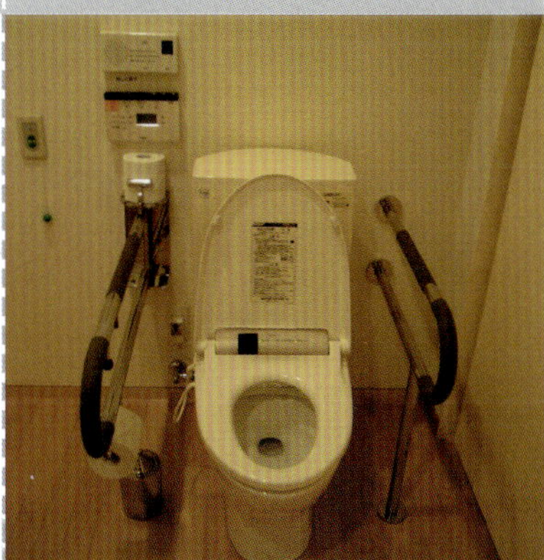		1800mm이상
		[기초]800mm [유도]높이 2000mm이상	800mm
		[기초]자동미닫이문 또는 개폐하기 쉬운 구조 [유도]문손잡이는 조작하기 쉬운 형상	미닫이문 또는 접이문
			바깥쪽으로 개폐
		[기초]변기에서 조작하기 쉬운 위치에 설치 	
		[기초]긴급시에 외부에서 열 수 있도록	
		[기초]사용중 표시를 외부에서 보기 쉽게	

구분	항목	세부	미 국	영 국	독 일
보행가능자 접근가능한 부스	크기	폭	890-940mm	800mm	
		깊이	1525mm이상 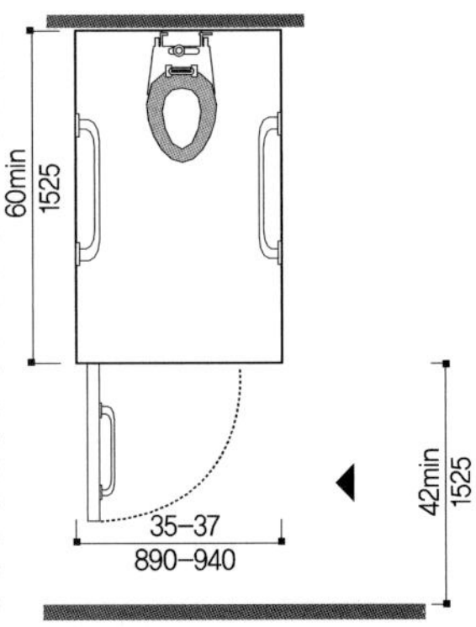 	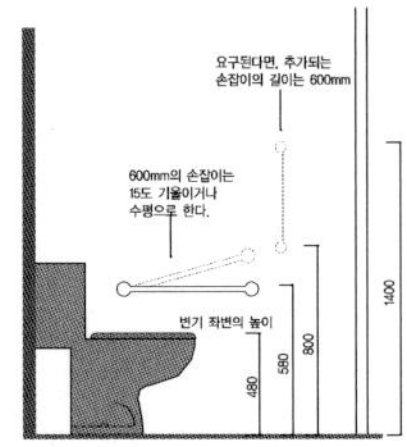 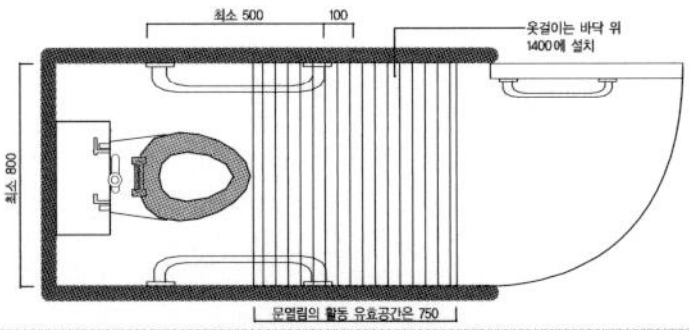 	
	문	유효공간	문의 걸쇠 측면으로의 접근에서 부스의 문 측면과 다른 장애물 사이의 여유공간은 1065mm 이상		
		형식	자동 폐쇄(self-closing)이어야 한다		
		문 열림	문은 최소한 부스 영역으로 열려져서는 안된다.	바깥 열림	
	긴급통보				
	잠금장치				
	표시				
소변기	형식		바닥형이나 벽에 걸린 형태		
	높이		바닥 위 430mm 이하에 설치 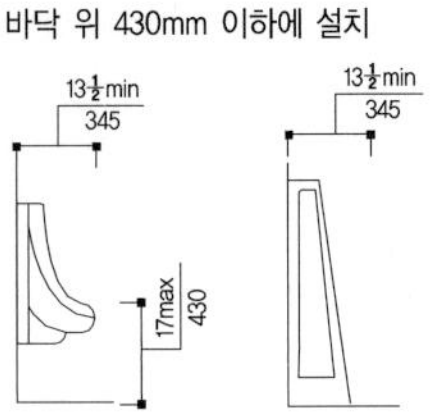 (a) wall hung type (b) stall type	380mm	
	핸드레일			바닥 위 중심선에서 1100mm가 되는 두 개의 600mm 길이의 손잡이 설치	수평손잡이 바닥에서 850mm 손잡이 간격 700mm

구분	스웨덴	일본	한국
보행가능자 접근가능한 부스		[기초]남녀 각기 1개 이상 1000mm	
		[기초]1800mm	
		[유도]800mm	
		[유도]바깥열림	
		[기초] 변기에서 조작할 수 있는 위치에 긴급통보버튼 설치	
		[기초]칸막이의 잠금장치는 개폐가능하고 긴급시 외부에서 열 수 있도록	
		[기초]사용중표시를 외부에서 보기 쉽게	
소변기		[기초]1개 이상 바닥부착형	바닥부착형
		[기초]적절히 설치	양 옆에 수평 및 수직손잡이 설치 수평손잡이 높이 800-900mm 길이550mm 좌우 손잡이 간격 600mm내외 수직손잡이 높이 1100-1200mm 돌출폭 250mm내외

		미 국	영 국	독 일
세면대	유효 바닥공간	유효바닥공간 조항에 따르는 유효바닥공간은 전면 접근의 형태로 설치 무릎과 발 여유공간-유효바닥공간 조항에 따른다.		세면대 앞 1500 x 1500mm확보
	높이	세면기와 싱크대는 바닥 마감 위 865mm이하에 가장자리나 카운터면 높이의 전면에 설치	720-740mm 서서 이용할 수 있는 높이 780-800mm	무릎 밑 공간 700mm 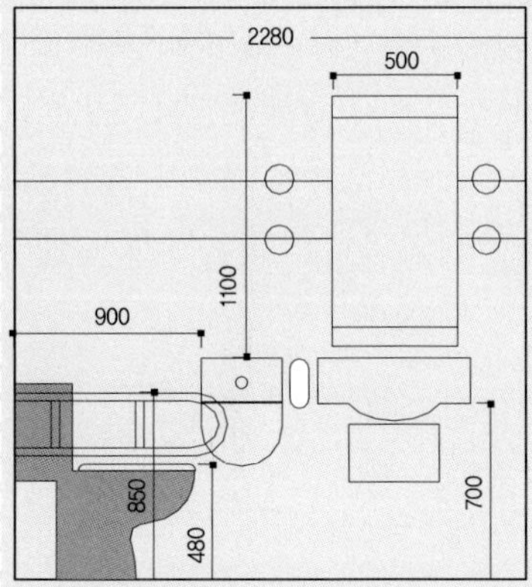
	깊이			550mm
	수도꼭지	자동 손 감지 수도꼭지는 최소 10초 동안 개방된 상태를 유지해야 한다.		
거울		세면대 위에 설치된 거울은 바닥 위 반사면의 끝까지 1015mm이하로 설치, 세면대 위에 설치되지 않은 거울은 바닥 위 반사면의 끝까지 890mm 이하로 설치	거울 최소 높이 1600mm	세면대 위 1100mm 거울 폭은 500mm 

스웨덴 / 일본 / 한국

세면대

스웨덴

800mm
벽에서 세면대 전면까지 200mm

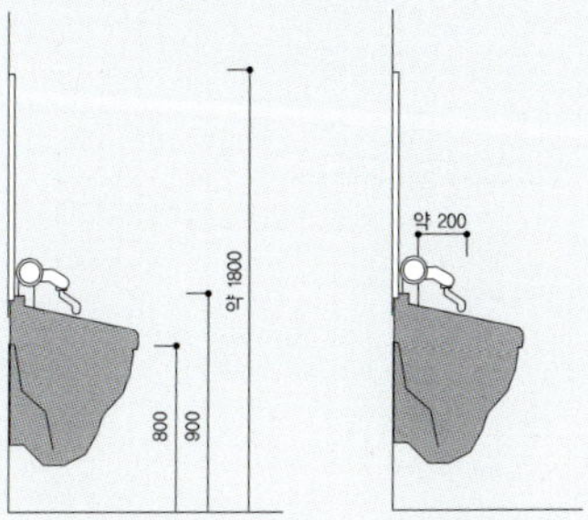

일본

[기초]휠체어 사용자나 유아가 용이하게 사용할 수 있는 높이
하부에 650mm정도의 휠체어 발판이 들어가는 공간 설치

[기초]자동세정 또는 사용하기 쉬운 형상

한국

상단높이 850mm
하단높이 650mm

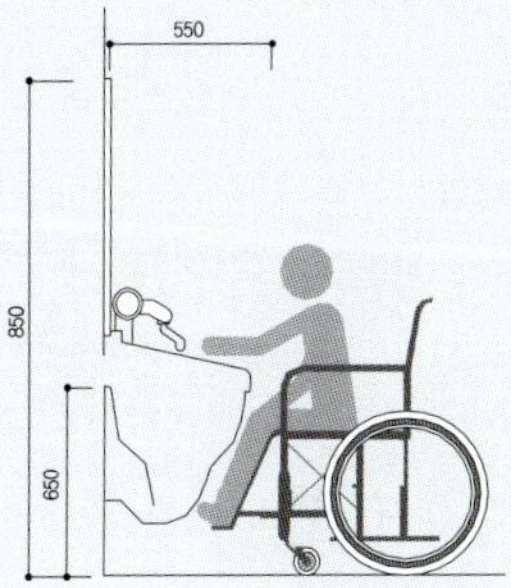

550mm

거울

스웨덴

높이 900-1800mm

일본

[유도]이용하기 쉬운 높이에 설치

한국

세로 650mm이상
하단높이 900mm내외
15도 앞으로 경사지게

4-5-3. 욕실

구분		미국	영국	독일
문	유효폭			*관련 항목 없음
	형식		밖으로 열리는 여닫이문	
바닥	마감		미끄럽지 않은 재질	
	기울기			
조작기		작동조항 참조		
의자		이동 가능하거나 영구적으로 부착된 의자 설치	욕조 폭과 동일하고 깊이는 400mm	
핸드레일		뒷벽에 두 개의 손잡이 설치 욕조 가장자리에서 205-255mm 높이, 바닥에서 840-915mm 발쪽 벽에 길이 610mm이상의 핸드레일 설치	문에 핸드레일 설치 뒷벽에 수평, 수직 핸드레일 설치 수평 핸드레일 - 욕조 가장자리에서 750-100mm 수직 핸드레일 - 발쪽 벽에서 600mm 최소 길이 500mm	

핸드레일 – 미국

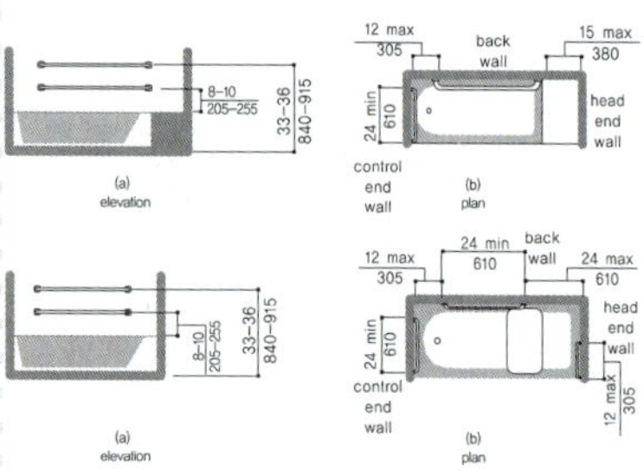

핸드레일 – 영국

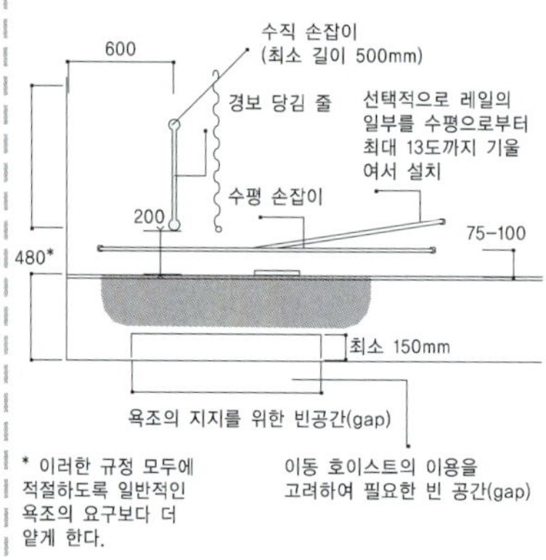

욕조 – 전면 유효공간

미국: 760mm

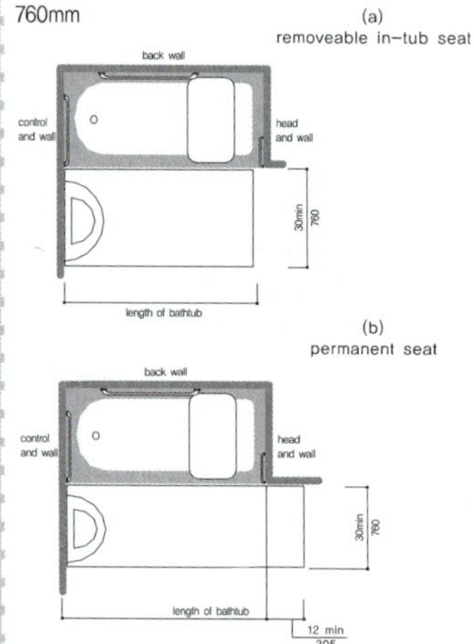

영국: 1500 x 1500mm

욕조와 부속물의 배치 그림 26을 참고

변기 코너의 배치와 부속물은 그림 18을 따른다.

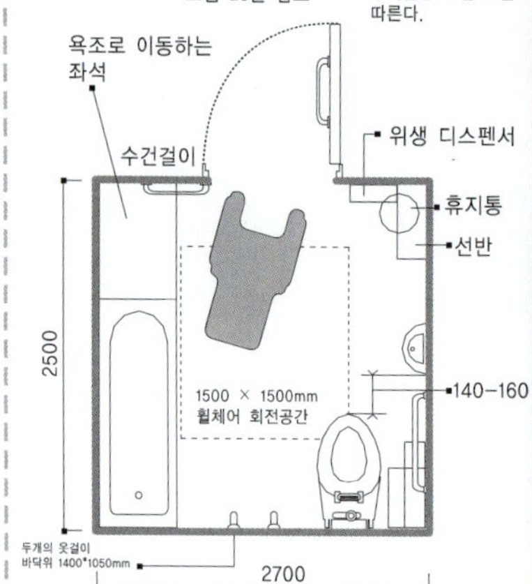

독일:

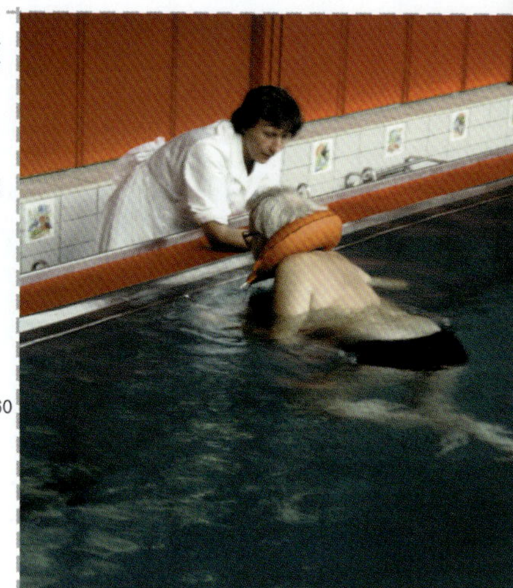

구분		미국	영국	독일
욕조	높이		480mm	
비고				욕실에 관한 항목을 제시하고 있지 않다.

구분	스웨덴	일본	한국
문		[기초]800mm	
문		[기초]미닫이문	미닫이문 또는 접이문
바닥	미끄럽지 않은 재질		물에 젖어도 미끄러지지 않는 재질
바닥			1/30
조작기	손이 도달할 수 있는 범위	[기초]한 개 이상은 레버식으로	
의자	보조의자 설치	[유도]샤워의자 준비	
핸드레일	욕조 끝에서 1000mm 떨어진 곳에 최소 600mm의 손잡이 욕조 바닥에서 700mm 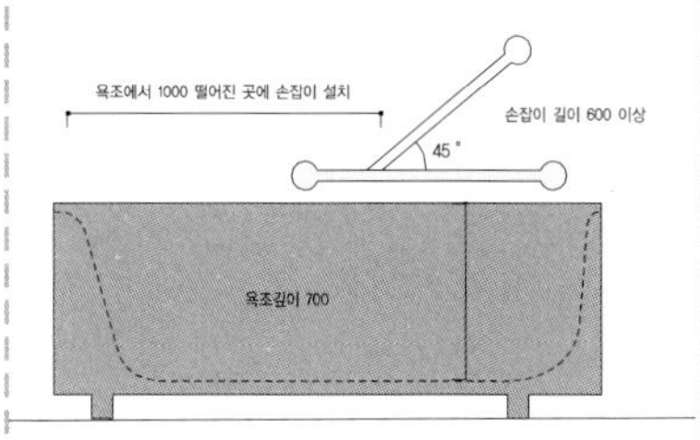 	[기초]출입문에 손잡이 설치 [유도]욕조 주위에 수평, 수직 손잡이 설치 	욕조 가장자리에서 높이 100mm위에 수평손잡이 및 수직손잡이 설치 수직손잡이 높이는 최대 1100mm까지 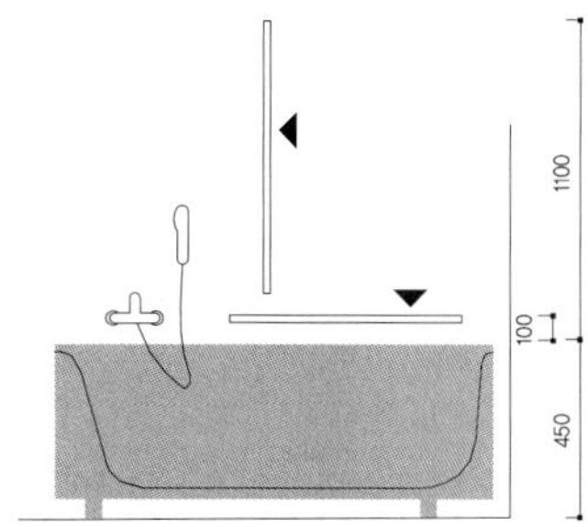
욕조	한 명의 보조자와 리프트 사용을 위한 공간 900mm–1200mm 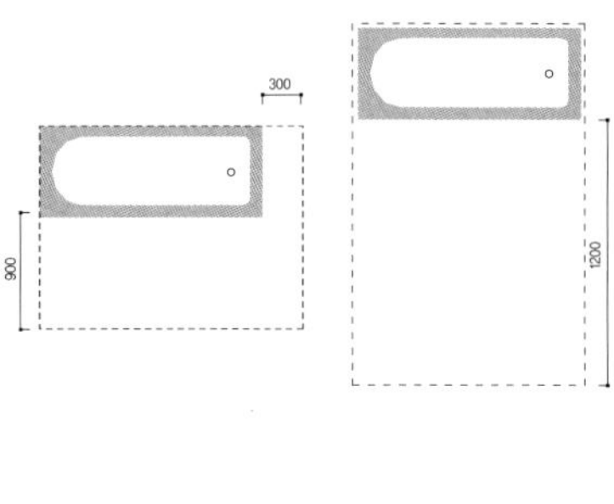 		전면에 1400mm확보 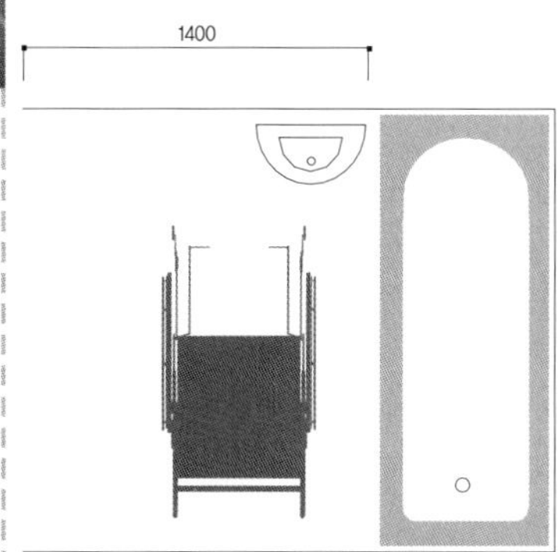
욕조			400–450mm
비고			

		미 국	영 국	독 일
4-5-4. 샤워실 및 탈의실				
문	유효폭			
문	형태			
통로	유효폭			*관련 항목 없음
탈의실	통로 유효폭			
탈의실	크기 높이	선반 높이 1015-1220mm		
탈의실	크기 기타			
탈의실	개인 라커룸 침상			
탈의실	개인 라커룸 옷장			
탈의실	개인 라커룸 기구			
탈의실	개인 라커룸 거울			
탈의실	휠체어 회전	1525 x 1525mm		
탈의실	바닥면			
탈의실	핸드 레일			
탈의실	보조 설비			
탈의실	그 외			
샤워실	표시	이동식 샤워부스 915 x 915mm 표준 접이식 샤워 칸막이 760 x 1525mm 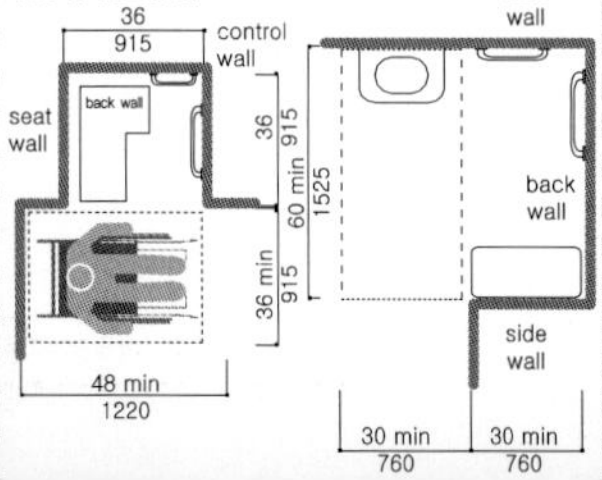	탈의실 포함 2200 x 2200mm 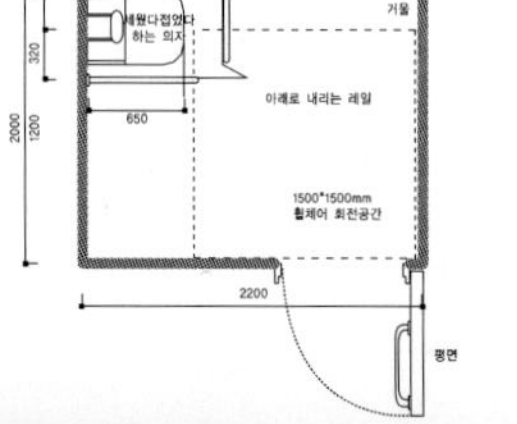	

스웨덴	일본	한국	
	[기초]800mm		문
	[기초]미닫이문	미닫이문 또는 접이문	
	[기초]1200mm [유도]1800mm		통로
작은 실외용 휠체어 1500mm 실내용 휠체어 1300mm 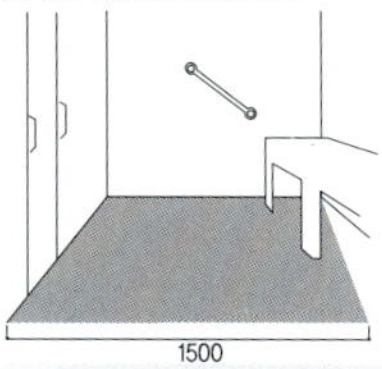	[기초]1800mm		탈의실
	[기초]휠체어 사용자의 이용 배려	400-1200mm이하	
	[기초]보장구를 보관할 수 있는 공간 설치		
2000 x 700mm 높이 500mm 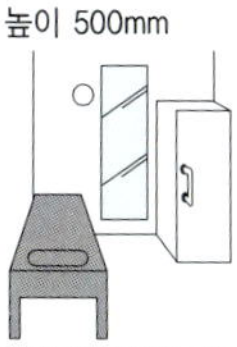			
600 x 600 x 1500mm			
소켓은 바닥에서 700-1100mm			
1500mm길이의 거울 바닥에서 300mm			
	[기초]1500 x 1500mm		
	[기초]젖어도 미끄러지지 않는 재질		
	[유도]벽면에 수평손잡이와 수직손잡이를 적절히 설치		
	[유도]이동가능한 선반, 의자, 샤워체어 설치		
	[기초]긴급통보버튼설치 		
1700 x 1200mm 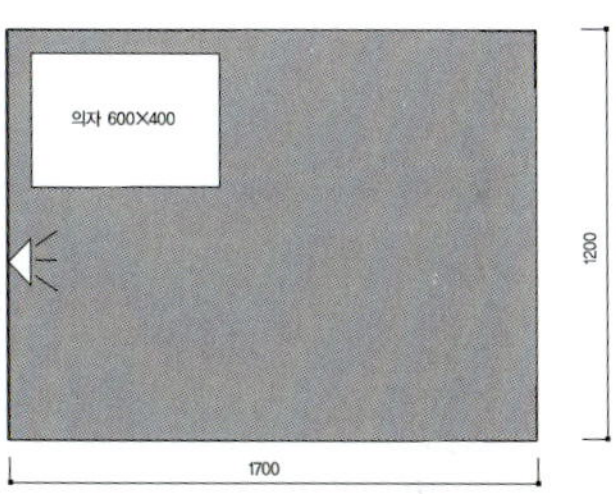		900 x 900mm 또는 750 x 1300mm	샤워실

			미 국	영 국	독 일
샤워실	바닥	기울기			*관련 항목 없음
		마감		미끄러지지 않는 재질	
	샤워의자	높이		480mm	
		크기		길이 650mm	
	핸드레일	위치	이동식 샤워부스 조절장치 벽에서 455mm 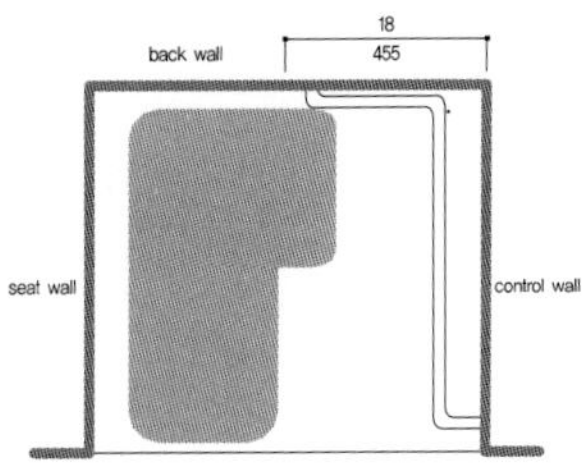 표준 접이식 샤워부스 접한 벽에서 150mm 이하에 설치 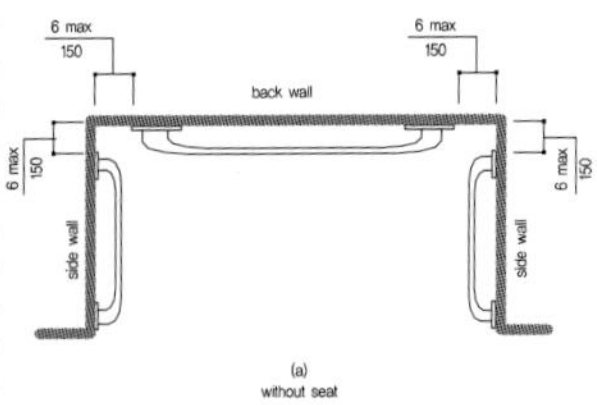 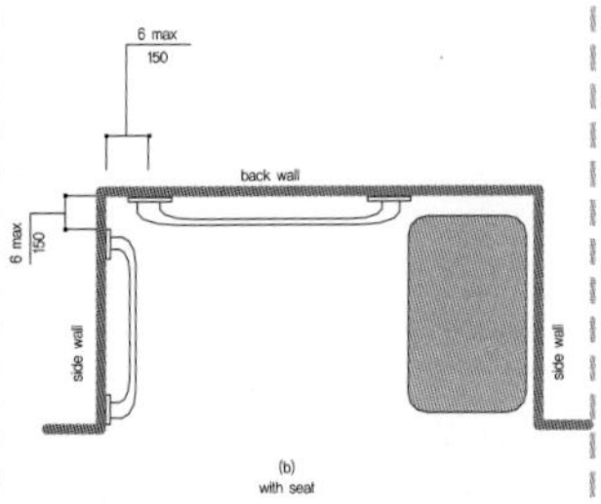	회전 핸드레일 샤워의자 중심에서 320mm, 바닥에서 680mm	
		길이		측벽 핸드레일 길이600mm	
	크기	폭			
		전면공간			
	휠체어	회전		1500 x 1500mm	

스웨덴	일본	한국
		1/30
	[기초]젖어도 미끄러지지 않는 재질	물에 젖어도 미끄러지지 않는 재질
바닥 위 500mm		400–450mm
앉는면 400×600mm 650×500mm		
샤워공간 뒷부분이나 앞부분 사선형 손잡이 벽에서 700mm	[유도]벽면에 수평손잡이와 수직손잡이를 적절히 설치	수평 또는 수직손잡이 설치
최소 300mm, 권장 600mm		
폭 600mm		
1300 x 1300mm	[기초]1500 x 1500mm	

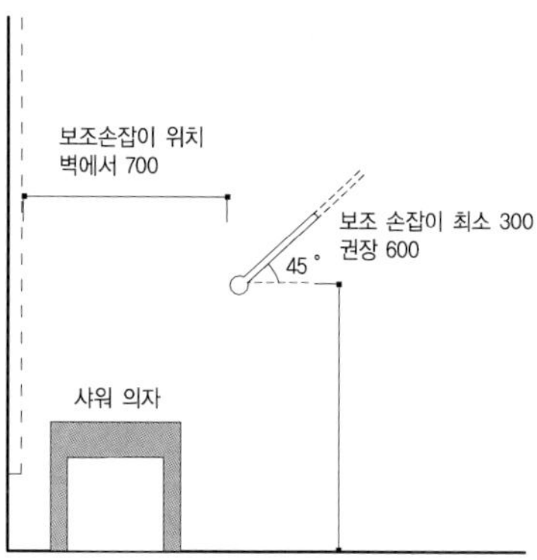

샤워실

		미 국	영 국	독 일
샤워실	수도기구	이동식 샤워부스 샤워조절기 965-1200mm 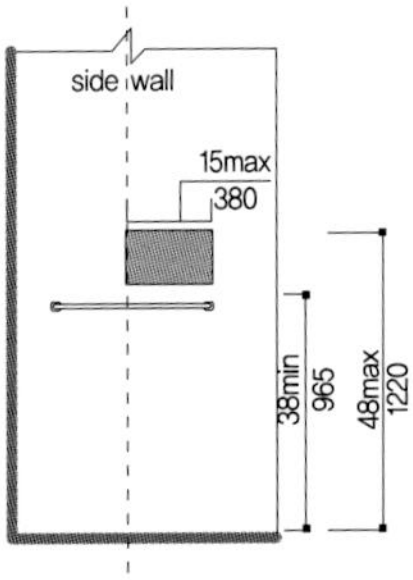 표준 접이식 샤워부스 1220mm이하, 의자 벽에서 685mm이하 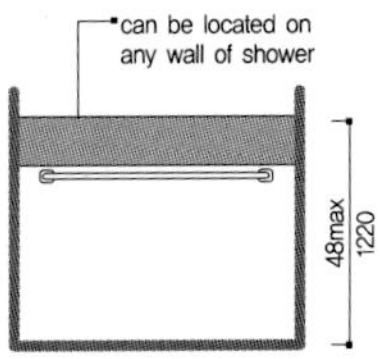 (a) without seat 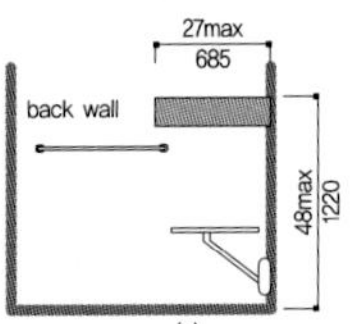 (b) with seat	샤워조절기 750-1000mm	
	보조설비			
	그 외			
비고				샤워실 및 탈의실에 관한 항목을 제시하고 있지 않다.

스웨덴	일본	한국	
	[기초]조작하기 쉬운 것 [유도]샤워기 걸이는 수직이동이 가능한 것으로	샤워조절기 1000mm 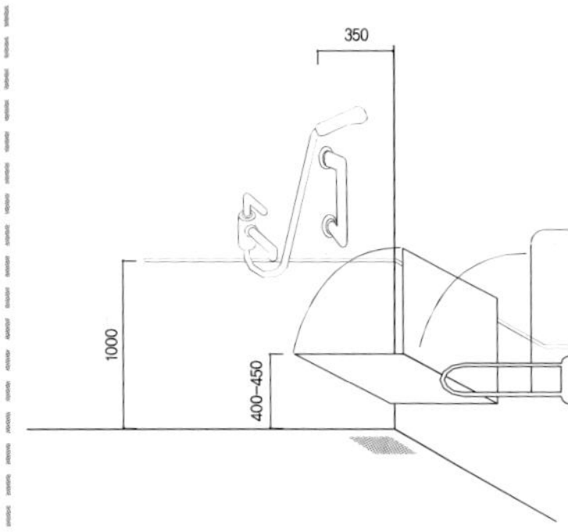 	샤워실
	[유도]이동가능한 선반, 의자, 샤워체어 설치		
	[기초]긴급통보버튼설치		
			비고

REFERENCE
1. Access Board, ADA-ABA Accessibility Guideline, 2004
2. Approved Document M, 2004
3. DIN 18024, DIN 18025, 1974
4. Swedish Board of Housing, Building and Planning, Bygg Ikapp Handikapp, 2001
5. 交通建設省, 高齢者、身体障害者等が円滑に利用できる特定建築物の建築の促進に関する法律 建設省告示第1987号, 1994
6. 보건복지부, 장애인 편의시설 상세표준도, 1998

		미국	영국	독일
4-6. 건물 내 시설 4-6-1. 청중석 및 관람석				
일반사항	적용	영화관, 극장, 연주회장, 경기장, 모래 경기장, 공연장, 컨벤션 센터, 강당, 법정, 공회당, 공공회의실, 청취실이나 이와 유사한 집회 공간으로 좌석, 휠체어 공간, 동반인 좌석과 통로 좌석으로 디자인 된 것을 포함하는 경우	강연/회의시설, 오락시설, 스포츠시설	*관련 항목 없음
	휠체어 공간 개수	*휠체어 공간은 별표 3에 일치하여 제공해야 한다	좌석수용인원 600명까지 영구적 좌석은 전체 좌석수의 1%(반올림) 이동좌석은 잔여좌석으로 전체 6개 만듦 좌석수용인원 600-1000mm까지 영구적 좌석은 전체 좌석수의 1%(반올림) 이동좌석은 요구되는 경우 추가적으로 실행	
	동반자석	각 휠체어 공간에 추가로 제공되어야 한다.		
	지정된 통로좌석	모든 집회공간에 제공되고, 각 좌석의 표시를 매표소에 설치		
	지정된 통로좌석 개수	100석 당 1개를 설치하거나 그것이 증가할 때 마다 제공		
	단차	단차는 허용되지 않는다. 경사 1/48 이하	수평	
바닥면	폭	단일 휠체어 공간 폭 915mm이상. 두 개의 휠체어 공간이 접하는 경우, 각 휠체어 공간의 폭은 840mm 이상 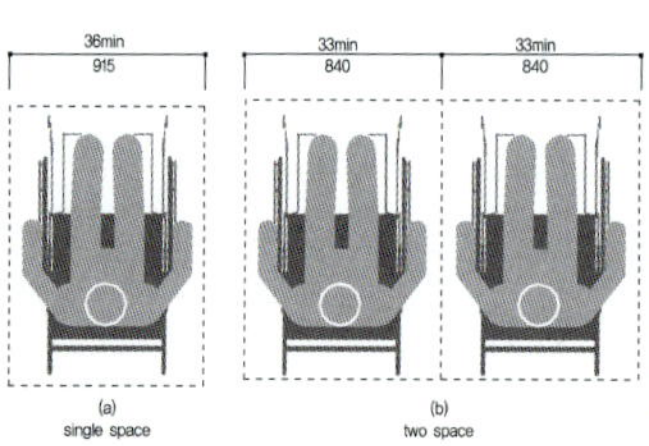 	900mm 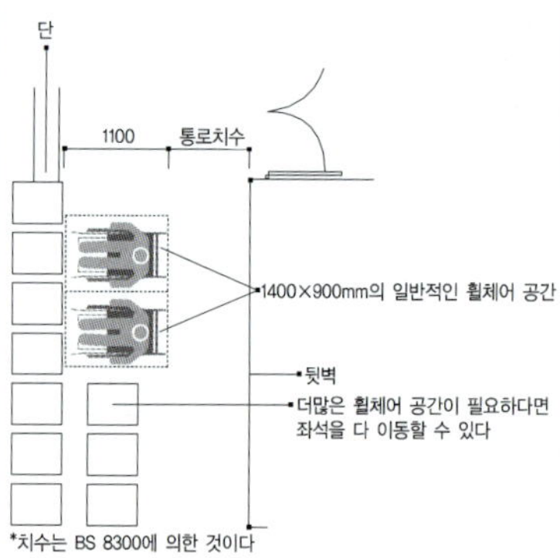 *치수는 BS 8300에 의한 것이다	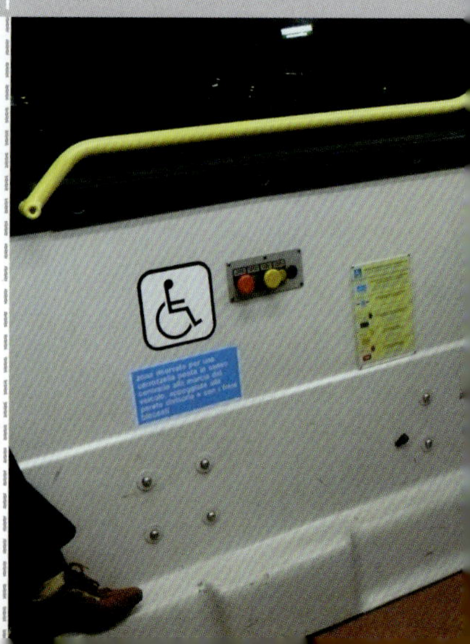

스웨덴 | 일본 | 한국

일반사항

일본

[유도]동행이 관람할 수 있는 객석을 인접해서 설치

바닥면

스웨덴

수동휠체어 폭 900mm

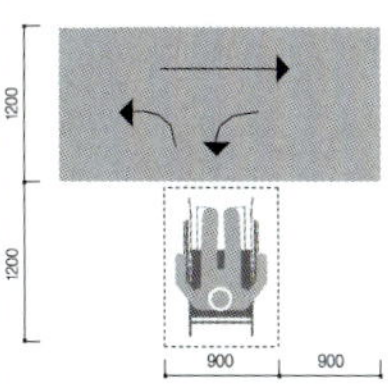

전동휠체어 폭 1100mm, 1200mm(1500mm)

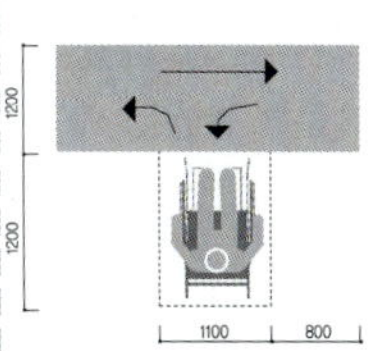

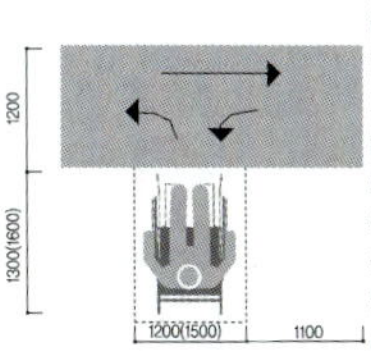

일본

[기초]850mm

한국

900mm

		미 국	영 국	독 일
바닥면	깊이	전면이나 후면으로 출입할 수 있는 경우, 1220mm이상 측면에서만 접근이 가능한 경우, 1525mm 이상 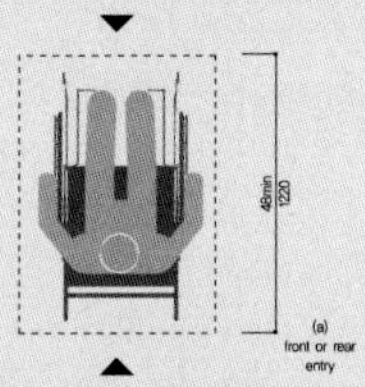 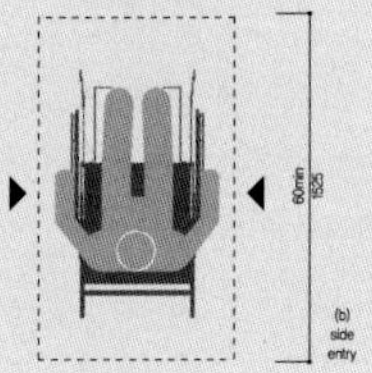	1400mm	*관련 항목 없음
	접근	한 측면은 접근 가능한 경로에 인접해야 한다. 접근 가능한 경로는 휠체어 공간과 겹쳐서는 안된다.	접근 유효공간 900mm	
	겹침	순환 통로와 겹쳐서는 안 된다.		
지정된 통로좌석	팔걸이	인접한 좌석에 팔걸이가 설치된 경우, 팔걸이가 접히거나 없는 것으로 통로 좌석의 측면에 설치		
	확인	각 지정 좌석은 안내판이나 표시판에 의해 알 수 있어야 한다.		
통로	폭			
	마감			
	경사			
청각장애인 배려				
비고				청중석 및 관람석에 관한 항목을 제시하고 있지 않다.

별표 3. 휠체어 공간의 갯수

좌석 수[3]	휠체어 공간의 최소 요구 개수
4 ~ 25	1
26 ~ 50	2
51 ~ 150	4
151 ~ 300	5
301 ~ 500	6
501 이상	기본 6석에 총 좌석이 100석 증가할 때마다 1석씩 추가

3. 설치된 좌석 + 요구된 휠체어 공간

스웨덴	일본	한국	
수동휠체어의 경우 깊이 1200mm 전동휠체어의 경우 깊이 1200mm, 1300mm(1500mm)	[기초]1200mm	1300mm	바닥면
1200mm	[기초]출입구에서 도달하기 쉬운 위치에 설치		
	[유도]하지장애인이나 지팡이 사용자가 용이하게 이용할 수 있도록 들어올릴 수 있는 팔걸이가 부착된 객석으로 한다		지정된 통로좌석
	[기초]1200mm [유도]1800mm [기초]미끄러지지 않는 재료 [유도]통로에 단이 있는 경우 1/12의 경사로 혹은 승강기 설치		통로
	[기초]자기루프, FM수신장치, 집단보청장치 설치 [유도]중소규모 집회장에서는 요약필기용 공간 확보나 OHP 등 시각정보기구의 이용 배려	난청자를 위하여 자기루프, FM송수신장치 등 집단보청장치를 설치할 수 있다.	청각장애인 배려
			비고

4-6-2. 식당

구분	항목	미 국	영 국	독 일
체크 아웃 통로	통로	*4-3-3. 보도 항목 참조		
	카운터	바닥마감 위 965mm 이하 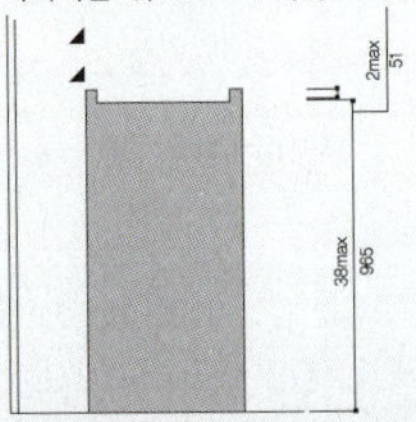		
음식 서비스라인	일반사항	적어도 50%가 팔이 미치는 범위에 따라야 한다.		
	셀프서비스 선반 및 배분 장치	셀프서비스 선반과 식탁용 식기류, 접시류, 양념, 음식과 음료를 위한 배분 장치는 팔이 미치는 범위 조항을 따라야 한다.		
	트레이 슬라이더	트레이 슬라이더의 윗부분은 바닥 위 710 – 865mm 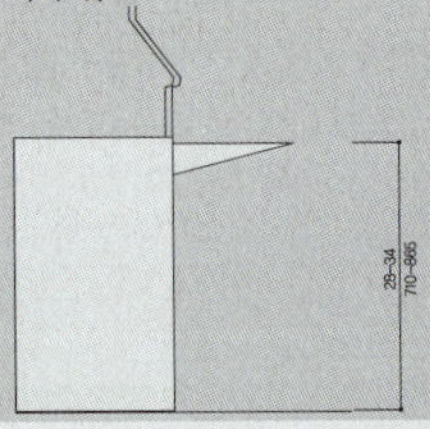		
테이블	높이		850mm	850mm
	무릎밑 여유공간		700mm	
	유효 바닥공간			1500 x 1500mm
	좌석확보			
	좌석통로폭			
표시				
비고				

	스웨덴	일본	한국
체크 아웃 통로	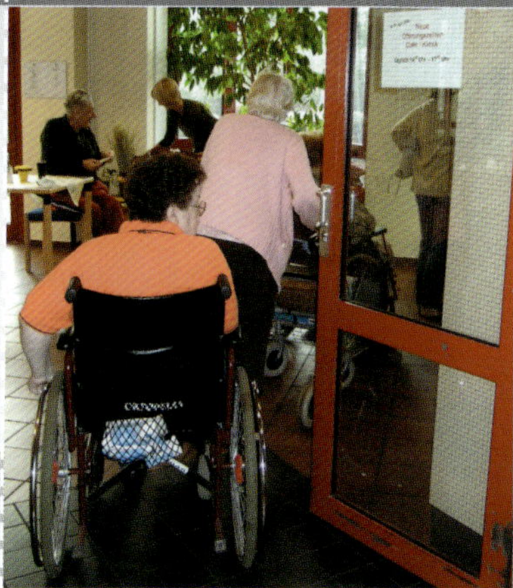	[기초]900mm [유도]휠체어 사용자 배려	*관련 항목 없음
음식 서비스라인	통과 폭 900mm 높이 900-1200mm 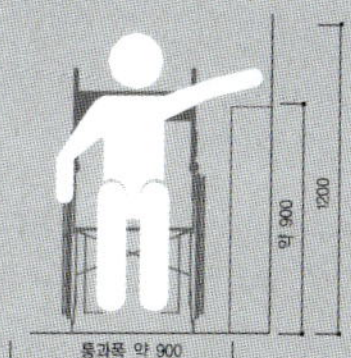	[유도]휠체어 사용자 배려	
테이블		[기초]일정 수는 휠체어 사용자의 이용을 고려해 이동 가능한 좌석으로	
표시		[기초]1200mm	
비고		[기초]맹도견이 점포 내 들어올 수 있도록 배려, 대기 공간 확보 [유도]안내, 대기표시 시각적으로 청각장애인을 위해 수화를 할 수 있는 직원 배치, 상품의 점자메뉴준비	식당에 관한 항목을 제시하고 있지 않다.

	미 국	영 국	독 일

4-6-3. 카운터 및 작업대

항목	미 국	영 국	독 일
높이	915mm 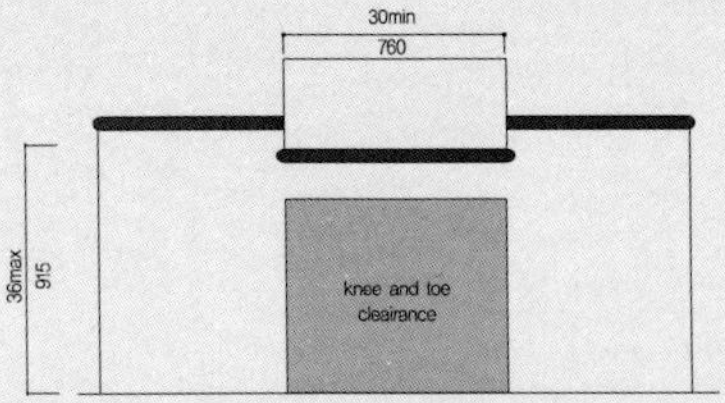	760mm	850mm 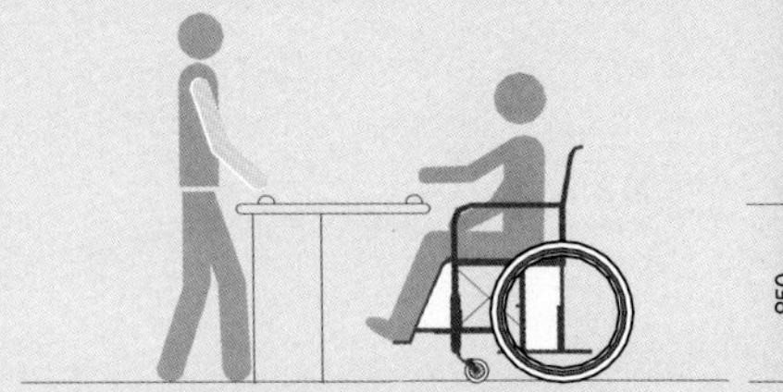
하부공간	685mm	700mm	
유효 바닥면적	760 x 1220mm	무릎유효공간 500mm일 경우 깊이 1200mm, 폭 1800mm 무릎유효공간이 없을 때 깊이 1400mm, 폭 2200mm	1500 x 1500mm 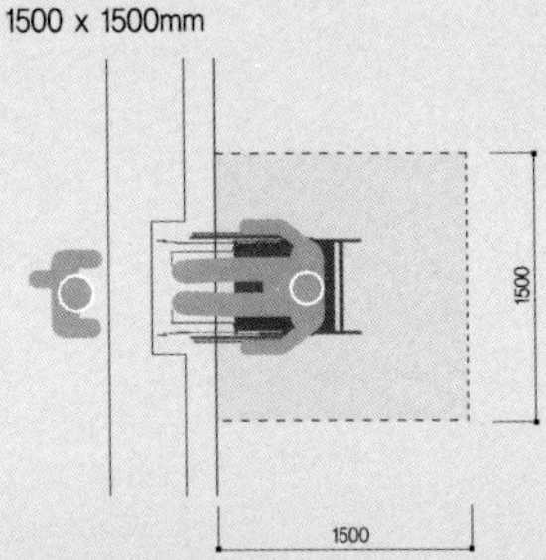

4-6-4. 숙박시설

구분	항목	미 국	영 국	독 일
일반사항	개조	객실을 개조 또는 증축을 할 경우, 신축시 객실수만큼 개조 또는 증축해야 한다.		*관련 항목 없음
일반사항	침대수	객실이 25 침대 이상을 가지는 경우, 5%이상은 유효바닥공간을 가져야 한다.	20개 침실 당 적어도 하나는 휠체어가 접근 가능해야 한다	
모든 객실	가구		옷장 및 수납공간의 여닫이문은 180도로 열리게 한다 문의 손잡이는 잡기 쉽고 작동하기 쉬운 것으로 하며, 문은 가구 면과 시각적으로 대조를 이루어야 한다	
모든 객실	창문 및 창문 조절기		바닥 위 800–1000mm 한 손으로 작동할 수 있도록	
모든 객실	화재경보기		시각적인 화재경보신호를 가진다	
모든 객실	실 번호		양각으로 표시한다	
모든 객실	스위치 및 콘센트 – 높이			
모든 객실	스위치 및 콘센트 – 형상			

	스웨덴	일본	한국
높이	700-850mm		700-900mm
하부공간	650mm	650mm	650mm
유효 바닥면적	1500 x 1500mm		
일반사항		[기초]휠체어 사용자용 객실을 1개 이상 설치	
모든 객실			
		[기초]콘센트, 스위치류는 바닥위 350-1200mm	
		[유도]스위치는 대형으로	

구분			미국	영국	독일
이동특성을 가지는 객실	거실과 식당영역		거실과 식당은 접근 가능해야 한다.		*관련 항목 없음
	외부공간		파티오, 테라스와 발코니를 포함한 외부 공간이 객실에 제공되는 경우 접근 가능해야 한다.	문턱 평평하게 바닥 위 900-1200mm사이에는 수평 가로살 없도록 발코니 문에서 1500mm 공간 확보	
	침실영역	유효바닥공간	하나 이상의 침실 영역은 침대 양 측면에 유효바닥공간 조항에 따르는 유효바닥공간을 제공해야 한다. 유효바닥공간은 침대로 측면 접근하도록 한다.	침실 옆에 휠체어가 접근할 수 있는 공간이 필요하다. *그림 5 참조	
		통로			
		높이			
		측면통로			
	화장실 및 샤워시설		*4-5-2. 화장실 참조 *4-5-3. 욕실 참조	*4-5-2. 화장실 참조 *4-5-3. 욕실 참조	
	부엌		부엌과 간이부엌 조항에 따른다		
	휠체어 회전		휠체어 회전공간 조항에 따르는 공간을 객실에 제공해야 한다.	1500 x 1500mm의 휠체어 회전공간을 가진다	
	출입구	유효폭			
		문 형식			
	단차				
	바닥면				
커뮤니케이션장치를 가지는 객실	경보장치		비상경보장치시스템이 제공될 때, 화재경보장치시스템 조항을 따른다	비상보조경보장치 설치 당김줄에 의해 활성화	
	알림장치		시각적 알림 장치는 전화가 울리고, 문을 노크하거나 벨이 울리도록 하여 실에 거주하고 있는 사람에게 신속하게 알려야 한다.		
	전화기		전화기와 함께 볼륨 조절기를 설치 전화기는 작동부분의 조항에 따르는 전기 콘센트가 설치된 경우, TTY를 이용할 수 있는 시설을 전화기의 1220mm 위치에 설치		
비고					숙박시설에 관한 항목을 제시하고 있지 않다.

스웨덴	일본	한국	
		1200mm	이동특성을 가지는 객실
*그림 6 참조			
		400-450mm	
1000mm	[기초]900mm		
	[기초]휠체어 좌면높이와 같은 정도, 하부에는 휠체어 발판이 들어가는 공간 설치	*4-5-2.화장실 참조 *4-5-3.욕실 참조	
	[유도]900mm		
	*4-5-2. 화장실 참조 *4-5-4. 샤워실 및 탈의실 참조	800mm	
		미닫이문 또는 접이문	
1500mm	[기초]휠체어 회전 가능한 1500 x 1500mm공간설치		
	[기초]800mm		
	[유도]미닫이문, 부득이하게 여닫이문으로 할 경우 안으로 열리게 하고 손잡이측에 개폐동작에 필요한 공간을 설치 밖으로 열리는 문으로 할 경우 알코브 설치		
		건축물 전체의 비상경보시스템과 연결된 청각장애인용 경보설비 설치	커뮤니케이션장치를 가지는 객실
	[기초]단차를 설치하지 않는다. 부득이한 경우 20mm이내	객실등/화장실 및 욕실에는 초인종과 함께 청각장애인용 초인등을 설치	
	[기초]털이 긴 카펫을 피하고 통행하기 쉽고 미끄러지지 않는 재료로		
	[유도]시각 혹은 진동에 따른 전달장치 설치		
	[유도]방문자를 알리는 시각 혹은 진동에 따른 전달장치 설치		
	[유도]시각장애인이나 청각장애인을 배려		비고

구분		미 국	영 국	독 일
4-6-4. 스위치 및 콘센트				
스위치 및 콘센트높이		*4-2-2. 휠체어 작동 유효공간 참조	벽에 부착된 콘센트 400-1000mm 특별한 기능을 가지는 스위치 400-1200mm 정확한 손놀림이 요구되는 스위치 750-1200mm 간단하게 누르는 버튼 1200mm이하 앉은 채 또는 선 채로 정밀하게 읽을 필요가 있는 조절기 1200-1400mm	850mm 
조명스위치 및 당김줄			900-1100mm	
위치				모서리에서 500mm
상태표시			작동상태를 명확히 표시할 수 있어야 한다	
조작형식				
조작		한 손으로 작동할 수 있어야 한다		
비고				
4-6-6. 공중전화				
일반사항	전화기 대수	하나 이상의 단일 유니트-층마다 1개 하나의 열-바닥이나 레벨 당 1개 두 개 이상의 열-열 당 1개	*관련 항목 없음	
일반사항	TTY 설치	네 개 이상의 공중전화기가 전화기의 한 줄에 제공된다면, 적어도 하나의 공중 TTY가 그 열에 설치되어야 한다.		
휠체어 접근 가능한 전화기	유효 바닥공간	유효바닥공간 조항에 따른다. 유효바닥공간은 기초, 울타리나 의자에 의해 한정되서는 안 된다.		1500 x 1500mm 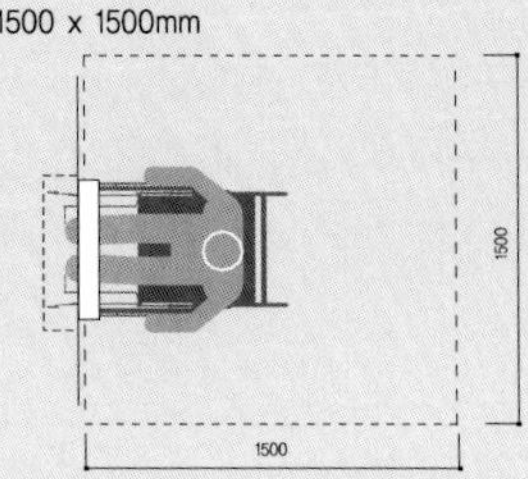
휠체어 접근 가능한 전화기	높이			850mm

구분	스웨덴	일본	한국
스위치 및 콘센트높이	800-1100mm	고령자, 장애인이 이용하기 쉬운 높이에 설치 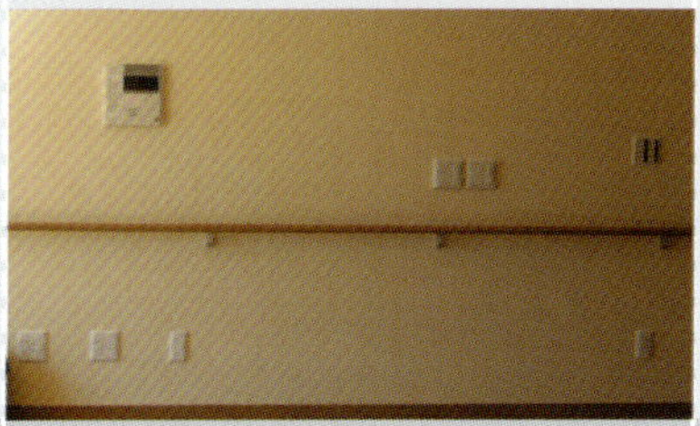	*관련 항목 없음
조명스위치 및 당김줄			
위치	모서리에서 400-1000mm		
상태표시			
조작형식		조작하기 용이한 형태 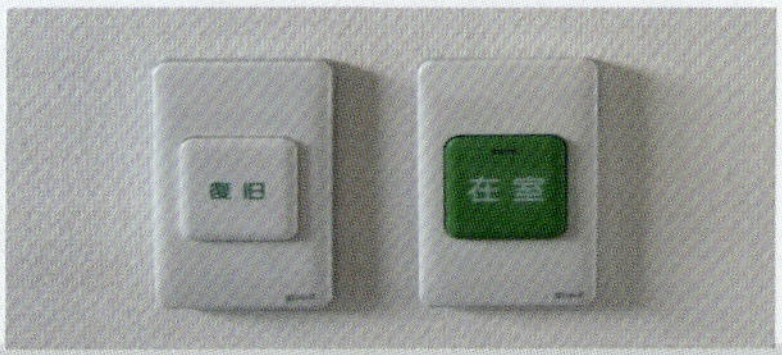	
조작			
비고			스위치 및 콘센트에 관한 항목을 제시하고 있지 않다.
일반사항			
휠체어 접근 가능한 전화기		[기초]청각장애인의 이용이 예상되는 시설에는 팩시밀리 설치	1500 x 1500mm
		[기초]통행에 지장이 없도록 설치, 주변에 휠체어 사용자의 회전공간 확보	900-1400mm
	700-750mm 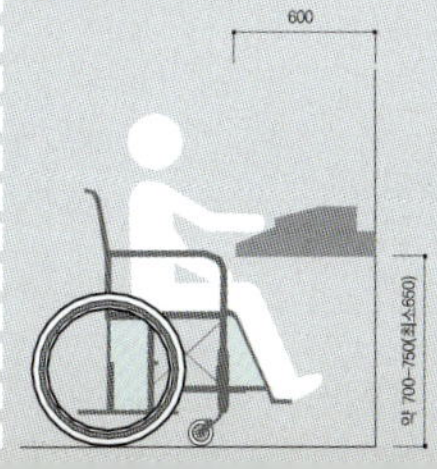	[기초]앉은 자세에서 사용할 수 있는 높이 	

구분		미 국	영 국	독 일
휠체어 접근 가능한 전화기	측면접근	전화기 부스 공간의 끝으로부터 전화기 유닛 전면까지 255mm이하 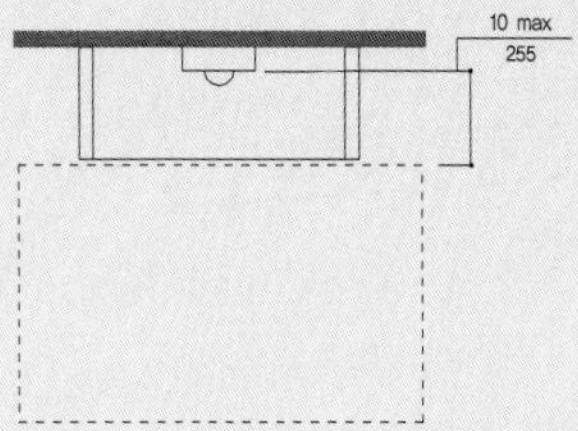	*관련 항목 없음	
	전면접근	전화기 부스 공간의 끝으로부터 전화기 유닛 전면까지 510mm이하 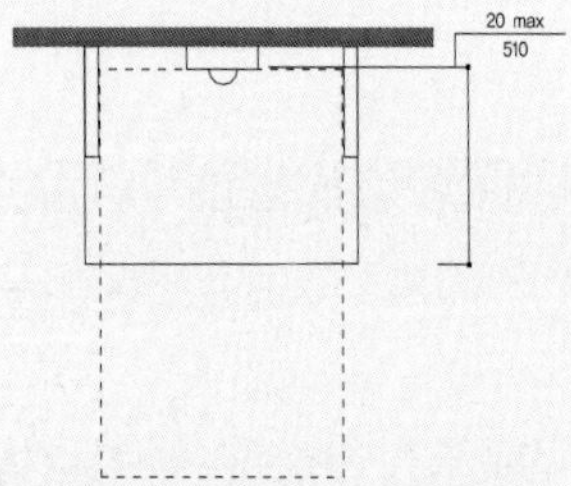		
공중전화부스	크기			
	출입구			
비고			공중전화에 관한 항목을 제시하고 있지 않다.	

스웨덴	일본	한국
	[기초]하부에 높이 650mm, 안길이 450mm정도의 공간 설치	하부 높이 650mm, 깊이 250mm
1000 x 1500mm 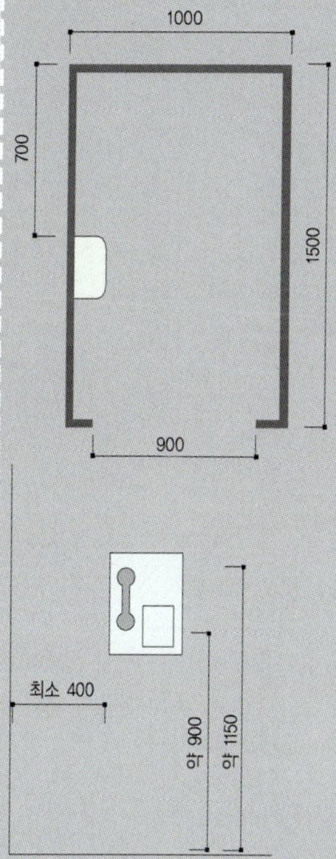		
900mm		

REFERENCE
1. Access Board, ADA-ABA Accessibility Guideline, 2004
2. Approved Document M, 2004
3. DIN 18024, DIN 18025, 1974
4. Swedish Board of Housing, Building and Planning, Bygg Ikapp Handikapp, 2001
5. 交通建設省, 高齢者、身体障害者等が円滑に利用できる特定建築物の建築の促進に関する法律 建設省告示第1987号, 1994
6. 보건복지부, 장애인 편의시설 상세표준도, 1998

미 국 | 영 국 | 독 일

4-7. 도시 외부 공간
4-7-1. 교통시설

구분	항목	미국	영국	독일
버스 승강장	바닥	견고하고 안정된 바닥	*관련 항목 없음	
	크기	수직으로 2440mm 평행으로 1525mm 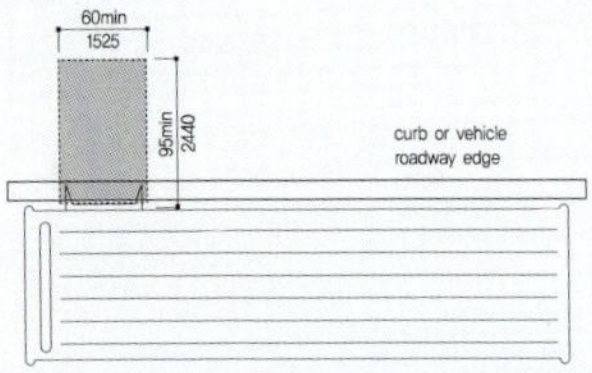		
	경사	도로와 평행으로 도로경사와 동일 도로와 수직으로 1/48이하		
	유도 및 보호			
	연석높이			
	버스와의 단차			30mm
버스 대기소	유효바닥공간	유효바닥공간 조항을 따르는 최소유효바닥 제공 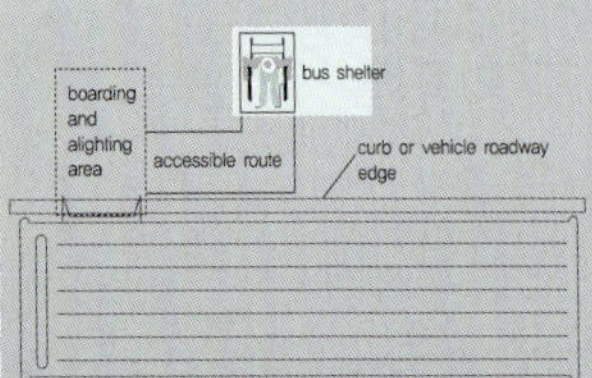		
	기타			자전거도로가 지나가지 않도록
개찰구	유효폭		공중전화에 관한 항목을 제시하고 있지 않다.	

스웨덴	일본	한국
	미끄러지지 않는 재질	

승강지점에 보호장치로서 연석이나 다른 바닥재를 사용	승강장과 차량이동부분의 경계에 난간, 점형블록 설치	승강장과 차량이동부분의 경계에 안전펜스 또는 점형블록 설치
160mm		150mm

자전거 통행로와 명확히 구분해서 표시 명도차가 나는 포장재		800mm
	800mm	

버스 승강장

버스 대기소

개찰구

지하철 플랫폼	미국	영국	독일
경사	1/48		
바닥			
유도 및 보호	승차구역 끝에 플랫폼 스크린이나 보호대 설치 플랫폼 스크린이나 보호대가 설치되어 있지 않을 경우 점형블록 설치 		
차량 사이 간격			30mm 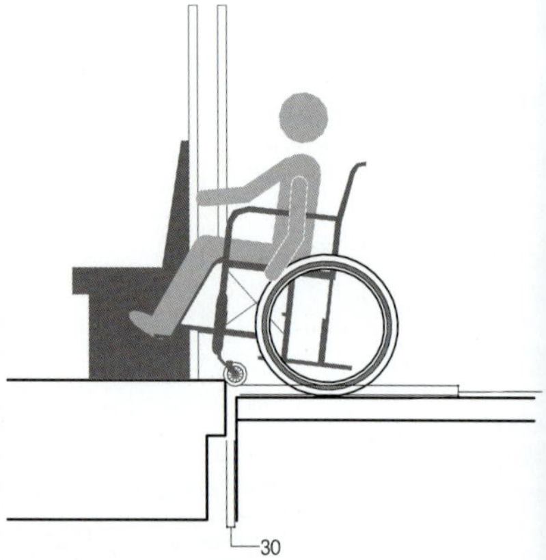
지하철과 단차			30mm
비고		교통시설에 관한 항목을 제시하고 있지 않다.	

스웨덴	일 본	한 국	
	횡단구배 1%	1/100	지하철 플랫폼
	미끄러지지 않는 재질	미끄러지지 않는 재질	
	스크린 도어나 난간식 스크린도어, 점형블록 설치 	가장자리에서 300-900mm내에 점형블록 설치 1100-1500mm의 추락방지용 난간 설치	
		30mm	

Stockholm - a City for Everyone, Real Estate and Traffic Committee, 2001.5.29에서 정하고 있다.	공공교통이동원활화기준 (고령자, 장애인 등의 이동 원활화의 촉진에 관한 법률, 국토교통성령 제111호, 2006.12.15)에서 정하고 있다.	장애인 편의시설 상세표준도와 교통약자의 이동편의증진법 시행규칙 별표1(2006.1.26)에서 정하고 있다.	비고

		미 국	영 국	독 일
4-7-2. 기타 시설물				
자동 판매기	형상	작동부분 조항에 따른다.	*관련 항목 없음	조작부분 높이 850mm
	점자표시			
우체통	위치	작동부분 조항에 따른다.		
	투입구 높이			850mm
비고			기타 시설물에 관한 항목을 제시하고 있지 않다.	
4-7-3. 표시 및 안내				
안내유도	통일성	기호는 국제기호를 사용한다.	길찾기를 위한 시스템을 설치해야 한다.	크기와 방법이 알맞고 눈부심이 없는 표지판으로 한다. 충분한 조명이 필요하다.
	위치	촉각적인 문자 1220–1525mm 시각적인 문자 1050mm이상 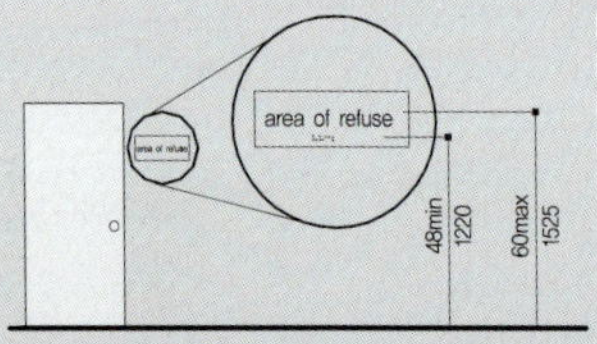		
	방향지시			도로, 광장, 길, 공공교통시설과 녹지시설의 진입구에는 방향감각을 인지할 수 있는 장치가 필요하다.
	지시방용			
	지시방법			시각적으로 대조가 되어야 하며 촉각적으로 또는 청각적으로 사전에 인지할 수 있도록 한다.

구분	스웨덴	일본	한국
자동판매기		[기본]코인투입구 높이, 형상, 상품배출구 높이, 문 여는 방법 등을 휠체어 사용자를 배려한 것으로 한다. 	휠체어 장애인을 고려한 전면공간 확보 자동판매기의 동전투입구, 조작버튼 및 상품출구 높이는 400mm–1200mm
자동판매기		[유도] 시각장애인을 고려하여 상품안내에 점자표시를 한다.	품목, 금액 등을 점자로 표시한다.
우체통	통행에 방해가 되지 않는 곳에 설치		접근이 가능한 보도 또는 통로에 설치
우체통	800mm		900–1200mm
비고	Stockholm – a City for Everyone, Real Estate and Traffic Committee, 2001.5.29에서 정하고 있다.		
안내유도		[기본] 알기 쉬운 것으로, 문자의 크기, 디자인, 색조, 조명 등에 배려하여, 동일 건축물 내 통일할 것.	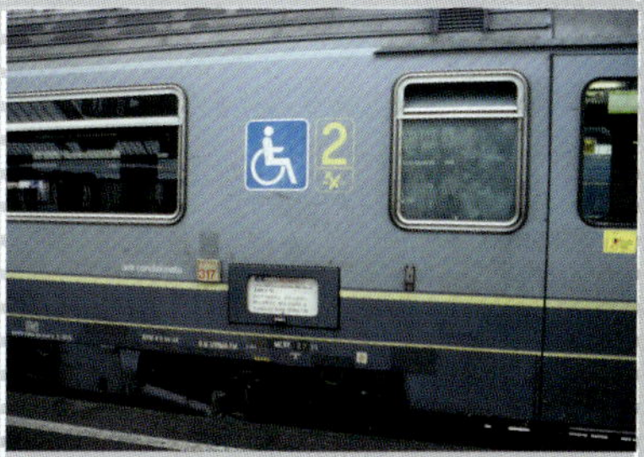
안내유도	사인 높이 1400–1600mm 	[기본]높이100–1500mm 통행에 지장이 없을 것. 	
안내유도		[기본]부지에서 건물 출입구까지, 휠체어 사용자의 접근 동선 및 주차장 등의 안내표시는 알기 쉽도록 한다.	
안내유도		[기본]시각장애인의 안내유도는 유도블록과 음성안내를 병용한다.	점자안내판 또는 촉지도식 안내판에 주요시설 또는 방의 배치를 표시 음성안내장치로 주요 시설 또는 방의 배치 안내
안내유도		[기본]청각장애인의 안내유도는 문자, 빛, 사인, 진동 등을 조합하여 행한다. [유도]접수, 안내 등의 직원은 수화 등 장애인 대응방법을 학습하는 것이 바람직하다.	

시각장애인 점자블록		미 국	영 국	독 일
	점자블록 크기	유도블록 내 끝이 잘린 반구의 기초 지름은 23-36mm 윗 부분 지름은 기초 지름의 50-65% 높이는 5.1mm	반구 지름 25mm 높이 5mm	
	점자블록 재질	유도블록은 근접한 보도면과 시각적 대조를 이루어야 한다		
	비고		시각, 청각과 촉각적 사인 등의 상세한 지침은 BS8300참조 유도블록에 관해서는 '점자블록의 이용에 대한 가이드'참조	

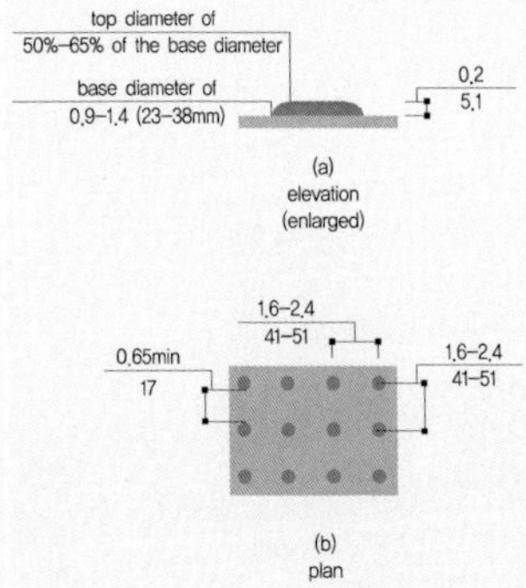

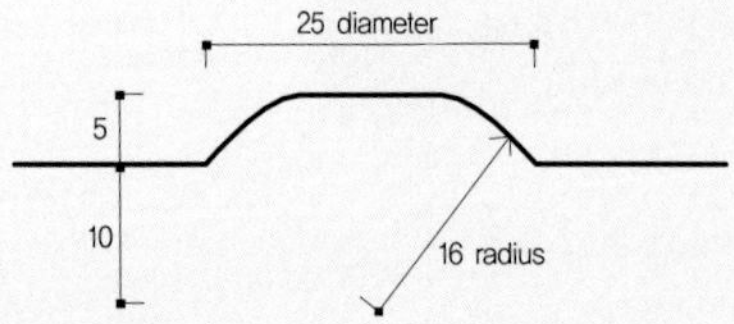

스웨덴	일본	한국	
	[기본]300 x 300mm 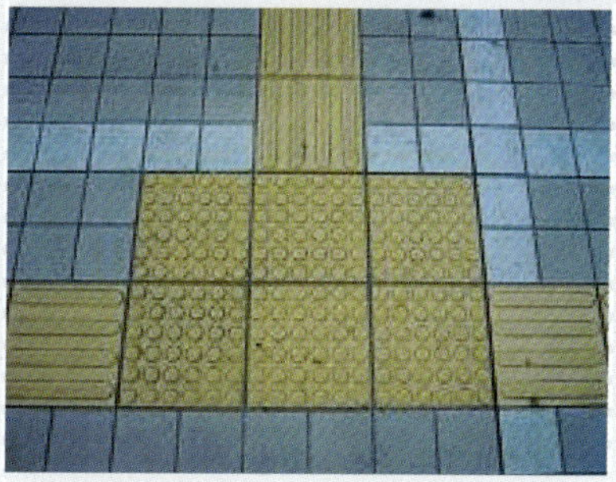	점자블록 크기 300 x 300mm 점형블록의 돌출점 높이 6 ± 1mm 선형블록의 돌출점 높이 5 ± 1mm	지하철 플랫폼
	[기본]원칙적으로 황색, 미끄러지지 않는 재질 [유도]다른 바닥재와 대비가 충분히 가능한 색조 및 명도차가 있는 바닥재 사용	원칙적으로 황색, 상황에 따라 바닥재의 색상과 구별하기 쉬운 것을 사용	
		장애인 편의시설 상세표준도와 교통약자의 이동편의증진법 시행규칙 별표1(2006.1.26)에서 정하고 있다.	비고

REFERENCE

1. Access Board, ADA-ABA Accessibility Guideline, 2004
2. Approved Document M, 2004
3. DIN 18024, DIN 18025, 1974
4. Swedish Board of Housing, Building and Planning, Bygg Ikapp Handikapp, 2001
5. Real Estate and Traffic Committee, Stockholm - a City for Everyone, 2001.5.29
6. 交通建設省, 高齢者、身体障害者等が円滑に利用できる特定建築物の建築の促進に関する法律 建設省告示第1987号, 199487号, 1994
7. 国土交通省, 公共交通移動等円滑化基準(高齢者、障害者等の移動等の円滑化の促進に関する法律, 国土交通省令第111号), 2006. 12. 15
8. 보건복지부, 장애인 편의시설 상세표준도, 1998
9. 교통약자의 이동편의증진법 시행규칙 별표1, 2006.1.26

4장 참조 그림 모음

(a) 전면 접근, 당기는 문

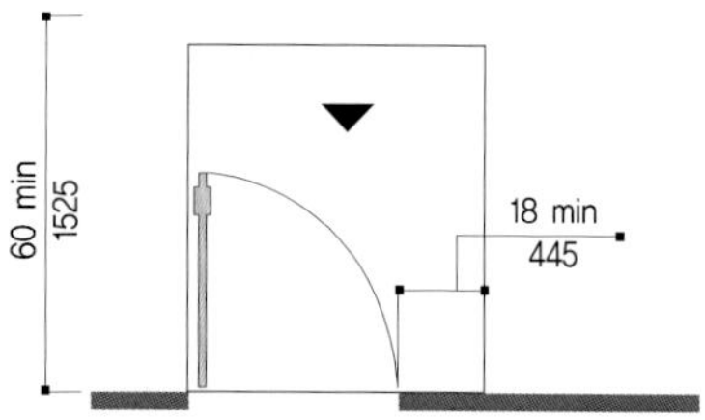

(b) 전면 접근, 미는 문

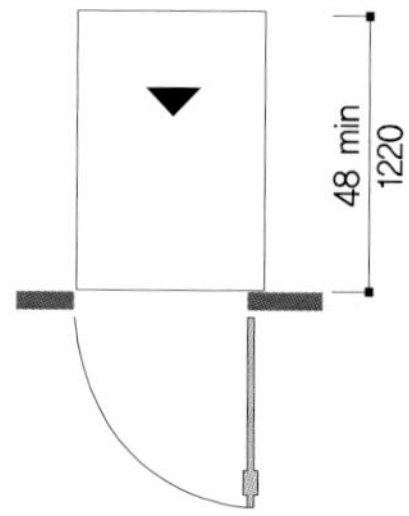

(c) 전면 접근, 미는 문

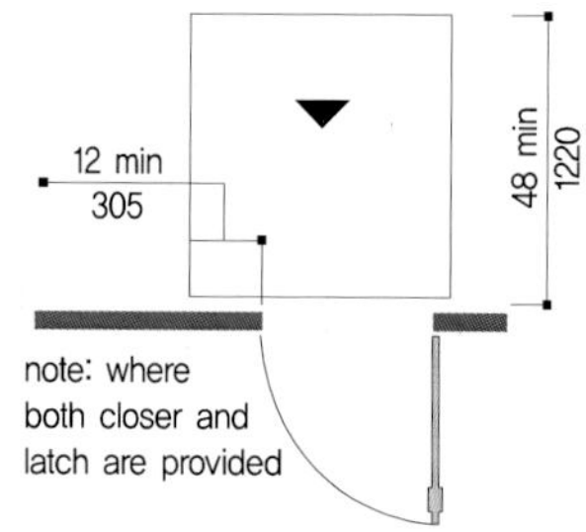

(d) 경첩 방향 접근, 당기는 문

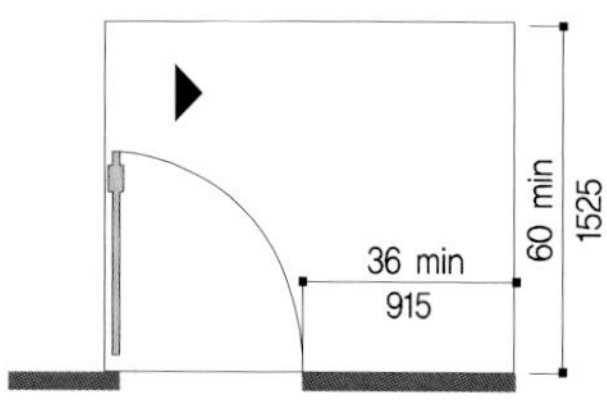

(e) 경첩 방향 접근, 당기는 문

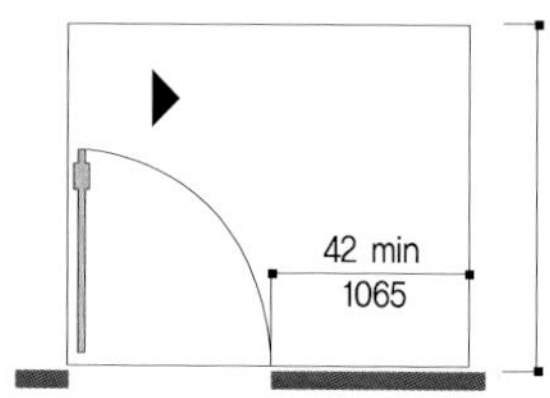

(f) 경첩 방향 접근, 미는 문

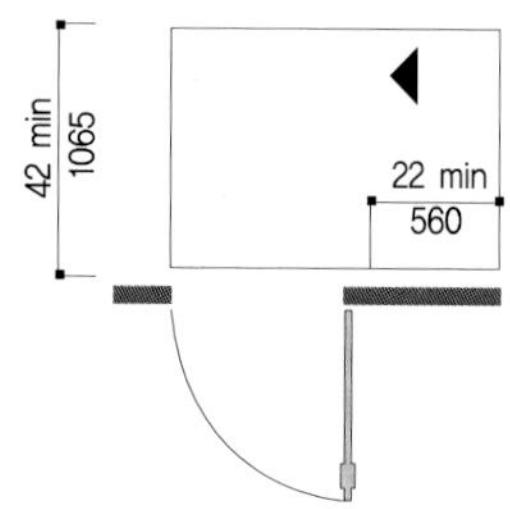

(g) 경첩 방향 접근, 미는 문

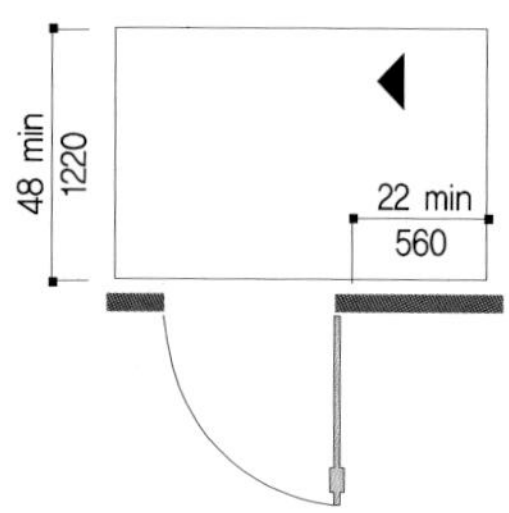

(h) 빗장 방향 접근, 당기는 문

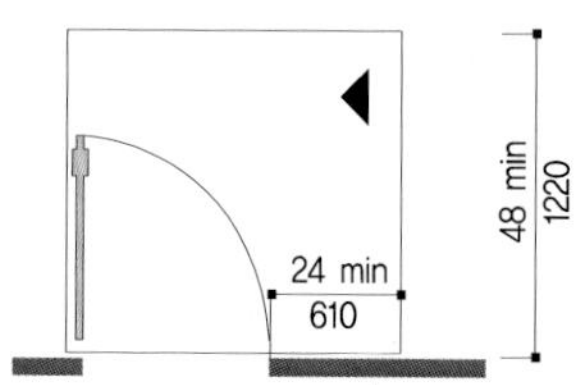

(i) 빗장 방향 접근, 당기는 문

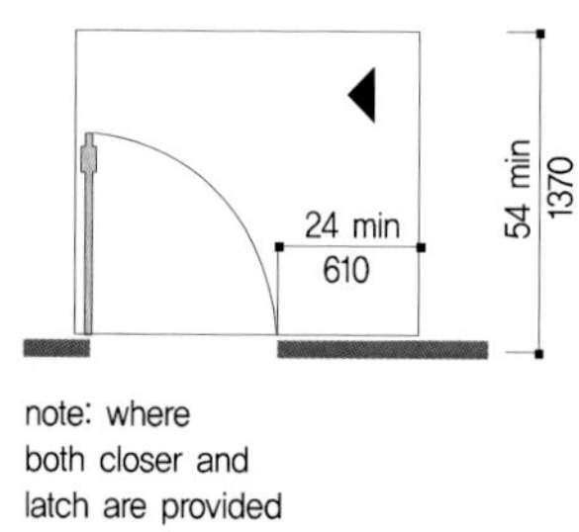

(j) 빗장 방향 접근, 미는 문

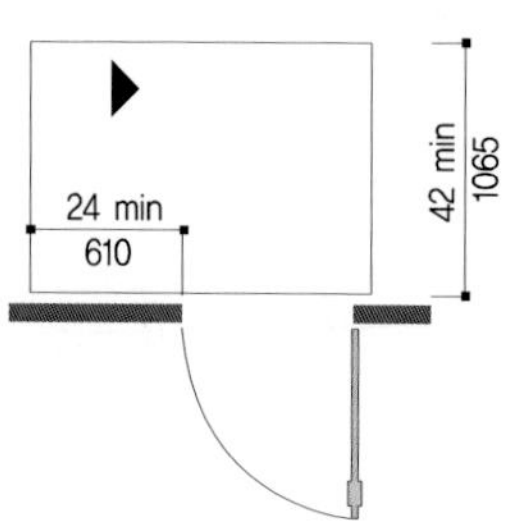

(k) 빗장 방향 접근, 미는 문

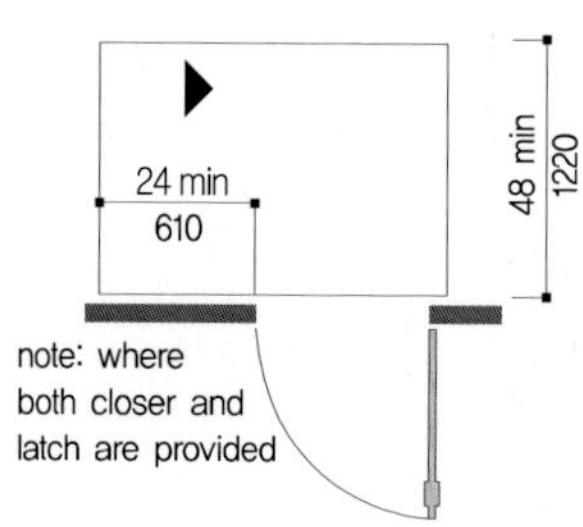

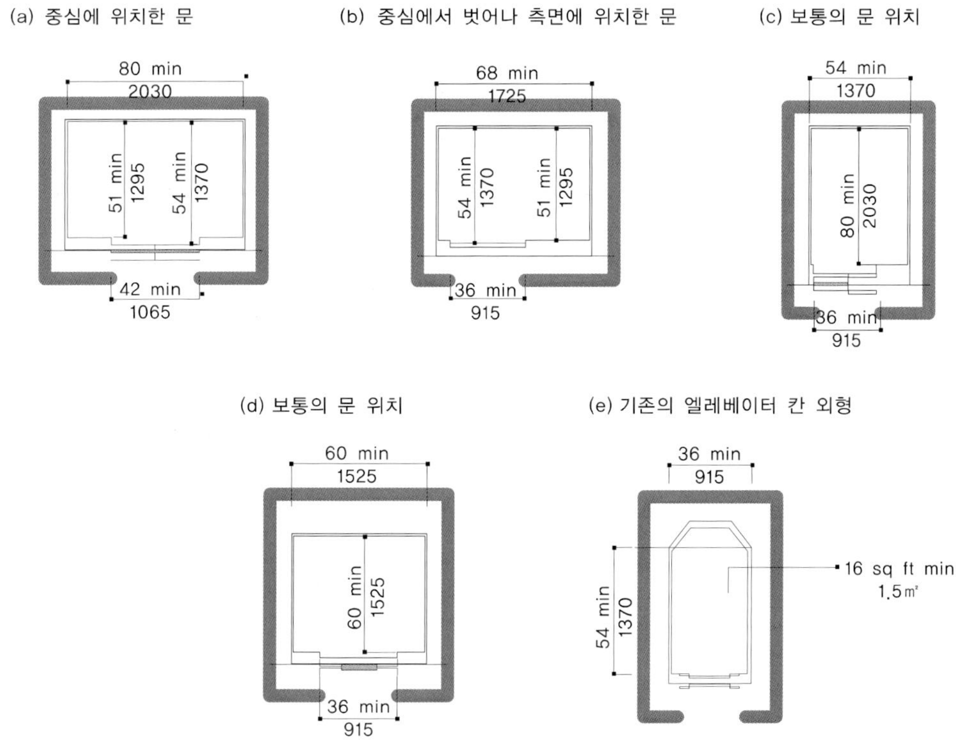

그림 2 엘리베이터 칸 치수

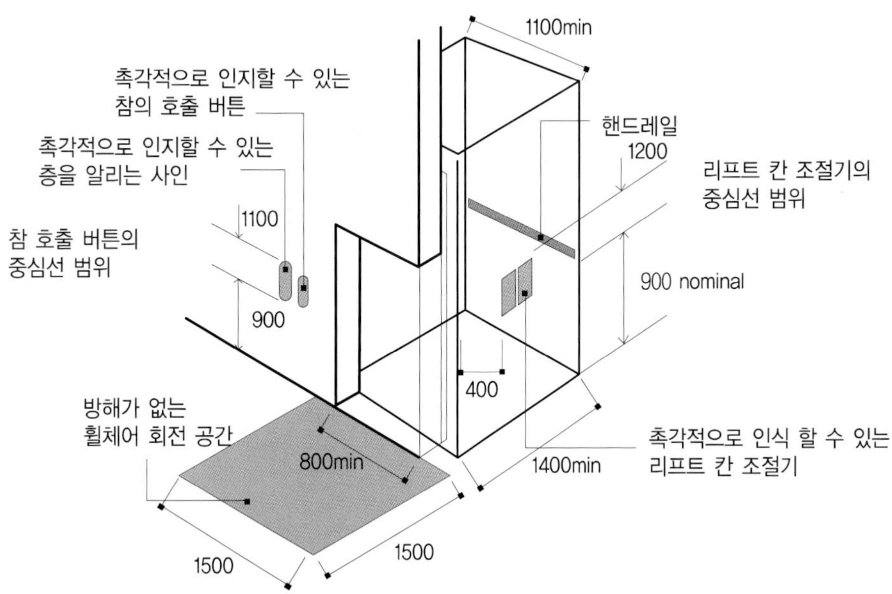

그림 3 승객용 엘리베이터와 관련된 주요치수

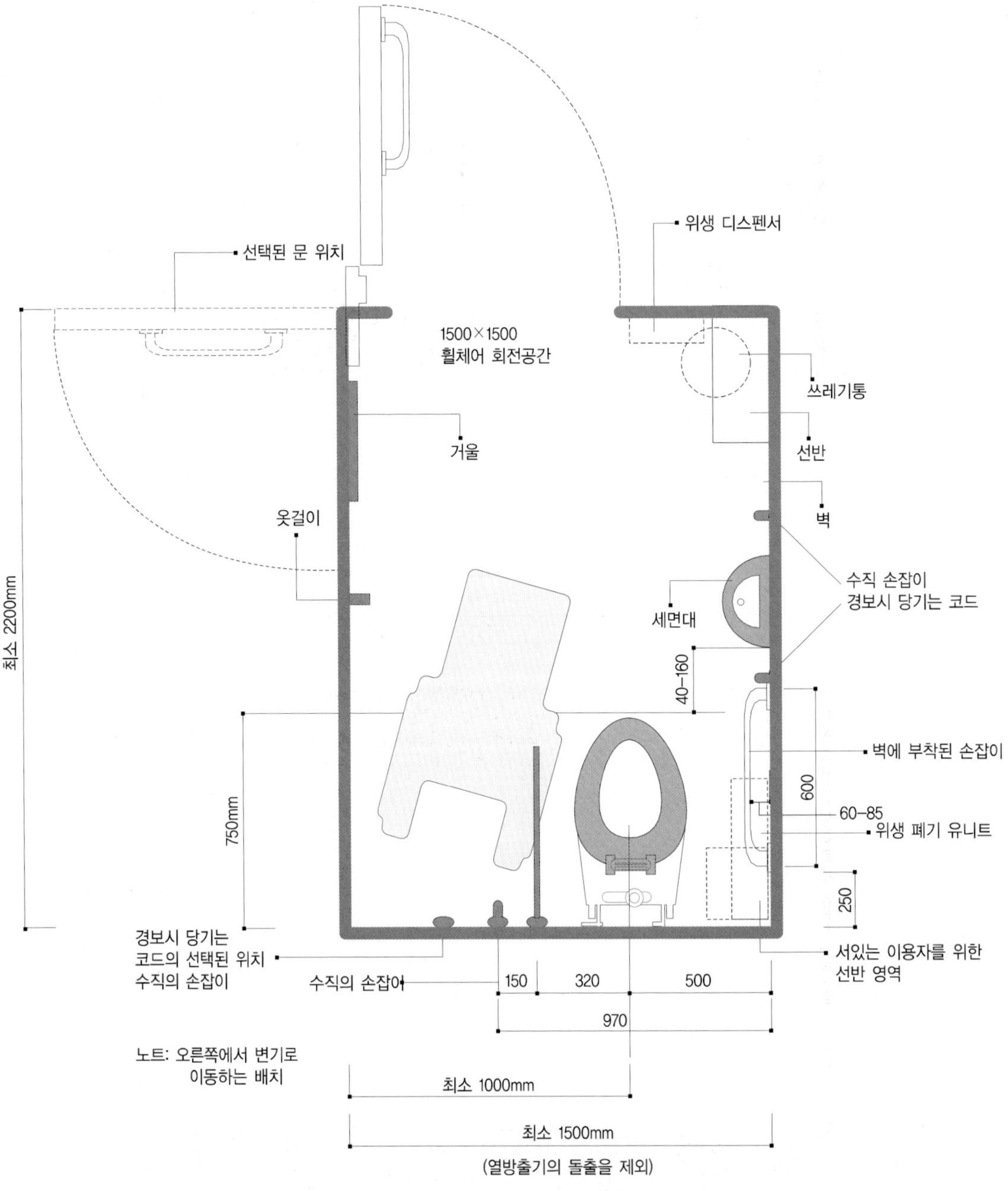

위생 디스펜서
선택된 문 위치
1500×1500
휠체어 회전공간
쓰레기통
거울
선반
벽
옷걸이
수직 손잡이
경보시 당기는 코드
세면대
최소 2200mm
40–160
벽에 부착된 손잡이
750mm
600
60–85
위생 폐기 유니트
250
경보시 당기는
코드의 선택된 위치
수직의 손잡이
서있는 이용자를 위한
선반 영역
수직의 손잡이
150
320
500
970
노트: 오른쪽에서 변기로
이동하는 배치
최소 1000mm
최소 1500mm
(열방출기의 돌출을 제외)

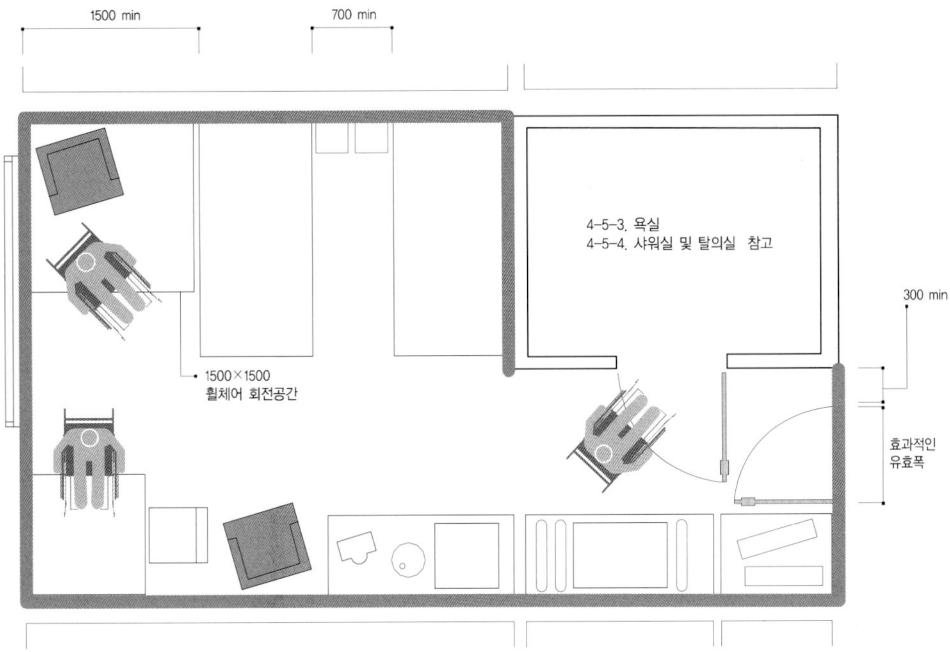

그림 5 위생시설이 있는 호텔 침실로 휠체어가 접근 가능한 예

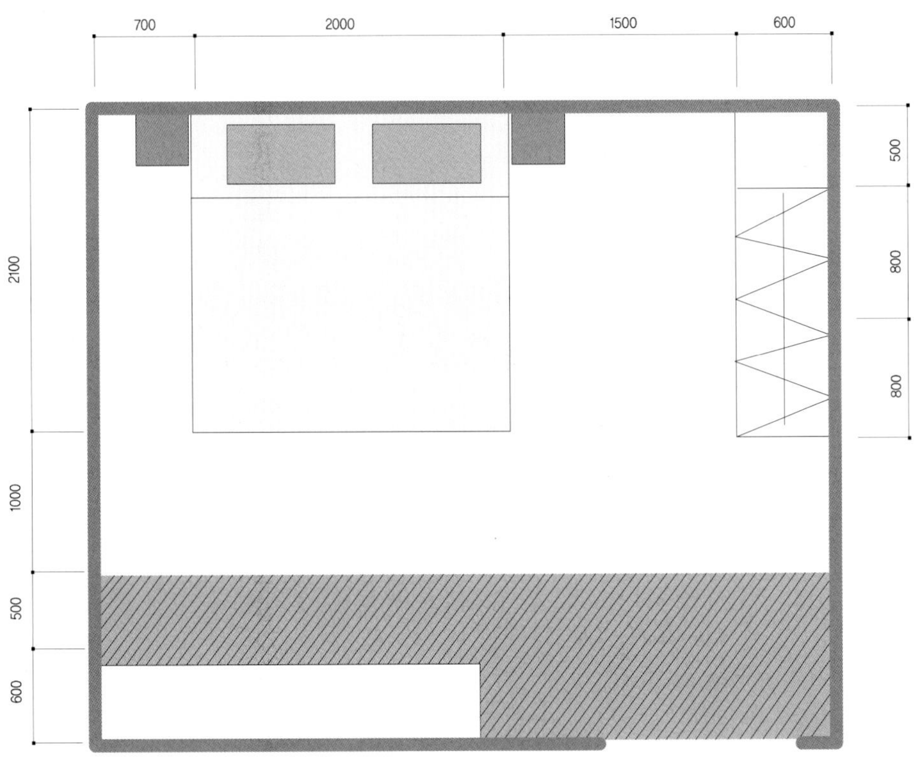

그림 6 휠체어 사용자가 접근할 수 있는 호텔 침실

참고 문헌

참고문헌

1. Accessible Design Review Guide An ADAAG Guide for Desining and Specifying Spaces, Buildings, and Sites, McGraw-Hill, 1996
2. Access Board, ADA-ABA Accessibility Guideline, 2004
3. ADA (Americans with Disabilities Act) Architectural Barrier Removal / Compliance Manual, Jordan Publishing, 1996
4. Approved Document M, 2004
5. Barrier-free Design A Manual for Building Designers and Managers, Butterworth Architecture, 1996
6. Barrierefrei Bauen f r Behinderte und Betagte, Verlagsanstalt Alexander Koch, 1994
7. Die rollstuhlgerechte Wohnung, Verlagsanstalt Alexander Koch Stuttgart, 1981
8. DIN 18024, DIN 18025, 1974
9. Med Rullstol i Badrum Ett hj lpmedel vid planering, Svensk byggtj nst, 1997
10. Stockholm - a City for Everyone, Real Estate and Traffic Committee, 2001.5.29
11. Swedish Board of Housing, Building and Planning, Bygg Ikapp Handikapp, 2001
12. The Accessibility Checklist An Evaluation System for Buildings and Outdoor settings, MIG Communications, 1993
13. UNIVERSAL DESIGN A Manual of Practical Guidance for Architects, Architectural Press, 2000
14. UNIVERSAL DESIGN Creative Solutions for ADA Compliance, Professional Publications, Inc, 1996
15. 교통약자의 이동편의증진법 시행규칙 별표1, 2006.1.26
16. 미국장애인편의시설 상세표준도-개축 및 보수에 관한 지침서, 사단법인 한국맹인복지연합회, 1999
17. 설계자를 위한 장애인 편의시설 상세표준도, 한국시각장애인연합회, 2000
18. 일본장애인편의시설 상세표준도-동경도 복지거리 만들기 조례 시설정비지침서, (사)한국맹인복지연합회, 1999
19. 보건복지부, 장애인 편의시설 상세표준도, 1998
20. 한국장애인복지체육회, 장애인 편의시설의 설치방법 및 세부기준 연구, 1992
21. 장애자를 위한 건축설계, 朴勇煥建築計劃研究室, 1992
22. 障碍者를 위한 건축계획, 技文堂, 1988
23. 장애인 편의시설 설계지침, 한국장애인재활협회 재활연구소, 1995
24. 日本建築學會=編, 建築設計資料集成 [人間], 丸善, 2003
25. 日本建築學會=編, 建築設計資料集成 [物品], 도서출판 에이엔씨, 2005
26. 〈図解〉高齢者・障害者を考えた建築設計(改訂版), 井上書院, 2004
27. 高齢者・障害者を配慮した建築設計チェックリストと実施例, 理工図書, 2004
28. 交通建設省, 高齢者´身体障害者等が円滑に利用できる特定建築物の建築の促進に関する法律 建設省告示第1987号
29. 国土交通省, 高齢者 障害者等の移動円滑化の促進に関する法律, 国土交通省令 第111号 2006.12.15
30. バリアフリーと交通 運輸省高齢者・障害者関連施設ハンドブックー, 中央法規出版株式会社, 1997
31. バリアフリーデザイン・ガイドブック, 三和書籍, 2003
32. バリア・フリーの生活環境論〈第2版〉, 医歯薬出版株式会社, 1997

33. 日本建築学会, コンパクト建築設計資料集成〈バリアフリー〉, 2002

34. 高齢者・障害者に配慮の建築設計マニュアル-‘福祉のづくり’実現に向けて, 彰国社, 1998

35. 日本規格協会 JISハンドブック2006, 38高齢者・障碍者等, 2006

36. 김민경, 국내 휠체어를 사용하는 장애인을 위한 주거환경 개선에 관한 건축계획적 연구, 한양대 박사논문, 2007

37. 윤홍장, 지체장애인의 주거환경 개선에 관한 건축계획적 연구, 한양대 석사논문, 2002

38. 윤원중, 시각장애인의 주거공간 내 동작·행위·행동 특성에 관한 건축계획적 연구, 한양대 석사논문, 2004

39. 김상운, 각국의 장애인 편의시설 관련법의 비교연구를 통한 국내시설의 개선방안에 관한 연구, 건국대 석사논문, 2002

40. http://www.accesscode.info/

41. http://www.access-board.gov/adaag/html/adaag.htm

42. http://www.lawnb.com/

43. http://www.mlit.go.jp/barrierfree/barrierfree_.html

44. http://www.mlit.go.jp/jutakukentiku/build/barrier-free.html

45. http://www.nullbarriere.de/

46. http://www.sis.se/

47. http://www.sozialnetz-hessen.de/ca/ga/czo/sideid/aaaaaaaaaaaabsv/s

BARRIER FREE DESIGN FOR THE DISABLED
배리어프리 디자인

2008년 4월 25일 인쇄
2008년 4월 30일 발행

저 자	박용환 김종영 최병관 이현희
발 행 인	강 해 작
발 행 처	기 문 당
주 소	서울시 성동구 공명길 39 (하왕십리동 966-22)
전 화	02)2295-6171(代)~5
팩 스	02)2296-8188
출판등록	1976. 10. 7(1-44)
홈페이지	http//기문당 http//www.kimoondang.com
I S B N	978-89-6225-054-1 93540
정 가	35,000원

〈검인생략〉